CO$_2$与地质能源工程

朱道义 编著

中国石化出版社
·北京·

内 容 提 要

本书以地质能源工程为主线,详细介绍了 CO_2 基础知识及 CO_2 在地质能源工程中的应用原理与工艺方法等,内容包括了 CO_2 及其基本性质、CO_2 在地层中的性质、CO_2 与钻井工程、CO_2 与完井工程、CO_2 与油田开发工程、CO_2 与气田开发工程、CO_2 与采油采气工程、CO_2 与油气储运工程,以及 CO_2 捕集、利用与封存(CCUS)技术等九个方面的主要内容。内容适应碳中和背景下地质能源开发的需要。本书可作为石油工程专业、地质工程专业及其他能源相关专业的教学用书,也可供从事地质能源领域科研人员和技术人员参考。

图书在版编目(CIP)数据

CO_2 与地质能源工程 / 朱道义编著. —北京:中国石化出版社,2023.11
ISBN 978-7-5114-7351-6

Ⅰ. ①C… Ⅱ. ①朱… Ⅲ. ①二氧化碳-应用-地质-能源 Ⅳ. ①P5

中国国家版本馆 CIP 数据核字(2023)第 221080 号

中国石化出版社出版发行

地址:北京市东城区安定门外大街 58 号
邮编:100011   电话:(010)57512500
发行部电话:(010)57512575
http://www.sinopec-press.com
E-mail:press@sinopec.com
北京富泰印刷有限责任公司印刷
全国各地新华书店经销
*
787 毫米×1092 毫米 16 开本 18 印张 454 千字
2023 年 11 月第 1 版 2023 年 11 月第 1 次印刷
定价:98.00 元

前　言

地质能源是国家经济发展的重要支撑，而低碳发展已经成为当前能源领域的热点话题。党的二十大中明确提出了地质能源领域的低碳发展要求，为推动我国地质能源行业的可持续发展指明了方向。随着 CO_2 在环境问题中的重要性逐渐凸显，其在地质能源开采中的应用有望降低碳排放、提高碳封存与利用率，实现地质能源领域可持续发展，因此受到越来越多的关注。

《CO_2 与地质能源工程》以 CO_2 基础知识、地质能源工程基本概念以及 CO_2 在地质能源工程中的应用原理与工艺方法为主线进行编写。全书共分为九章，包括 CO_2 及其基本性质、CO_2 在地层中的性质、CO_2 与钻井工程、CO_2 与完井工程、CO_2 与油田开发工程、CO_2 与气田开发工程、CO_2 与采油采气工程、CO_2 与油气储运工程，以及 CO_2 捕集、利用与封存（CCUS）技术。通过对该教材的学习，读者将深入了解 CO_2 在地质能源工程领域的应用技术原理与方法，为推动地质能源行业的低碳发展起到积极的推动作用。

全书以当前国内外的 CO_2 在地质能源工程中应用的相关文献为基础，全面考虑教材内容的系统性和先进性。为了保证该教材的编写质量，所有内容均由朱道义整理与编写，并在中国石油大学（北京）克拉玛依校区以校内讲义的形式进行了教学试用与修订。

在教材的编写与出版过程中，得到了中国石油大学（北京）克拉玛依校区的支持，也得到了国内外媒体、能源公司以及能源专业兄弟院校同仁的关注与指导，在此一并表示感谢。感谢秦俊辉、赵齐、王桂棋、施辰扬、苏正豪等研究生在文献收集与整理方面提供的帮助。

由于目前 CO_2 在地质能源工程领域中的应用技术正处于快速发展阶段，相关技术也更新迅速，加之编者水平与经验有限，疏漏、错误之处在所难免，恳请广大同仁、读者批评指正并提出宝贵意见，以便再版时修正。

朱道义

2023 年 10 月于克拉玛依

目　　录

1 CO₂ 及其基本性质

二氧化碳(Carbon Dioxide)的分子式是 CO_2，由一个碳原子(C)和两个氧原子(O)组成。广泛存在于自然界中，俗称碳酸气，又名碳酸酐。空气中 CO_2 的体积分数为 0.03%～0.04%，但随着人类活动的影响，近年来全球 CO_2 排放情况非常严峻，温室效应所造成的影响也越来越大。根据国际能源署的数据，全球重点能源行业 CO_2 排放量在过去几十年中持续增加，如图 1.1 所示。其主要排放来源包括能源行业、工业生产、交通运输和农业及土地利用等。这些排放导致大气中 CO_2 浓度上升，加剧了全球变暖，并产生更复杂的气候变化。如何有效利用 CO_2 并减少其排放对于应对环境、能源问题具有重要意义，其在地质能源工程领域有着广泛的应用前景。本章将介绍 CO_2 的性质及其不同状态(如气态、液态、超临界态)以及 CO_2 泡沫等流体在地质能源工程领域的应用。这些将有助于读者理解后续章节中 CO_2 在地质能源工程领域的应用原理和方法。

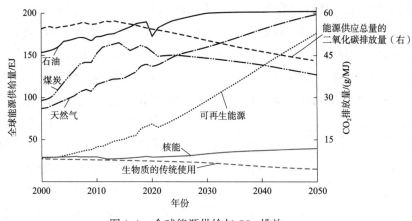

图 1.1　全球能源供给与 CO_2 排放

1.1　气态 CO_2 的性质

1.1.1　气态 CO_2 基本性质

1.1.1.1　CO_2 的分子结构

CO_2 是由一个碳原子和两个氧原子通过极性共价键连接而成的，如图 1.2 所示。CO_2 的分子构型呈直线状，属于非极性分子，其偶极矩为 0，通过三中心四电子键的形式结合。在 CO_2 分子中，碳原子的两个 sp 杂化轨道与两个氧原子的 2p 轨道(每个轨道含有一个电子)发生重叠，形成两个 σ 键。碳原子上的两个未参与杂化的 p 轨道与成键的 sp 杂化轨道成 90°直角，并与氧原子的 p 轨道分别发生重叠，形成两条大 π 键，从而缩短了碳氧键的间距。CO_2 中碳氧双键的长度为 116.3pm（1pm = 10^{-12}m），比典型的单个 C—O 键（大约 140pm）短，并且比多数 C—O 多键功能团（如羰基）的长度更短。CO_2 分子之间只存在色散作用，没有其他作用力。

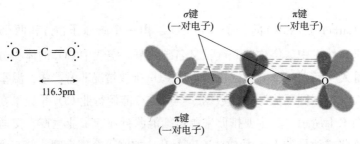

图 1.2 CO_2 的分子结构式

1.1.1.2 CO_2 的相态特征

相图（Phase Diagram）是一种描述物质在不同压力和温度条件下固 – 液、液 – 气和固 – 气相变平衡的图，展示了物质在特定压力（p）和温度（T）下存在的不同物态。相图可以提供相变温度（如熔点、沸点和升华点）与压力之间的关系。图 1.3 显示了 CO_2 的相图，其中包括熔化曲线（BD）、汽化曲线（BC）和升华曲线（AB）。与水不同，CO_2 的熔化曲线向右倾斜。点 B 被称为三相点，表示物质的三个相可以同时共存的压力和温度。点 C 被称为临界点，表示液体和气体相变无法区分的最大压力和温度。在临界点的温度下，无论施加多大的压力，气体都无法凝结成液体。超临界流体指的是超过临界点后的物质。

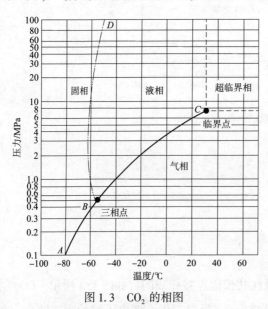

图 1.3 CO_2 的相图

从图 1.3 中的三相点可以明显看出，CO_2 存在气态、液态、固态和超临界态这四种相态。CO_2 的三相点的温度和压力分别为 −56.6℃和 0.52MPa，温度或压力的微小变化都会使其转变为另一种状态。液态 CO_2 是在高压低温条件下由气态 CO_2 液化转化而来的液体形态，常用于保存食品和人工降雨，但液态 CO_2 在压力低于 0.52MPa 时无法存在。这意味着在标准大气压（1atm，即 0.1MPa）下，固态 CO_2（即干冰）会在 −78℃时升华，常用于舞台表演制造白雾以及人工降雨。

CO_2 的临界温度为 31.1℃，临界压力为 7.38MPa。当温度高于临界温度（31.1℃）且压力高于临界压力（7.38MPa）时，CO_2 处于超临界状态。在这种状态下，CO_2 具有较高的溶解能力和流动性，可以溶解多种物质，提取物质中的成分，其具有强大的携油性能。因此，CO_2 的应用前景非常广泛。

事实上，无论是三相点还是临界点，在理论上都是不存在的，上述给出的值都是经过无数次实验测得的近似值。

1.1.1.3 CO_2 的物理性质

在标准状况（0℃和 0.1MPa）下，CO_2 是一种无色、无臭、微酸味的气体，具有窒息性。CO_2 溶于水，在常压 25℃下的溶解度为 0.144g/100g 水，并与水反应生成碳酸，使水溶液呈轻微酸性。CO_2 无毒，但不能供给动物呼吸。此外，CO_2 不可燃，也不支持燃烧。在标准状况下，CO_2 的密度为 1.977g·L^{-1}，略高于空气密度，因此常被用作灭火剂。CO_2 的有关物理性质如表 1.1 所示。

表 1.1　CO_2 有关物理性质

项目	性质	项目	性质
相对分子质量（气体摩尔质量/g·cm^{-3}）	44.0095	绝热系数	1.295
相对密度（标况）	1.524	比容（标况）/m^3·kg^{-1}	0.5059
密度（标况）/g·L^{-1}	1.5192	水溶解性（标况）/g·L^{-1}	1.45
摩尔体积（标况）/L·mol^{-1}	22.26	临界状态下的压缩系数	0.315
三相点（T/℃，p/MPa）	-56.56, 0.52	临界状态下的偏差系数	0.274
液化点/℃	-56.55	临界状态下的偏差因子	0.225
沸点/℃	-78.45（升华）	临界状态下的流体黏度/mPa·s	0.0404
固态密度/kg·m^{-3}（100kPa，-78.5℃）	1562	标准状况下的流体黏度/mPa·s	0.0138
气态密度/kg·m^{-3}（100kPa，0℃）	1.977	标准状况下的定压比热容/kJ·(kg·K)$^{-1}$	0.85
液态密度/kg·m^{-3}（100kPa，-37℃）	1101	标准状况下的定容比热容/kJ·(kg·K)$^{-1}$	0.661
临界温度/℃	31.1	临界体积/kmol·m^{-3}	10.6
临界压力/MPa	7.38	临界状态下的流体密度/kg·m^{-3}	448

1）CO_2 的密度 ρ

在 273.15K、101.325kPa 条件下 CO_2 的密度（Density）为 1.997g·L^{-1}，黏度为 0.0138mPa·s。当 CO_2 处于高压条件时，由于气体特性已经偏离理想气体较大，密度通常可以使用 Peng—Robinson 状态方程或 Span—Wanger 状态方程进行计算。

（1）Peng—Robinson 状态方程。

1976 年，D Peng 和 D Robinson 提出了 P—R 状态方程，其表达形式为：

$$p = \frac{RT}{V-b} - \frac{a}{V(V+b)+b(V-b)} \tag{1.1}$$

式中，p 为绝对压力，Pa；R 为通用气体常数，8.3145J·$(mol·K)^{-1}$；T 为绝对温度，K；V 为摩尔体积，L·mol^{-1}；a 和 b 为常数。

$$a = 0.45727 \frac{R^2 T_c^2}{p_c} [1 + (0.37464 + 1.54226\omega - 0.26992\omega^2)(1 - T_r^{0.5})]^2 \tag{1.2}$$

$$b = 0.0778 \frac{RT_c}{p_c} \tag{1.3}$$

式中，ω 为常数，CO$_2$ 的 ω 为 0.225；$T_r = T/T_c$，T_c 为临界温度，K；p_c 为临界压力，Pa。由表 1.1 可知，CO$_2$ 的临界温度和临界压力分别为 304.21K（即 31.1℃）和 7.38MPa。

当已知实际温度 T 和实际压力 p 时，代入式（1.1）中，便可以求出 CO$_2$ 的摩尔体积 V。再由以下方程求出 CO$_2$ 的密度：

$$\rho = \frac{M}{V} = \frac{44.0095}{V} \tag{1.4}$$

式中，ρ 为 CO$_2$ 的密度，g·cm^{-3}；M 为 CO$_2$ 的气体摩尔质量，由表 1.1 可知，CO$_2$ 的气体摩尔质量为 44.0095g·mol^{-1}。

另外，第二种计算方法如下。式（1.1）可转换成以下等价形式：

$$Z^3 - (1-b)Z^2 + (a - 3b^2 - 2b)Z - ab + b^2 + b^3 = 0 \tag{1.5}$$

式中，Z 为偏差因子，表示真实气体与理想气体行为的偏差程度，

$$Z = \frac{pV}{RT} \tag{1.6}$$

因此，对于理想气体，$Z = 1$；对于实际气体，Z 通常小于 1。

当通过式（1.2）和式（1.3）求出 a 和 b 时，代入式（1.5）可以求出 CO$_2$ 的偏差因子 Z，再通过式（1.6）求出 CO$_2$ 的摩尔体积 V，最后通过式（1.4）求出 CO$_2$ 的密度 ρ。

P—R 状态方程在计算 CO$_2$ 流体的密度和摩尔体积时，表现出可控的精度范围，在 0.1~10MPa 范围内的计算误差最大为 4.431%，其他均控制在 ±3%，基本满足工程需求。当压力大于 10MPa 时，利用 P—R 状态方程计算得到的密度的误差大多大于 5%，计算精度较差，不能满足工程需求。

（2）Span—Wanger 状态方程。

1996 年，R Span 和 W Wanger 提出了一个专门适用于 CO$_2$ 的状态方程，即 S—W 状态方程。该方程采用亥姆霍兹自由能计算气体状态参数。亥姆霍兹自由能是两个相对独立变量密度 ρ 和温度 T 的函数，无量纲亥姆霍兹自由能可以被分为理想部分和残余部分，其表达式为：

$$\Phi(\delta, \tau) = \Phi^{\circ}(\delta, \tau) + \Phi^{r}(\delta, \tau) \tag{1.7}$$

式中，Φ 为亥姆霍兹自由能，无量纲；Φ° 为理想部分的亥姆霍兹自由能，无量纲；Φ^{r} 为残余部分的亥姆霍兹自由能，无量纲；δ 为对比密度，$\delta = \rho/\rho_c$，无量纲；ρ_c 为临界密度，kg·m^{-3}；τ 为对比温度，$\tau = T_c/T$。

对无量纲亥姆霍兹自由能方程进行回归：

$$p(\delta, \tau) = (1 + \delta\Phi^{r}_{\delta})\rho RT \tag{1.8}$$

求得偏差因子 Z：

$$Z = \frac{p(\delta, \tau)}{\rho RT} = 1 + \delta\Phi^{r}_{\delta} \tag{1.9}$$

有关 Φ^{r} 的计算可以参考文献。将 Z 的数值代入式（1.6）求出 CO$_2$ 的摩尔体积 V，最后

通过式(1.4)求出 CO₂ 的密度 ρ。

据文献报道，当温度和压力高达 500K 和 30MPa 时，由 S—W 状态方程计算得到的 CO₂ 密度误差能够控制在 0.03%~0.05%。在其他温度和压力下，误差也能控制在 1.5%~3.0%，其计算精度远高于 P—R 状态方程。因此，S—W 状态方程能为 CO₂ 钻井与 CO₂ 开采等过程中井筒温度和压力提供精确预测。

在图 1.4 中展示了 CO₂ 的密度随温度和压力变化的规律。当体系温度低于临界温度(31.1℃)时，随着 CO₂ 压力增加，CO₂ 逐渐由气态转变为液态。这种转变是不连续的，因为当 CO₂ 变为液态时，其密度会突然增加。而当体系温度高于临界温度时，随着 CO₂ 压力的增加，CO₂ 的密度会逐渐增加，并且这种变化是连续的。

在给定的压力条件下，随着温度的升高，CO₂ 的密度会因为气体体积膨胀而不断减小。当压力为 0.1MPa 时，等压曲线上的密度在不同温度下变化不大，这意味

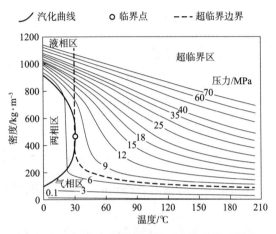

图 1.4   CO₂ 密度随温度和压力变化的关系曲线

着 CO₂ 一直处于气体状态。而当压力为 6MPa 时，CO₂ 在 23℃ 附近处于液态，此时密度较高。但随着温度的进一步增加，CO₂ 从液态转变为气态，密度会突然降低。当压力为 9MPa 时(临界压力为 7.38MPa)，等压线上的 CO₂ 状态从液态转变为超临界态。此时，随着温度的增加，不会出现密度突变现象，并且压力越高，CO₂ 的密度变化越小。

2)CO₂ 的偏差因子 Z

偏差因子(Compressibility Factor)是一种修正系数，用于描述真实气体与理想气体行为的偏差，通常用符号 Z 表示。简单地定义为在相同温度和压力下，等量真实气体的摩尔体积与理想气体的摩尔体积之比，可以用公式(1.6)表示。偏差因子是修正理想气体定律以解释真实气体行为的热力学性质。理想气体的偏差因子在任何条件下恒为 1。当 Z 小于 1 时，说明真实气体的摩尔体积比同样条件下的理想气体更小，即真实气体更容易被压缩。因此，偏差因子也被称为压缩性因子，反映真实气体的压缩难易程度。

在非常高的压力下，所有气体的 Z 值都大于 1，这说明分子间排斥力起到主要作用。在很低的压力下，所有气体的 Z 值都接近 1，此时真实气体的行为类似于理想气体。而在两者之间的压力范围内，大多数气体的 Z 值小于 1，这意味着分子间存在吸引力，从而降低了气体的摩尔体积。

偏差因子 Z 是对比温度 T_r 和对比压力 p_r 的函数，其表达式为：

$$Z = f(T_r, p_r) \tag{1.10}$$

式中，$T_r = T/T_c$，$p_r = p/p_c$；T_c 为临界温度，K；p_c 为临界压力，Pa。

由表 1.1 可知，CO₂ 的临界温度和临界压力和分别为 304.21K(即 31.1℃)和 7.38MPa。

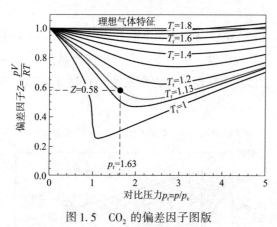

图 1.5　CO$_2$ 的偏差因子图版

当已知实际温度 T 和实际压力 p 时，查询 CO$_2$ 的偏差因子图版（图 1.5），便可以求出 Z。气态 CO$_2$ 在温度小于临界温度 31.1℃时可以被液化，流体密度较大，并且具有较小的压缩因子。

3）CO$_2$ 的黏度 η

流体的黏度（Viscosity）是由相邻层间以不同的速度运动时产生的摩擦造成。因此，黏度 η 可以定义为流体承受剪应力时，剪应力与流体单位速度差的比值，数学表述为：

$$\tau = \eta \frac{\partial u}{\partial y} \tag{1.11}$$

式中，τ 为剪应力，Pa；u 为速度场在 x 方向的分量，$\text{m} \cdot \text{s}^{-1}$；$y$ 为与 x 垂直的方向坐标。

Fenghour 提出了计算 CO$_2$ 黏度的表达式：

$$\eta(\rho, T) = \eta_0(T) + \Delta\eta(\rho, T) + \Delta\eta_c(\rho, T) \tag{1.12}$$

式中，η 为动力黏度，$\text{Pa} \cdot \text{s}$；η_0 为零密度点黏度极限值，$\text{Pa} \cdot \text{s}$；$\Delta\eta$ 为密度增量影响值，$\text{Pa} \cdot \text{s}$；$\Delta\eta_c$ 为临界点黏度增加值，$\text{Pa} \cdot \text{s}$。公式右边的各项计算公式如下：

$$\eta_0(T) = \frac{1.00697 T^{0.5}}{R_\eta^*(T^*)} \tag{1.13}$$

式中，$R_\eta^*(T^*) = \exp \sum_{i=0}^{4} a_i (\ln T^*)^i$，$T^* = T/251.96$，$a_i$ 为常数，其中，$a_0 = 0.235156$，$a_1 = -0.491266$，$a_2 = 5.211155 \times 10^{-2}$，$a_3 = 5.347906 \times 10^{-2}$，$a_4 = -1.537102 \times 10^{-2}$。

$$\Delta\eta(\rho, T) = d_{11}\rho + d_{21}\rho^2 + \frac{d_{64}\rho^6}{T^{*3}} + d_{81}\rho^8 + \frac{d_{82}\rho^8}{T^*} \tag{1.14}$$

式中，$d_{11} = 0.4071119 \times 10^{-2}$，$d_{21} = 0.7198037 \times 10^{-4}$，$d_{64} = 0.2411697 \times 10^{-16}$，$d_{81} = 0.2971072 \times 10^{-22}$，$d_{82} = -0.1627888 \times 10^{-22}$。第三项 $\Delta\eta_c(\rho, T)$ 在一般条件下对 CO$_2$ 黏度的影响较小，低于 1%。

该方程在常温常压下的误差小于 0.3%，在中低压条件下的误差不超过 3.6%，在高压条件下的计算误差可控制在 5% 以内，能够满足工程计算需求。

为了分析 CO$_2$ 黏度与温度和压力之间的变化规律，图 1.6 给出了 CO$_2$ 黏度与温度和压力之间的关系曲线。CO$_2$ 流体的黏度变化规律与其密度变化规律相似。当体系温度低于临界温度（31.1℃）时，随着 CO$_2$ 压力的增加，CO$_2$ 逐渐从气态转变为液态。在 CO$_2$ 变为液态时，其黏度会突然增加，这种转变是不连续的。当体系温度高于临界温度时，随着 CO$_2$ 压力的增加，CO$_2$ 的黏度会逐渐增加，并且这种变化是连续的。

在给定的压力条件下，随着温度的升高，CO$_2$的黏度会因为气体体积膨胀而不断减小。当压力为0.1MPa时，等压曲线上的黏度在不同温度下变化不大，这意味着CO$_2$一直处于气体状态。但是当压力为3MPa时，CO$_2$在温度为23℃附近处于液态，此时黏度较高。但随着温度进一步增加，CO$_2$从液态转变为气态，黏度会突然降低。当压力为9MPa时（临界压力为7.38MPa），等压线上的CO$_2$状态从液态转变为超临界态。在这种情况下，随着温度的增加，不会出现黏度突变现象，并且压力越高，CO$_2$的黏度变化越小。

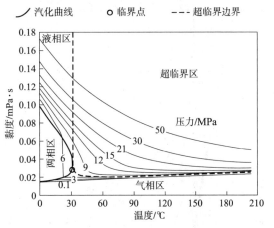

图1.6　CO$_2$黏度与温度和压力之间的关系曲线

4）CO$_2$的导热系数λ

导热系数（Thermal Conductivity）是指在稳定传热条件下，1m厚的材料两侧表面的温差为1℃，在一定时间内，通过1m^{2}面积传递的热量，又称热传导。其符号为λ，表达式如下：

$$\lambda = \frac{L}{RS} = \frac{QL}{\Delta T \cdot S} \tag{1.15}$$

式中，λ为导热系数，W·(m·K)$^{-1}$；L为厚度，m；R为热阻，K·W^{-1}；S为面积，m^2；Q为热量，W；ΔT为温差，K或℃。

一般来说，固体的热导率比液体的大，而液体的比气体的大。这种差异很大程度上是这两种状态分子间距不同所导致的。

Vesovic等提出了计算CO$_2$导热系数的表达式：

$$\lambda(\rho, T) = \lambda^0(T) + \Delta\lambda(\rho, T) + \Delta_c\lambda(\rho, T) \tag{1.16}$$

式中，λ^0为零密度点导热系数极限值，W·(m·K)$^{-1}$；$\Delta\lambda$为导热系数增量影响值，W·(m·K)$^{-1}$；$\Delta_c\lambda$为临界点导热系数增加值，W·(m·K)$^{-1}$。

CO$_2$导热系数的求解与CO$_2$黏度的求解方法类似，公式右边的各项计算公式如下：

$$\lambda^0(T) = \frac{0.475598 T^{0.5}(1 + r^2)}{R_\lambda^*(T^*)} \tag{1.17}$$

式中，$r = \left(\frac{2c_{\text{int}}}{5k}\right)^{0.5}$，$\frac{c_{\text{int}}}{k} = 1.0 + \exp\left(\frac{-183.5}{T}\right)\sum_{i=1}^{5} c_i\left(\frac{T}{100}\right)^{2-i}$，$R_\lambda^*(T^*) = \sum_{i=0}^{7}\frac{b_i}{T^{*i}}$，$b_0 = 0.4226159$，$b_1 = 0.6280115$，$b_2 = -0.5387661$，$b_3 = 0.6735941$，$b_4 = 0$，$b_5 = 0$，$b_6 = -0.4362677$，$b_7 = 0.2255388$，$c_1 = 2.387869 \times 10^{-2}$，$c_2 = 4.350794$，$c_3 = -10.33404$，$c_4 = 7.981590$，$c_5 = -1.940558$。图1.7给出了CO$_2$导热系数与温度和压力之间的关系曲线。

由图1.7可以看出，CO$_2$流体的导热系数变化规律与其密度、黏度变化规律相似。当

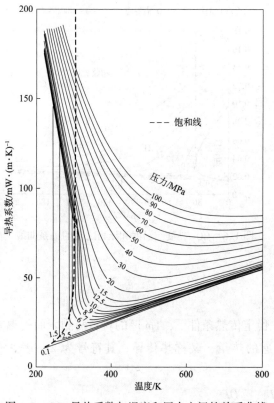

图 1.7 CO_2 导热系数与温度和压力之间的关系曲线

体系温度低于临界温度（31.1℃）时，随着 CO_2 压力的增加，CO_2 逐渐从气态转变为液态。在 CO_2 变为液态时，其导热系数会突然增加，这种转变是不连续的。当体系温度高于临界温度时，随着 CO_2 压力的增加，CO_2 的导热系数会逐渐增加，并且这种变化是连续的。

在给定的压力条件下，随着温度的升高，CO_2 的导热系数会因为气体体积膨胀而不断减小。当压力为 0.1MPa 时，等压曲线上的导热系数在不同温度下变化不大，这意味着 CO_2 一直处于气体状态。但是当压力为 1.5MPa 时，CO_2 在温度为 0℃附近，处于液态，此时导热系数较高。但随着温度进一步增加，CO_2 从液态转变为气态，导热系数会突然降低。当压力为 8MPa 时（临界压力为 7.38MPa），等压线上的 CO_2 状态从液态转变为超临界态。在这种情况下，随着温度的增加，不会出现导热系数突变现象，并且压力越高，CO_2 的导热系数变化越小。

1.1.1.4 CO_2 的化学性质

CO_2 的化学性质相对较不活泼，只有在高温条件下才会具有足够的化学活性，并与不溶的化合物和化学元素发生反应。CO_2 的化学反应包括燃烧反应（如镁条在 CO_2 中燃烧）、电化学反应、与水反应、与有机物合成反应以及 CO_2 分解反应等。本节主要介绍 CO_2 的常见反应，其他相关内容将在后续章节中进行介绍。

1）CO_2 在水中的溶解特性

溶解度（Solubility）指一定压力下单位体积液体中溶解的气量。气体在液体中的溶解通常服从亨利定律，即温度一定时，气体在溶液中的溶解度（R_s）与压力成正比。

$$R_s = \alpha p \tag{1.18}$$

式中，R_s 为溶解度，$m^3 \cdot m^{-3}$；p 为压力（绝对压力），MPa；α 为溶解系数，$m^3 \cdot (m^3 \cdot MPa)^{-1}$。

α 的物理意义是当温度一定时，增加单位压力，单位体积液体中溶解气体标准体积的增加量。其值反映了气体在液体中的溶解能力。不同的单组分气体其溶解系数 α 不同。由式（1.18）可以看出，当压力趋于无穷大时，液体溶解气体的能力是无限的。

在常温常压条件下，CO_2 可以溶解于水中（大致比例为 1:1），CO_2 在水中主要的存在形式是 CO_2 的水合物分子，部分 CO_2 与水分子反应生成浓度不高的碳酸溶液，如图 1.8 所

示。碳酸在水中解离产生的氢离子会改变水溶液的 pH 值, 使其呈酸性, 其化学反应方程式如下:

$$H_2O + CO_2 \Longrightarrow H_2CO_3 \tag{1.19}$$

在储层条件下, CO_2 溶解于水中生成碳酸, 并分两步释放出氢离子、碳酸氢根离子和碳酸根离子, 其化学反应方程式如下:

$$H_2CO_3 \Longrightarrow H^+ + HCO_3^- \tag{1.20}$$

$$HCO_3^- \Longrightarrow H^+ + CO_3^{2-} \tag{1.21}$$

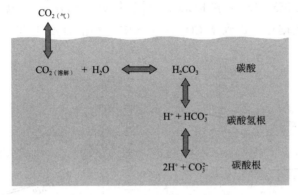

图 1.8 CO_2 在水中的溶解示意图

在 20℃、100kPa 条件下, 碳酸饱和水溶液的 pH 值低于 4.0, 温度升高则 pH 值增大, 压力增大则 pH 值减小, 如图 1.9 所示。在纯水中, 根据亨利定律, 则有:

$$pH = -\frac{1}{2}\lg p_{CO_2} + C \tag{1.22}$$

式中, C 为与温度相关的常数。由此可见, CO_2 的分压制约着溶液的 pH 值。

pH 值的高低取决于 CO_2 的分压、环境温度和水的组成, 主要是因为这些因素会影响 CO_2 在水中的溶解度。

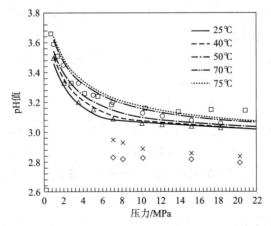

图 1.9   不同温度、压力下 CO_2 在水中溶解后的 pH 值

图中的数据点来源: 文献[16], $T = 315.15K$ (□); 文献[17], $T = 348.15K$ (○);
文献[17], $T = 313.15K$ (△); 文献[18], $T = 343.15K$ (×); 文献[18], $T = 298.15K$ (◇)

图 1.10 展示了 CO_2 在水中的溶解度随温度和压力变化的关系曲线。对于给定的压力，CO_2 在水中的溶解度在低温条件下随着温度的升高而逐渐降低，降低速率逐渐减缓。当溶解度达到最小值后又随着温度的升高而逐渐增加。此外，随着压力增加，CO_2 在水溶液中的溶解度会增加。

地层水中含有溶解的固体，会降低 CO_2 等轻质气体的溶解度，这种现象称为盐析效应（Salting Out Effect）。图 1.11 给出了 CO_2 在盐水中的溶解度随矿化度的变化关系曲线。水中的总离子浓度越高，溶解 CO_2 的能力就越低。当矿化度从 0 增加到 30% 时，CO_2 在盐水中的溶解度会降低至 1/5。Enick 和 Klara 通过使用 298~523K 温度范围和 3~85MPa 压强下的 167 个溶解度数据点，得到了 CO_2 在盐水中饱和溶解度 X 和水矿化度 S 之间的相关性。

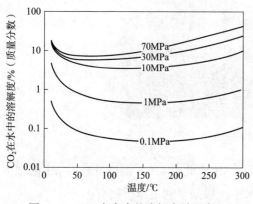

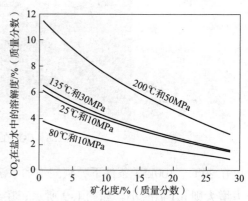

图 1.10　CO_2 在水中的溶解度随温度和
压力的变化关系曲线

图 1.11　CO_2 在盐水中的溶解度随矿化度的
变化关系曲线

$$X_{b,S}^{CO_2} = X_{w,S}^{CO_2}(1.0 - 4.893414 \times 10^{-2}S + 0.1302838 \times 10^{-2}S^2 + 0.1871199 \times 10^{-4}S^3)$$

$$(1.23)$$

式中，$X_{b,S}^{CO_2}$ 为 CO_2 在盐水中的饱和度，%；$X_{w,S}^{CO_2}$ 为 CO_2 在水中的饱和度，%；S 为矿化度（Salinity），又称总溶解固体质量分数（Total Dissolved Solids，简称 TDS），%。

2）CO_2 与水、岩石之间的反应

当 CO_2 进入储层后，会与水结合形成碳酸，并有可能导致地层中的某些矿物溶解，其主要的化学反应如下：

$$CaCO_3 + H^+ \Longrightarrow Ca^{2+} + HCO_3^- \qquad (1.24)$$

$$CaAl_2Si_2O_8(钙长石) + 8H^+ \Longrightarrow Ca^{2+} + 2Al^{3+} + 4H_2O + 2SiO_2(溶液) \qquad (1.25)$$

$$FeCO_3(菱铁矿) + 2H^+ \Longrightarrow Fe^{2+} + CO_2 + H_2O \qquad (1.26)$$

溶解在水中的阳离子和碳酸氢根离子之间会再次发生化学反应，例如：

$$Ca^{2+} + HCO_3^- \Longrightarrow CaHCO_3^- \qquad (1.27)$$

碳酸根离子也容易与二价离子（Ca^{2+}、Mg^{2+}、Fe^{2+} 等）发生化学反应，生成新的沉淀物。例如：

$$Ca^{2+} + HCO_3^- \Longrightarrow CaCO_3 + H^+ \qquad (1.28)$$

$$Fe^{2+} + HCO_3^- \Longrightarrow FeCO_3 + H^+ \tag{1.29}$$

关于CO$_2$与其他岩石矿物的反应细节将在第2.2.4节中详细介绍,此处不再赘述。CO$_2$与岩石发生反应后,必然会影响岩石的物理性质,从而对利用CO$_2$开发油藏的效果产生影响。

3)CO$_2$水合物

在自然界和地质能源开采过程中已经发现了两种CO$_2$水合物晶体结构,分别是Ⅰ型(14面体)和Ⅱ型(16面体),如图1.12所示。Ⅰ型结构是在特定条件下水与天然气小分子(如CH$_4$、C$_2$H$_6$、H$_2$S、CO$_2$、N$_2$等非烃分子)形成的立方晶体结构。Ⅱ型结构则由所含分子大小处于乙烷(C$_2$H$_6$)和戊烷(C$_5$H$_{12}$)之间的大分子形成的菱形晶体结构。

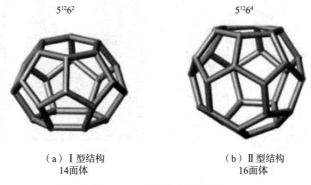

$5^{12}6^2$ $5^{12}6^4$

(a)Ⅰ型结构   (b)Ⅱ型结构
14面体   16面体

图1.12 水合物的结构图

CO$_2$气体在地质能源开采过程中或多或少都会遇到水汽。CO$_2$水合物(CO$_2$ Hydrate)是一种在特定压力和温度条件下形成的,由CO$_2$气体和水构成的结晶物质(图1.12),属于Ⅰ型水合物结构,如图1.13所示。当CO$_2$气体分子完全填充晶格的孔室时,CO$_2$水合物分子可表示为CO$_2$·6H$_2$O。

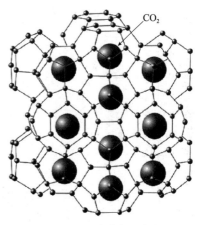

图1.13 CO$_2$水合物的结构图

CO$_2$水合物的相图如图1.14所示。CO$_2$气体形成水合物一般需要具备以下几个条件。

(1)气体的温度必须等于或低于气体中水蒸气的露点,有自由水存在。

(2)必须具备一定的压力温度条件,即在一定压力下,其温度低于对应的相平衡温度。CO$_2$气体形成水合物的临界温度为10.0℃。在一定温度下,其压力高于对应的相平衡压力。

(3)存在压力的波动以及气体的高速流动、流向突变产生的搅动。

(4)存在水合物晶体及晶种停留的特定物理位置(如弯头、阀门、孔板、粗糙管壁等)。

CO$_2$水合物的形成会导致油管计量孔板地面流程堵塞,阻碍加热设备的热传导,严重影响气井的正常试气等，甚至可能危及人员和设备的安全。

4）CO_2 在原油中的溶解特性

根据相似相溶原理，CO_2 在原油中的溶解性非常好。石油主要由烷烃或烃类物质组成，其中的 C—C 键以非极性键为主，分子的极性较小，表现为非极性溶剂的特性。而 CO_2 是一种非极性分子，因此容易溶解在由非极性分子构成的原油中，如图 1.15 所示，使得原油的体积发生膨胀。在相同条件下，CO_2 在原油中的溶解度比在水中的高 3~9 倍。

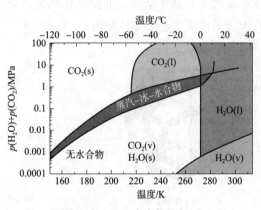

图 1.14　CO_2 水合物的相图

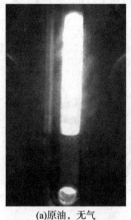

(a)原油，无气　　　　(b)原油，有CO_2

图 1.15　CO_2 在 110℃ 和 34.5MPa 条件下溶解在 Bakken 原油中的状态

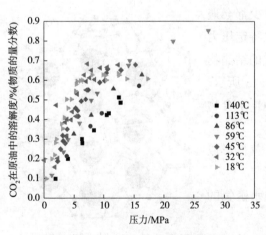

图 1.16　CO_2 在原油中的溶解情况

图 1.16 给出了 Emera 根据 106 个"死油"实验数据得出的 CO_2 溶解度与压力之间的关系曲线。外界压力增大，CO_2 在原油中的溶解度也增大；而外界压力降低，CO_2 则会从原油中析出。此外，外界温度的增加会导致 CO_2 在原油中的溶解度下降，原油的分子量增大也会使 CO_2 在原油中的溶解度降低。

CO_2 溶解在原油中后，会对原油的体积、黏度、油水界面性质以及组成产生影响。关于其影响的详细介绍将在第 2.1.2 节中进行，此处不再赘述。

5）CO_2 与碱性物质的反应

CO_2 与碱金属和碱土金属的氢氧化物容易发生反应，生成相应的碳酸盐，常见的化学反应如下：

$$KOH + CO_2 \longrightarrow K_2CO_3 + H_2O \qquad (1.30)$$

$$Ba(OH)_2 + CO_2 \longrightarrow BaCO_3 + H_2O \qquad (1.31)$$

此外，碳酸盐溶液也容易吸收 CO_2，形成对应的碳酸：

$$K_2CO_3 + CO_2 + H_2O \Longrightarrow 2KHCO_3 \tag{1.32}$$

这种反应是可逆的。在较低温度下，反应会向右进行，即进行化学吸收，溶液吸收 CO_2；而在较高温度下，反应则向左进行，即进行化学解吸，溶液释放 CO_2 分子。

CO_2 的化学反应非常多样，本节只重点介绍了其中的一部分内容。关于其在地质能源工程中的其他反应将在后续章节中进行详细介绍，此处不再赘述。

1.1.2　气态 CO_2 在地质能源工程中的应用简介

CO_2 驱油技术在全球范围内被广泛采用。根据初步统计，全球有上百个采油气项目使用 CO_2 驱油，被视为提高采收率最具潜力的方法之一。与其他驱油技术相比，CO_2 驱油成本低廉，且能显著提升采收率，在各类油田中都适用。近年来，专家学者在 CO_2 驱油技术的基础上提出了 CO_2 驱油与封存一体化技术，可以将 CO_2 封存于地层中，以减缓温室效应对全球变暖的影响。

自 20 世纪 50 年代开始，CO_2 就被应用于压裂技术。到 90 年代，在中国，大庆、吉林等油田进行了 CO_2 压裂试验，并取得了显著的成果。至今，国内外的 CO_2 压裂技术已经相当成熟。CO_2 压裂技术在油田开发中的应用越来越广泛，尤其是在水敏油藏、低渗透和特低渗透油藏中的应用更加普及。

CO_2 不仅在常规天然气开采技术中不断发展，近年来也被用于开采页岩气和煤层气。页岩气储层非常致密，具有低孔、低渗透的特点，在开发过程中需要进行压裂。传统选择是水力压裂技术，但这种方法需要大量使用水，同时压裂液会对地层水造成污染。而利用 CO_2 代替水进行压裂，在试验中取得了与水力压裂同样出色的效果。此外，CO_2 还能解吸吸附在页岩上的甲烷，使得天然气更易开采。总的来说，CO_2 压裂开采页岩气技术优于水力压裂。而对于开采煤层气来说，CO_2 还能取代致密岩体上吸附的烷烃气体，从而提高气藏的采收率。

此外，随着全球碳达峰和碳中和进程的推进，CO_2 在地质能源开发领域的应用已经成为焦点。在油气田开发、地下水开采、天然气水合物开采以及地热能利用等方面的应用已经取得了显著成果。关于这些技术的原理和方法将在后续章节中进行详细介绍。

1.2　超临界 CO_2 基本性质

1.2.1　超临界 CO_2 及其基本性质

超临界二氧化碳（Supercritical CO_2，简称 scCO_2）是维持在临界温度及临界压力以上（$T_c > 31.1℃$，$p_c > 7.38MPa$）的 CO_2 流体（超临界流体）。超临界 CO_2 的性质如表 1.2 所示，具有接近于气体的低黏度和高扩散系数，同时也具有接近液体的高密度，因此在国内外石油行业引起了广泛关注。

表 1.2　超临界 CO₂ 性质的比较

物理特性	超临界流体（临界点附近）	气体（常温、常压）	液体（常温、常压）
密度/kg·m⁻³	0.2 ~ 0.9	0.0006 ~ 0.002	0.6 ~ 1.6
黏度/mPa·s	0.02 ~ 0.1	0.01 ~ 0.03	0.1 ~ 10
扩散系数/cm²·s⁻¹	0.0001 ~ 0.01	0.05 ~ 2	0.000004 ~ 0.00003
导热系数/W·(m·K)⁻¹	0.03 ~ 0.07	0.005 ~ 0.03	0.007 ~ 0.25

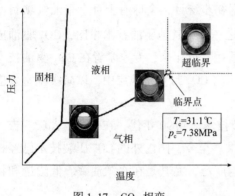

图 1.17　CO₂ 相变

图 1.17 给出了 CO_2 的相图和相态变化过程。CO_2 的临界压力 p_c 为 7.38MPa，临界温度 T_c 为 304.21K，其他临界参数 V_c 为 94cm³·mol⁻¹，临界密度 ρ_c 为 0.468g·cm⁻³。当温度和压力高于临界温度和临界压力时，CO_2 处于超临界状态。超临界 CO_2 是独立于气体、液体和固体三个相态的一个独立相态。当 CO_2 体系达到对应的临界压力和临界温度时，气液相界面逐渐消失，体系从气液两相转变为稳定的单相。

由图 1.4 可以看出，随着压力增加，CO_2 的密度增大，而随着温度升高，CO_2 的密度减小。在超临界状态下，即使温度和压力发生微小变化，CO_2 的密度也会剧烈变化。随着温度接近临界温度，CO_2 气体的密度增大，CO_2 液体的密度减小。当体系的压力和温度达到临界条件时，两相的密度相同，不再存在相界面，气液两相变为一相。总体而言，超临界 CO_2 的扩散系数随着压力的增加而降低。由图 1.6 可以看出，超临界 CO_2 黏度变化特点与液态 CO_2 黏度变化特点一致。随着温度升高，超临界 CO_2 的黏度降低，但在一定温度后，黏度的变化特点与气态 CO_2 相同，即随着温度升高，超临界 CO_2 的黏度增大。

1.2.2　超临界 CO₂ 在地质能源工程中的应用简介

近年来，我国每年发现的油气田资源不断增长，但其中 70% ~ 80% 为非常规油气藏。这些非常规油气藏普遍存在低压、低孔隙度和低渗透率等问题，导致开采过程中的采收率低，开采流程复杂且开采周期长，限制了我国石油天然气工业的发展。超临界 CO_2 具有接近于气体的低黏度和高扩散系数，同时又具有接近于液体的高密度，因此其引入可以有效解决这些非常规油气藏开发过程中的难题，为我国非常规油气藏开发提供了一种可行的方法。

超临界 CO_2 在非常规油气藏开采中的钻井、压裂、驱油及除垢、洗井等作业中具有广阔的应用前景。本书的第 3 ~ 7 章将详细介绍这些内容。

1.3 CO_2 泡沫的基本性质

1.3.1 CO_2 泡沫体系及其性质

1.3.1.1 常规 CO_2 泡沫体系

泡沫(Foam)是由大量不溶性气体分散在少量液体中形成的一种分散体系，也是许多气泡(Bubble)的聚集体。图1.18展示了水溶液中泡沫的形成过程。当向一定浓度的表面活性剂溶液中通入 CO_2 气体时，产生的泡沫即为 CO_2 泡沫。在气液界面上，表面活性剂分子聚集形成具有一定机械强度的单分子膜。这种单分子膜的极性基部分插入水中，随着气泡的上升，吸附了水形成气泡膜，并漂浮在液体表面上，形成泡沫。泡沫流体是可压缩的，其中液体部分的压缩性较小，而气体部分则可以被压缩。因此，泡沫流体可以被视为半压缩体。

泡沫中的气相体积百分比被称为泡沫质量(Foam Quality)，也称为泡沫干度，符号为 Γ。泡沫流体的泡沫质量通常在50%~80%变化。气泡的直径一般小于0.254mm，气泡之间由一层液体薄膜(Lamellae)隔开，如图1.19所示。三个薄膜的连接区域被称为Plateau通道。气泡位于连续的液相中，并且液体填充了Plateau边界和节点(Node)。因此，泡沫具有非常大的气液界面面积，同时也具有很高的表面自由能。

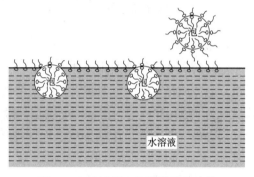

图1.18 水溶液中泡沫的形成过程

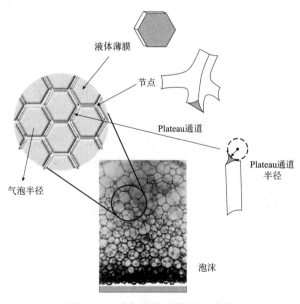

图1.19 均匀泡沫系统的示意图

虽然目前使用的泡沫通常被称为"稳定泡沫"，但从热力学角度来看，泡沫一旦形成，气泡稳定性就开始降低，这是因为泡沫是一个热力学不稳定系统，表面自由能会自发减小，泡沫会逐渐破裂，直到气相和液相完全分离。

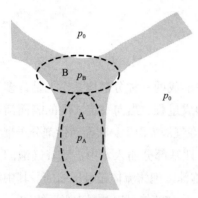

图 1.20　三个气泡的液膜分界平面示意图

从受力的角度来看，在泡沫中，气相压力是均等的，但液膜中存在界面的不同曲率。在平面状液体内的压力大于弯曲面液体内的压力，三个气泡的液膜分界平面图如图 1.20 所示。A 部分的压力大于 B 部分(Plateau 边界)的，因此 A 部分的液体向 B 部分流动，使液膜不断变薄。由于存在阻力，液膜达到一定厚度后会暂时达到平衡。从曲面压力的角度来看，要形成稳定的泡沫，液膜之间的夹角理论上在 120°时最稳定，因为这时图中 B 与各气相之间的压力差最小。

1) 泡沫体系的黏度

泡沫的黏度比气液两相流体中任何一相的黏度都高，这主要取决于液相的性质和泡沫质量。泡沫质量越高，气泡越密集，气泡之间的摩擦阻力越大，从而导致黏度增加。当泡沫质量为 75%~80% 时，泡沫的黏度达到最大值。增加液相的黏度不仅会增加泡沫的稳定性，还会进一步提高泡沫的黏度。泡沫流体的黏度与泡沫质量和液相黏度之间存在以下关系。

当泡沫质量为 0~54% 时，

$$\eta_f = \eta_l (1.0 + 2.5\Gamma) \tag{1.33}$$

当泡沫质量为 54%~74% 时，

$$\eta_f = \eta_l (1.0 + 4.5\Gamma) \tag{1.34}$$

当泡沫质量为 74%~96% 时，

$$\eta_f = \eta_l (1.0 - 1/3\Gamma)^{-1} \tag{1.35}$$

式中，η_f 为泡沫黏度，mPa·s；η_l 为液相黏度，mPa·s；Γ 为泡沫质量。

2) 泡沫体系的流变性

泡沫流体属于非牛顿流体(Non-Newtonian Fluid)，在剪切速率较低的情况下，表现出类似假塑性流体的行为特征，其剪切应力和视黏度随剪切速率的变化满足以下方程：

$$\tau = K\gamma^n \tag{1.36}$$

式中，τ 为剪切应力，Pa；γ 为剪切速率，s⁻¹；K 为稠度系数，Pa·s；n 为流动指数，无量纲。

泡沫流体的剪切应力和流动指数随着泡沫质量的增大而增大，而稠度系数随着泡沫质量的增加而减小。

3) 泡沫体系的携带颗粒能力

泡沫携带颗粒技术主要基于泡沫界面的两个特性。首先，泡沫具有非常高的比表面积。例如，当泡沫体积占液体体积的1%，假设内部气泡的平均半径为1mm，则其比表面积高达$2.9 \times 10^5 m^2 \cdot m^{-2}$。如此巨大的比表面积能确保泡沫携带颗粒的高效率。其次，泡沫体系中绝大部分是气体，在水中由于密度差异会不断上浮，颗粒可以通过附着、夹带或物理捕获等方式被携带出来。泡沫流体中颗粒的沉降速率仅为水溶液的1%~10%。只有当承载颗粒的气泡严重变形或泡沫的稳定性极差而形成通道时，颗粒才会下沉。当泡沫流体具有足够的泡沫量和较高的液相黏弹性时，颗粒就不会沉降。

4) 泡沫在多孔介质中的渗流性能

当泡沫在多孔介质中流动时，并不以连续相的形式通过多孔介质，而是经历着不断破灭和再生的过程。液体是连续相，气体是非连续相，如图1.21所示。孔隙介质就像一个可变的过滤器，泡沫的气液两相以不同的速率在孔隙介质中移动，气体的移动速率比液体的快。

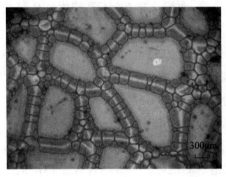 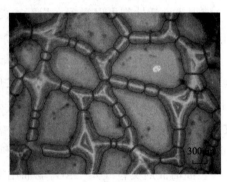

聚并前 聚并后

图1.21　泡沫在多孔介质中聚并前后的示意图

泡沫在孔隙介质中具有很高的黏度，并且随着孔隙度的增加而增加。其黏度比气体和活性水的都高。但是，泡沫在含油孔隙介质中的稳定性会变差，并且会随着介质含油饱和度的增加而降低。

5) 泡沫的稳定性

泡沫稳定性(Foam Stability)通常用泡沫在单位时间内排出的液体量衡量。液体排出的时间一般以半衰期表示。排出的液体量越大，半衰期就越短，泡沫也就越不稳定。当泡沫在空气中静置时，通常需要30~50min才能完全排出液体，而当接触到油后，只需要几分钟就能将液体全部排出。

泡沫的稳定性与液相黏度和泡沫质量等因素有关。液相黏度增加会增强液膜的机械强度，从而提高稳定性。泡沫质量越高，稳定性也越好。因此，科研人员不断研发新型表面活性剂、聚合物和纳米颗粒等材料，以提高泡沫的稳定性。

1.3.1.2　表面活性剂强化 CO_2 泡沫体系

当添加表面活性剂(即起泡剂)时，表面活性剂会吸附在界面上，由于气泡膜有内外两个气液界面膜，形成了表面活性剂的双吸附层，如图1.22所示。由于吸附层的覆盖，膜

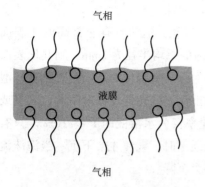

气相

液膜

气相

图 1.22 液膜上的双吸附层示意图

中液体不易挥发。首先，表面活性剂的亲水基团对水有吸引力，增加了液膜中水的黏度，使其不容易从双吸附层中流失，因此液膜可以保持一定厚度。其次，表面活性剂分子的亲油基团之间通过相互吸引，可以增强吸附层的稳定性。对于离子型表面活性剂，亲水基团在水中电离，表面活性剂离子端带相同电荷的相互排斥，阻碍着液膜变薄。

最近，研究人员通过官能团或改变尾部拓扑结构的方法来研发亲 CO_2 表面活性剂，这引起了越来越多人的关注。使用可溶于 CO_2 的表面活性剂具有几个优点。

(1)确保表面活性剂可以在 CO_2 流动的地方产生泡沫。

(2)消除了水的注入(以前在油藏中常常存在盐水)。

(3)使得表面活性剂可以吸附在岩石表面或陷入"漏失带"，不易流失，从而减少所需的表面活性剂量。

Sagir 等使用甜菜碱作为泡沫助剂，研究了一种合成的亲 CO_2 表面活性剂——壬基酚乙氧基化合磺酸盐(NPES)的性能。研究发现，NPES 将 CO_2/盐水界面的表面张力从 30 $mN \cdot m^{-1}$ 降低到 5.2 $mN \cdot m^{-1}$，将 CO_2 的流动性降低 1/3，使其成为非常有潜力的 CO_2 提高采收率用表面活性剂。然而，该研究未考虑表面活性剂对环境的潜在影响。

Talebian 等测试了三种新开发的表面活性剂 Fo - max II、Fo - max VII 和 UTP - Foam 混合时作为表面活性剂交替气体(SAG)驱油用发泡剂的性能，三者均含有亲 CO_2 基团。研究发现，具有大体积和尾部分支结构的表面活性剂可以产生更稳定的泡沫，而亲 CO_2 基团在气/水界面上具有更高的活性，可以提高稳定性。

1.3.1.3 聚合物强化 CO_2 泡沫体系

将泡沫驱油和聚合物/表面活性剂复合驱油相结合可以显著提高 CO_2 驱油时的采收率，尤其是在较高的油藏压力下。该研究使用了 α - 烯烃硫酸钠(AOS)、发泡剂 N70K - T 和增稠剂 AVS[由丙烯酰胺、2 - 丙烯酰氨基 - 2 - 甲基丙烷磺酸(AMPS)和额外单体组成的混合物]，如图 1.23 所示。

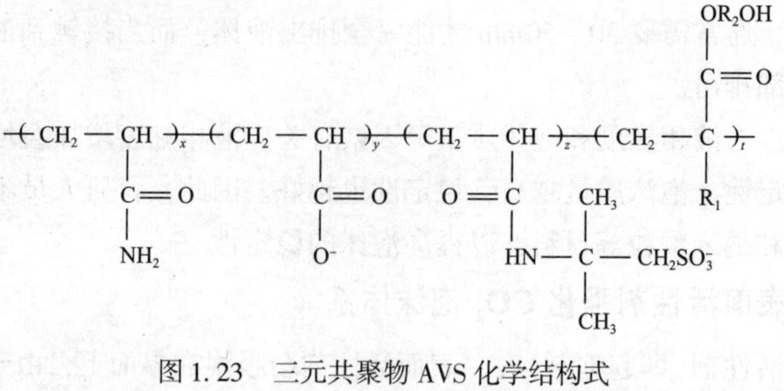

图 1.23 三元共聚物 AVS 化学结构式

其他研究还测试了十二烷基苯磺酸钠(SDBS)与部分水解的聚丙烯酰胺(HPAM)以及十二烷基硫酸钠(SDS)与疏水改性水溶性聚合物丙烯酸烷基酯交联聚合物(HMPAA)的混合物。后一个体系在 CO_2/水界面上形成 HMPAA 疏水网络,促使超稳定泡沫的产生,如图1.24 所示。

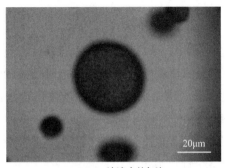

| (a)HMPAA溶液中的气泡 | (b)SDS溶液中的气泡 |

图 1.24　不同泡沫的光学显微镜图像

1.3.1.4　纳米强化 CO_2 泡沫体系

多相泡沫(Multiphase Foam)是对常规泡沫进行改良的另一种泡沫,即在常规泡沫配方的基础上添加固体颗粒。这些颗粒在起泡过程中会吸附在气泡表面,就像给气泡穿上了一层"盔甲",既能保护气泡使其不易破裂,又可以降低泡沫的析液速度,从而提高泡沫的稳定性。

对于颗粒稳定泡沫的机理,过去已经进行了大量的研究,主要有以下几种观点。

1)脱附能理论

颗粒之所以能够稳定泡沫,一个重要原因是吸附在界面上的颗粒可以增强膜的机械强度。由于颗粒具有固体的特性,一旦吸附到液膜表面,就能增加膜的机械强度,从而提高泡沫的稳定性。Horozov 应用颗粒稳定乳状液的理论,解释了颗粒在稳定泡沫中的作用。颗粒紧密吸附在液膜表面可以阻碍液膜中水的流动,从而减缓液膜的析液速度。此外,颗粒在液膜上排列紧密,使得液体与气体的接触面积减少,减弱了泡沫的分离作用。

表面活性剂和颗粒都可以吸附在界面上,但二者有所不同,颗粒在界面上的脱附能更大。表面活性剂分子在界面上的吸附过程是可逆的,即吸附和脱附同时发生,最终达到一个动态平衡。而颗粒的吸附是不可逆的,一旦吸附上去,就很难脱离。脱附能越大,说明颗粒从液膜上脱离所需的能量越大,生成的液膜就越稳定。颗粒的脱附能如图1.25 所示,具体数值可以通过式(1.37)计算得出:

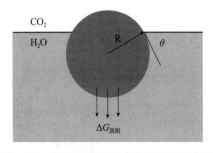

图 1.25　颗粒在气泡膜中的脱附能示意图

$$\Delta G_{脱附} = \pi R^2 \sigma_{AW} (1 - |\cos\theta|)^2 \qquad (1.37)$$

式中,$\Delta G_{脱附}$ 为颗粒的脱附能,J;R 为颗粒的半径,10^{-6} m;σ_{AW} 为气液界面张力,

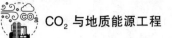
mN·m；θ 为颗粒与水相间的接触角，（°）。

需要注意的是，当颗粒的粒径较小（<5nm）时，根据式(1.37)计算得出的脱附能虽然较小，但此时颗粒能够较均匀地分散在体相中，会形成有序的结构，使得液体变得更加黏稠，因此析液速度变慢，从而提高泡沫的稳定性。这是目前纳米颗粒强化泡沫体系稳定性的作用机制。

2）最大毛细压理论

根据式(1.37)，当颗粒与水相的接触角达到90°时，脱附能的值达到最大，泡沫体系此时也达到最稳定的状态。但大量研究发现，当泡沫体系处于最稳定状态时，接触角却在60°~80°的范围内。因此，仅从脱附能的角度考虑，并不能完全解释颗粒稳定泡沫的作用。毛细压力理论关注的是界面之间颗粒的相互作用。不同颗粒之间会存在一种毛细压力，它类似于一种排斥力，阻止气泡的靠近（图1.26），只有克服这种毛细压力，气泡才能发生聚并现象。最大毛细压力可以通过式(1.38)计算得出。

$$p_c^{max} = \pm P \frac{2\sigma_{AW/OW}}{R} cos\theta \tag{1.38}$$

式中，p_c^{max} 为最大毛细压力，mPa；$\sigma_{AW/OW}$ 为气水或油水的界面张力，mN·m；P 为理论堆积参数，反映结构和颗粒浓度的影响。

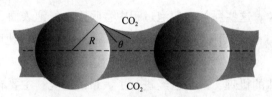

图 1.26　最大毛细管压力理论示意图

在式(1.38)中，对水包油体系和气泡取正值，对油包水体系取负值。接触角越大，最大毛细压就越小，这与脱附能与接触角的关系相反。因此，将以上两种理论综合起来，可以更合理、更详细地解释颗粒的稳定泡沫作用。

3）界面吸附理论

学者们普遍认为，颗粒能够稳定多相泡沫，主要是因为颗粒能够吸附在气液界面上，增强气泡的界面黏弹性，并且可以在气泡间聚集，将气泡相互分隔开，相当于给气泡穿了一层"装甲"，使气泡具有一定的固体性，如图1.27所示。

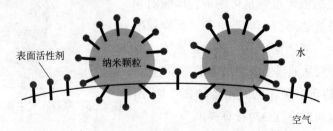

图 1.27　纳米 SiO₂ 颗粒与气液界面相对位置示意图

为了研究颗粒在气泡表面的吸附情况，Lv 等利用显微镜观察了纳米 SiO$_2$ 颗粒在气泡表面的分布，如图 1.28 所示。纳米颗粒通过疏水作用将其拖到气液界面上，形成聚集体，增加了气泡膜的粗糙度，从而增加了气泡滑动的阻力。除了吸附在界面上，颗粒还部分存在于气泡和气泡之间的液相层间，界面上的颗粒和层间的颗粒相互连接，形成网络结构，将气泡包裹其中，因此提高了泡沫的稳定性。

Binks 等在实验研究中发现，纳米颗粒稳定的泡沫体系与气泡界面黏弹性之间存在一定的关系，气泡的界面黏弹性是表征泡沫稳定性的一个重要的物理参数。另外，泡沫的稳定性与颗粒的浓度也有一定关系，颗粒浓度越大，泡沫的稳定性越强。

图 1.28　纳米 SiO$_2$ 颗粒在气泡表面的分布

1.3.2　CO$_2$ 泡沫在地质能源工程中的应用简介

CO$_2$ 泡沫流体是一种可压缩的非牛顿流体，具有独特的结构特征和渗流特性。因此，在油气田开发中可以广泛应用于低压、易漏失及水敏性地层的钻井、完井和油气井增产等措施中，前景广阔。

（1）在井筒中的应用主要包括泡沫欠平衡钻井、泡沫水泥浆固井、泡沫压井、泡沫诱喷、泡沫冲砂洗井、泡沫排液。

（2）在井筒地带的应用主要包括泡沫酸处理、泡沫压裂、泡沫混排解堵、泡沫携带砾石充填。

（3）在地层中的应用主要包括泡沫堵气堵水、泡沫调驱等。这些内容将在后续章节中进行详细介绍。

需要注意的是，虽然聚合物、表面活性剂和纳米颗粒等可以增强泡沫性能，但如果在地质能源工程中发生泄漏，会对环境造成一定影响。例如，所有阴离子表面活性剂和大部分非离子表面活性剂都具有潜在的环境毒性，其毒性作用取决于其释放量。例如，聚氧乙烯醚是众所周知的内分泌干扰物，并对水生生物有重大不利影响。在水体附近释放大量这些表面活性剂很可能对该环境中的水生野生动物造成灾难性影响。在高浓度下，即使是常见的家用表面活性剂(如 SDS),也会对环境产生重大影响。然而,与 SDS 不同,烯烃磺酸盐尚未显示出对微生物有毒性作用。另外,烷基苯磺酸盐对水生生物也有负面影响。

纳米颗粒添加剂同样会带来环境风险。虽然纳米 SiO$_2$ 颗粒在自然界中很常见,通常被视为环境友好材料,但对其毒性了解甚少。最近的研究表明,在特定的颗粒尺寸和暴露程度下,纳米 SiO$_2$ 颗粒表现出明显的细胞毒性,活体实验证明纳米 SiO$_2$ 颗粒可以导致肝脏和肾脏损伤,以及其他有害影响。有待进行更多研究以了解向地下注入大量纳米 SiO$_2$ 颗粒可能带来的潜在环境影响。

☆☆ 思考题 ★★

1. CO$_2$ 在超临界状态下具有怎样的性质?这些性质在非常规油气藏开发中发挥着什么作用?

2. 什么是偏差因子?其作用和意义是什么?

3. CO$_2$ 的密度、黏度、导热系数随温度和压力变化的规律是什么?

4. CO$_2$ 的化学反应主要包括哪些?其中 CO$_2$ 与水、岩石之间的反应可能会导致储层什么样的变化?对油藏开发会造成哪些影响?

5. CO$_2$ 水合物包括哪几种晶体结构?CO$_2$ 气体形成水合物的条件有哪些?

6. CO$_2$ 在水中和原油中具有怎样的溶解性?简述其主要影响因素及其影响规律。

7. CO$_2$ 压裂技术在开采页岩气和煤层气领域相较于常规水力压裂具有哪些优点?

8. 什么是泡沫?其形成机理是什么?

9. 泡沫体系携带颗粒的原理是什么?

10. 增加泡沫稳定性的方法有哪些?各有什么优缺点?

11. 简述颗粒稳定泡沫的机理。

12. CO$_2$ 泡沫流体在地质能源工程中的应用有哪些?

2 CO₂ 在地层中的性质

地质能源(如天然气、原油等)和水储存在地层中，由于它们的分布和性质的差异，形成了复杂和多样化的地质能源储集空间。本章将简要介绍 CO_2 与地层中原油、天然气、水、岩石等储层物质以及固井水泥、钢质管材等人工材料之间的化学作用。这将有助于读者理解利用 CO_2 开采地质能源(如原油，天然气等)的作用机理，以及在开采过程中出现的设备腐蚀、CO_2 泄漏等问题的基本反应原理，也为学习如何预防上述问题的方法与应用奠定理论基础。

2.1 CO₂ 与地层流体

2.1.1 CO₂ 与地层水

2.1.1.1 地层水

1)地层水的定义

地层水(Formation Water)或称油层水，是油藏边部和底部的边水和底水、层间水以及与原油同层束缚水的总称。地层水是与石油、天然气紧密接触的地层流体，边水和底水常作为驱油的动力。图 2.1 展示了典型背斜构造油气藏示意图，由于成藏过程中流体在高温高压下的重力分异作用，气层位于油层的上部，边水位于油层的下部。油、气、水都存在于岩石孔隙中。

岩石孔隙中的束缚水(Bound Water)一般以膜状黏附在颗粒表面、赋存在微孔隙中或滞留在颗粒接触处，在油田开发通常所具有的压差下是不能流动的地下水，如图 2.2 所示。

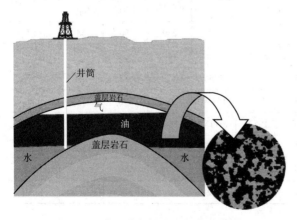

图 2.1 典型背斜构造油气藏示意图

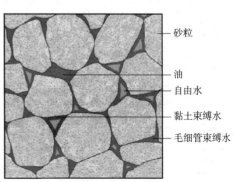

图 2.2 束缚水示意图

大量的现场取心表明，即使是纯油气层，在其任何部分都含有一定数量的束缚水，一般存在于砂表面和砂粒接触处的角隅以及微毛细管孔道中。束缚水的存在与油藏形成过程有关，在水相中沉积的砂岩层，当油气从生油层运移到该砂岩层中，由于油气水的润湿性不同以及毛管力的影响，导致运移的油气无法完全驱出孔隙中的水而残留下来，因此束缚水也被称为残余水(Residual Water)。虽然束缚水不流动，但在油层微观孔隙中的分布特征直接影响油层的含油饱和度。

2)地层水的化学组成

(1)金属盐类。地层水与岩石和原油长期接触，通常含有许多金属盐类，如钾盐、钠盐、钙盐、镁盐等，尤其是钾盐和钠盐含量最高，因此被称为盐水。地层水中的常见阳离子有 Na^+、K^+、Ca^{2+}、Mg^{2+}，常见的阴离子有 Cl^-、SO_4^{2-}、HCO_3^- 及 CO_3^{2-}、NO_3^-、Br^-、I^-。

(2)微生物。地层水中还存在不同种类的微生物，包括腐生菌、铁细菌和硫酸盐还原菌等。其中最常见的是难以清除的厌氧硫酸还原菌，促进了油井套管的腐蚀，并在注水过程中导致地层堵塞。这些微生物的来源尚不十分清楚，可能存在于封闭的油藏中，或者由于钻井进入地层。

(3)有机质。由于与原油长期接触，地层水中还含有微量的有机物质，如环烷酸、脂肪酸、氨基酸、腐殖酸和其他复杂的有机化合物等。由于这些有机酸会直接影响注入水的洗油能力，在油田注水时需要重视水质选择。

3)地层水的性质

地层水与地表水最大的不同之处在于含盐量。地层水中的含盐量用矿化度来表示(表2.1)。矿化度(Salinity)指的是水中矿物盐的总浓度，用 $mg \cdot L^{-1}$ 或 ppm(百万分之一)表示。地层水的总矿化度表示水中正、负离子含量之和。在原始地层条件下，高矿化度的地层水处于饱和溶液状态。当地层水从地层流向地面时，由于温度和压力降低，盐类会从地层水中析出，严重时甚至在井筒中结晶，给生产带来困难。

表2.1 典型油田地层水矿化度和离子组成 $mg \cdot L^{-1}$

油田名称	矿化度	离子组成								参考文献
		Na^+	K^+	Ca^{2+}	Mg^{2+}	Cl^-	SO_4^{2-}	HCO_3^-	CO_3^{2-}	
大庆油田	5935	2305		30	6	3203	269	54	68	[57]
长庆油田	87772	36923	18	779	3331	46303	4	414	/	[58]
胜利油田	10486	3636		220	89	5860	/	681	/	[59]
新疆油田	26014	9682		280	107	15430	19	496	/	[60]
塔里木油田	215760	73817		8531	1053	131155	832	372	/	[59]
西北油气田	217911	71634		11273	1162	133658	150	34	/	[61]
江汉油田	221711	82141		1441	349	133026	4174	580	/	[62]
渤海油田	5664	1171		813	100	3469	/	111	/	[63]

地层水的硬度(Hardness)是指地层水中钙、镁等二价阳离子的含量。当使用化学驱替

剂(如注入聚合物或活性剂等)时，如果水的硬度过高，注入的化学剂会造成聚合物分子线团粒径缩小或表面活性剂沉淀，从而影响驱替效果。因此，在油田生产中，必须对地层水的矿化度和硬度有清楚的了解。

2.1.1.2　CO_2 与地层水之间的相互作用

在地层环境中，CO_2 与地层水发生反应，生成二元弱酸碳酸。在水中，部分 CO_2 电离产生 H^+。在常温常压下，CO_2 具有微弱的腐蚀性。然而，在地层高温高压条件下，其腐蚀性进一步增强。具体的电离方程如下所示：

$$H_2O + CO_2 \rightleftharpoons H_2CO_3 \tag{2.1}$$

$$H_2CO_3 \rightleftharpoons H^+ + HCO_3^- \tag{2.2}$$

$$HCO_3^- \rightleftharpoons H^+ + CO_3^{2-} \tag{2.3}$$

关于 CO_2 在水中的溶解度与温度、压力和矿化度之间的关系已经在第 1.1.1.4 节中详细介绍，这里不再赘述。本节主要介绍 CO_2 与地层水中不同阳离子之间的相互作用。

周佩等使用长庆油田长 8 区块地层水在高温高压反应釜中进行模拟实验，分析了改变 CO_2 与地层水体系参数对结垢特性的影响(图 2.3)。在酸性条件下，地层水中溶解的 CO_2 主要以 HCO_3^- 和 H_2CO_3 形式存在，不会与二价离子生成沉淀。因此，在 CO_2 驱油过程中，通常不会在注气井附近发生无机垢的生成。在模拟向地层注入 CO_2 的实验过程中，容器中的压力会不断增加，地层水中的钙离子(Ca^{2+})、钡离子(Ba^{2+})和锶离子(Sr^{2+})浓度几乎没有发生明显变化，且反应釜中也未观察到明显的无机垢生成。

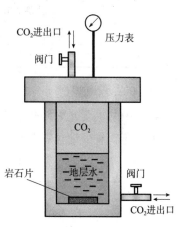

图 2.3　高温高压反应釜装置示意图

值得注意的是，上述情况只考虑了 CO_2 与地层水两者之间的反应，在真实地层中，CO_2 会与地层水 - 岩石产生协同作用，导致地层水的组成发生变化，有时还会出现沉淀现象。这些将在第 2.2.4 节中详细介绍。

2.1.2　CO_2 与原油

2.1.2.1　原油

1)原油的定义

原油(Crude 或 Crude Oil)是储存于地下岩石空隙(孔、洞、缝)中的、自然形成的以液态烃($C_5 \sim C_{10}$)为主要化学组成的可燃有机矿产，也是一种复杂的液态流体，主要由多种碳氢化合物组成，并含有少量硫、氮、氧和氨等元素。

2)原油的化学组成

(1)元素组成。

世界各地油田产出的原油在组成和性质上存在差异，这与生成原油的原生物质类型、地质条件以及地层中的运移环境等因素密切相关。然而，其元素组成都是相似的，主要由碳（C）、氢（H）、硫（S）、氮（N）、氧（O）等元素组成，如表2.2所示。原油中碳元素的含量通常为84%～87%，氢元素的含量通常为11%～14%，两者共占97%～99%；硫、氮、氧元素含量仅占1%～4%。

此外，石油中还含有其他微量元素，如铁（Fe）、镁（Mg）、钒（V）、镍（Ni）等57种元素，构成石油灰分。这些微量元素还可以帮助识别原油的形成环境。石油中的硫含量可以指示石油的沉积环境；微量元素钒、镍及其比值可以寻找石油的来源。

表2.2　典型油田的原油化学元素组成　　　　　　　　　　　　　　%

原油产地		元素组成				
		C	H	S	N	O
中国	大庆（萨尔图混合油）	85.74	13.31	0.11	0.15	0.69
	胜利孤岛油田	84.24	11.74	2.20	0.47	
	大港油田	85.67	13.40	0.12	0.23	
	克拉玛依油田（混合油）	86.13	13.30	0.04	0.25	0.28
美国	可林加（加利福尼亚州）	86.40	11.7	0.60		

（2）化合物组成。

石油中的主要元素并非以游离状态存在，而是结合成不同的化合物，其中以烃类化合物为主，还含有少量含氧、硫、氮的非烃类化合物，如表2.3所示。

表2.3　原油的化合物组成

分类			特点
烃类（C、H）	烷烃	饱和烃	即脂肪烃，具有碳链结构
	环烷烃		具有碳环结构（单环、双环、多环烷烃）
	芳香烃	不饱和烃	具有苯环结构
非烃类			含N、S、O的化合物

根据碳、氢两种元素之间的化学结构不同，烃类化合物又可大致分为烷烃、环烷烃和芳烃这三大类。

（3）族组分。

石油中的不同族组分可分为饱和烃（包括烷烃和环烷烃）、芳香烃（不饱和烃）、胶质和沥青质。

胶质、沥青质都是由数目众多的、结构各异的含羰基、酚基等基团的杂环极性高分子化合物组成的复杂混合物，难以从单体化合物的角度进行分析，目前国际上还没有统一的分析方法和明确的定义。通常使用原油蒸馏设备（图2.4），将石油中不溶于非极性小分子正构烷烃（$C_{5~7}$）而溶于苯的物质称为沥青质（Asphaltene），溶于正构烷烃的部分称为胶质（Resin）。沥青质呈黑色沥青状固体，胶质呈黏性的半固体或固体。

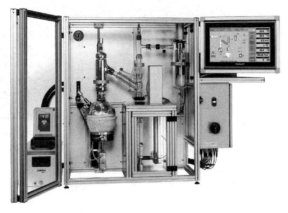

图 2.4　全自动原油蒸馏设备

沥青质与胶质在结构上有所不同，沥青质富含芳香环结构，而胶质则具有较高的甲基和羰基含量。一般认为沥青质的基本结构是以稠合的芳香环系为核心，周围连接着多个环烷环和芳香环，环烷环上带有不同长度的正构或异构烷基侧链，并且分子中夹杂有各种含 S、N、O 等元素的基团。沥青质通常使用平均分子结构模式来表示，目前广泛采用的结构示意图是由 Yen 提出的。沥青质可能的结构式如图 2.5 所示。

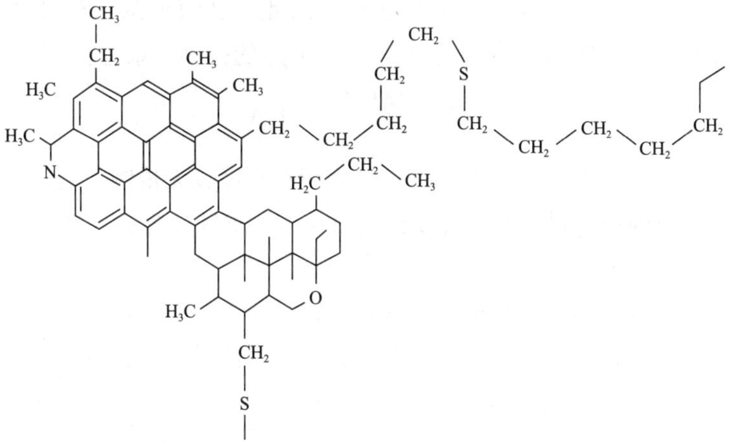

图 2.5　沥青质可能的结构式

因此，沥青质分子中含有能够形成氢键的羟基、氨基、羧基等官能团，其可以通过氢键将稠环的片状部分堆叠起来，形成沥青质相。胶质可能的结构式如图 2.6 所示。

胶质分子中也含有能够形成氢键的羟基、氨基、羧基等官能团，可以通过氢键和分子间力吸附在沥青质相表面，保护着沥青质相，使其分散于油中，形成特殊的胶体结构。

3）原油的性质

原油的性质可以通过几个参数来描述，主要包括密度、相对密度和黏度等。

（1）原油密度。

原油密度（Density）指在标准条件（20℃，0.1MPa）下每立方米原油的质量。一般来说，原油的密度在 $0.75 \sim 0.95 \mathrm{g \cdot cm^{-3}}$，少数情况下可能大于 $0.95 \mathrm{g \cdot cm^{-3}}$ 或小于 $0.75 \mathrm{g \cdot cm^{-3}}$。

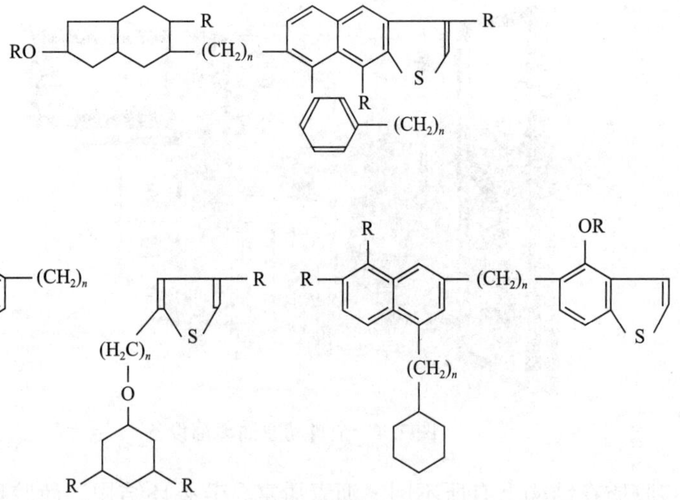

图 2.6　胶质可能的结构式

（2）原油相对密度。

地面脱气原油的相对密度（Relative Density），俗称原油比重（γ_o），是在常温（20℃）和常压（0.101MPa）条件下测得的原油的密度与水的密度的比值。由于水的密度等于 $1.0 \mathrm{g \cdot cm^{-3}}$，$\gamma_o$ 的值和原油的密度绝对值相同。因此，这两个概念有时会被混用。在西方国家，人们经常使用°API 表示原油的重度，其与 γ_o 的换算关系是：

$$°API = \frac{141.5}{\gamma_o} - 131.5 \tag{2.4}$$

式中，°API 为原油重度，单位为°API；γ_o 为相对密度，无量纲。

根据地面脱气原油的相对密度，可以将原油的品位质量分为三大类，按照国际通用的分类标准，分别是：

①轻质油：相对密度小于 0.855 或大于 34°API。

②中质油：通常为 0.855 ~ 0.934°API 或 20 ~ 34°API。

③重质油：为 0.934 ~ 1.0°API 或 10 ~ 20°API。

（3）原油黏度。

原油黏度（Oil Viscosity）是衡量原油流动时内部摩擦力的量度，反映了原油流动的难易程度，黏度越高，流动性越差。原油的黏度与其化学组成密切相关，增加胶质和沥青质含量会导致原油黏度增加，而增加饱和烃和溶解气体含量则会降低原油黏度。此外，随着温度升高和压力降低，原油黏度会降低，其中温度对黏度的影响更大，因此原油在地层中更容易流动。

原油主要由有机化合物组成，因此不易溶于水，但根据"极性相近"的原理，可以溶解于烃类气体和某些有机溶剂。

根据密度、黏度和特征因数等参数，可以对原油进行分类，具体分类如表 2.4 所示。

表2.4 原油的分类

原油分类		分类指标	例子
按密度分类	重质原油	相对密度①大于0.925	胜利石油(0.90~0.93)、伊朗石油(1.02)、美国加利福尼亚石油(1.01)
	中、轻质原油	相对密度为0.86~0.925	大庆石油、大港石油、克拉玛依石油
按黏度分类	稀油	黏度小于50mPa·s(地下)或100mPa·s(地面脱气)	大庆石油(9~22mPa·s)
	稠油	黏度大于50mPa·s(地下)或100mPa·s(地面脱气)	胜利石油(10~6500mPa·s)
按K值②分类	石蜡基原油	K值大于12	大庆混合石油(12.3~12.5)、克拉玛依石油(12.2~12.3)
	中间基原油	K值为11.5~12.1	胜利混合石油(11.8)
	沥青基原油	K值小于11	孤岛石油(11.6)

注：①原油相对密度指标准条件下石油密度与4℃纯水密度的比值，用 d_4^{20} 表示，无量纲。
②原油特征因数K值，与原油的沸点成正比、密度成反比，无量纲。

4)原油的先驱——干酪根

沉积物(岩)中的沉积有机质经历了复杂的生物化学和化学变化，通过腐泥化及腐殖化过程形成干酪根(Kerogen)，并成为产生大量石油和天然气的先驱物。据研究表明，80%以上的石油碳氢化合物是由干酪根转化而来。干酪根是沉积有机质的主要成分，占有机质总量的80%~90%。

干酪根的成分和结构非常复杂，是一种高分子聚合物，具有固定的化学成分，主要由碳、氢、氧和少量硫、氮组成，没有固定的分子式和结构模型。

对于干酪根的成分结构研究，最详细的是美国尤英塔盆地的始新统绿河页岩和苏联爱沙尼亚奥陶统库克页岩。特别是前者已被美国、英国、法国和南斯拉夫等国的学者用不同的方法进行了研究，并得出了类似的结论：干酪根由碳、氢、氧、硫、氮等元素组成，含有丰富的脂肪族化合物，环状化合物占主导地位。其结构呈三维网状系统，由交叉的链状桥连接多个核，各种官能团连接在一起。图2.7为Tissot等提出的绿河页岩干酪根结构示意图。

干酪根的元素和化合物组成以及结构变化都非常复杂，不同类型和不同演化程度的干酪根具有不同的结构模型，因此干酪根不存在单一的结构模型。

在不同的沉积环境中，由不同来源的有机质形成的干酪根具有不同的性质和生油气潜力。干酪根可以分为以下四种主要类型，如图2.8所示。

(1)Ⅰ型干酪根(称为腐泥型)：以含类脂化合物为主，直链烷烃很多，多环芳烃及含氧官能团很少，具高氢、低氧含量。氢碳原子比(H/C)一般大于1.5，氧碳原子比(O/C)一般小于0.1，既可以来自藻类沉积物，也可能是不同有机质经细菌改造后形成的。该类型具有较高的生油潜力，每吨生油岩可生产约1.8kg的原油。

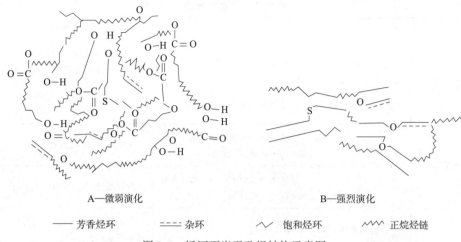

A—微弱演化   B—强烈演化

—— 芳香烃环   ===== 杂环   〜 饱和烃环   〜〜 正烷烃链

图 2.7 绿河页岩干酪根结构示意图

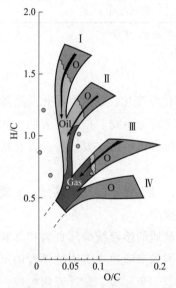

图 2.8 Ⅰ—Ⅳ型干酪根的
H/C 和 O/C 的比例

数据(灰色小圈)来自深河流域桑福德次盆地
卡姆诺克组 CH - C - 1 - 44 井

(2)Ⅱ型干酪根(称为腐泥–腐殖混合型):其氢含量较高,但略低于Ⅰ型干酪根;氢碳原子比(H/C)在 1.0 ~ 1.5,氧碳原子比(O/C)在 0.1 ~ 0.2;具有高度饱和的多环碳骨架,含有较多中等长度的直链烷烃和环烷烃,同时含有多环芳烃和杂原子官能团,来源于海洋浮游生物和微生物。该类型的干酪根生油潜力居中,每吨生油岩可生产约 1.2kg 的原油。

(3)Ⅲ型干酪根(称为腐殖型):具有较低的氢含量和较高的氧含量,氢碳原子比(H/C)一般小于 1.0,氧碳原子比(O/C)可达 0.2 或 0.3;主要由含有多环芳烃和含氧官能团的化合物组成,饱和烃很少;来源于陆地高等植物,对于生油不利,每吨生油岩可生产约 0.6kg 的原油,但可成为有利的生气来源。

(4)Ⅳ型干酪根:具有非常低的氢含量和较高的氧含量,氢碳原子比(H/C)在 0.5 ~ 0.6,氧碳原子比(O/C)大于 0.3;也是残余有机质或再循环有机质,其生烃能力极低。

2.1.2.2 CO₂ 与原油之间的相互作用

第 1.1.1.4 节详细介绍了 CO₂ 与原油之间的化学作用,根据相似相溶机理,CO₂ 会在高温高压条件下溶解于原油中,并对原油的性质产生影响。这些将会影响油藏中注入 CO₂ 后的效果。因此,本节重点介绍了 CO₂ 与原油之间的相互作用原理,为后续的 CO₂ 驱油机理分析打下基础。

可以利用相图(Phase Diagram)描述 CO₂ 与原油的相互作用。原油是一个复杂的碳氢化合物混合物,即使使用最先进的分析方法,目前也无法完全分析原油的化学成分和组分。

因此，可以将原油视为由无数个组分组成，表示原油的相态特征，需使用拟三元相图，如图 2.9 所示。在拟三元相图中，把性质相近的各组分视为一个组分(拟组分)。一般来说，原油中易挥发的组分，如 C$_1$、N$_2$、CO$_2$，被视为第一个拟组分；中等挥发性组分 C$_2$ ~ C$_6$ (中间组分)，被视为第二个拟组分；而不易挥发的组分(如 C$_{7+}$)则作为第三个拟组分。每个拟组分仅能表示平均相对分子质量和密度。

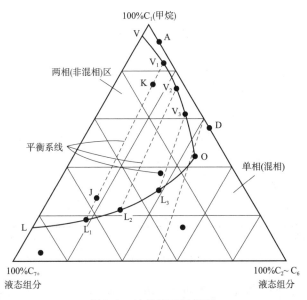

图 2.9 油的拟三元相图

当原油物性较好时，在一定的油藏压力和温度条件下，注入 CO$_2$ 与原油多次接触后会发生混相。混相指油与气可以互溶，而且没有限度，油相与气相不能共存，即不存在界面，如图 2.10 所示。此时的界面张力为 0。在此情况下，理论上的驱油效率应达到 100%。然而，如果油藏压力不足或者原油组分过于黏稠而不利于相互混溶时，注入的 CO$_2$ 将无法与油藏原油形成混溶。

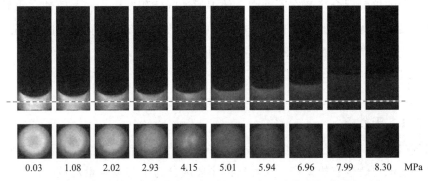

图 2.10 利用核磁成像技术观察到的 CO$_2$ 与正癸烷之间的混相现象

注入 CO$_2$ 与原油的多次接触混相基本原理如图 2.11 所示。原油组成位于 A 点，向油层注入的 CO$_2$ 中含少量的烃类气体，其组成位于 B 点，混相过程如下。

（1）注入气与原油第一次接触时，生成新体系 M_1。

（2）M_1 体系位于两相区内，存在一个平衡气相 G_1 和一个平衡液相 L_1，G_1 中含有的中间组分 $C_2 \sim C_6$ 比 B 点的多，即 G_1 已加富了 $C_2 \sim C_6$，L_1 中也含有部分中间组分。

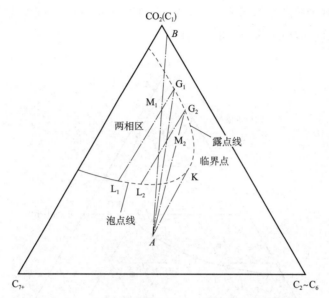

图 2.11　注入 CO_2 与原油的多次接触混相原理图

（3）加富了 $C_2 \sim C_6$ 的气相 G_1 与原油进行第二次接触后，形成新体系 M_2。

（4）M_2 仍处于两相区内，其中存在平衡气相 G_2 和平衡液相 L_2，G_2 和 L_2 的中间组分的含量比 G_1 和 L_1 的高。

（5）G_2 与原油 A 进一步接触，不断地加富气相和液相组成，即气相和液相分别沿 G_1，G_2，…，G_n 和 L_1，L_2，…，L_n，到达临界点 K 时，达到混相。

另外，注入的 CO_2 与原油通过多次接触达到混相，要求原油中富含 $C_2 \sim C_6$，即组成点位于极限系线的右侧。

CO_2 与原油接触后会溶解在原油中，使得原油的体积发生膨胀、原油 – 水界面张力减小、原油黏度降低等，因此其在提高采收率和压裂增产等方面具有很大的应用潜力，这些具体内容将在第 4 章和第 5 章中进行详细介绍。

2.1.3　CO₂ 与天然气

2.1.3.1　天然气

天然气（Nature Gas）是指自然生成的、在一定压力下储存在地层岩石裂缝或孔隙中的、以气态烃为主的可燃性有机矿产。天然气的主要成分为甲烷及少量乙烷、丙烷、丁烷、戊烷等烃类气体，并可能含有氮气、氧气、硫化氢、CO_2 及水汽等非烃类气体及少量氦气、氩气等惰性气体，如表 2.5 所示。

表2.5 典型油(气)田的天然气化学物组成 %

国家	油(气)田	地质年代	含量					
			甲烷	重烃气	CO$_2$	N$_2$	H$_2$S	He
中国	大港	Es$_3$	75.21	23.22				
	石油沟	Tc	97.80	0.40	0.20	1.10	0.1	
	盐湖	Q	95.50	0.50		3.5		
美国	八月	C$_2$	10.5	1.6	0.1	85.6		2.13
	海尔列	J	5.1	2.3	1.1	84.4		7.16
	本得隆起	P	0.1		0.8	89.9		8.6
俄罗斯	伊申巴	R	42.9	47.3	0.3	4.8	4.6	0.03
	杜伊马兹	D	61.4	25.4	0.2	14.0		

1)天然气的分类

甲烷含量超过95%的天然气被称为干气(Dry Gas),而甲烷含量低于95%的天然气被称为湿气(Wet Gas)。

天然气存在状态及其分布特点可分为聚集型(游离态,包括气藏气、气顶气和凝析气)和分散型(溶解气、吸附气和固态水合物)两大类;按天然气与油藏分布的关系可分为伴生气(Associated Gas)(与石油共生的天然气)和非伴生气(Non – Associated Gas)(包括纯气田天然气和凝析气田天然气两种)。

2)天然气的视相对分子质量 M_g

天然气是多组分混合物,不能像纯组分气体那样由分子式计算出相对分子质量。为了工程计算方便,参照物理学概念,将标准状况(0℃,0.1MPa)下1mol天然气的质量,定义为天然气的"视相对分子质量"(Pseudo Relative Molecular Mass)。根据Kay混合规则,则有:

$$M_g = \sum_{i=1}^{k} y_i M_i \tag{2.5}$$

式中,M_g 为天然气的视相对分子质量;M_i 为天然气中组分 i 的相对分子质量;y_i 为天然气的摩尔组成。

$$y_i = \frac{n_i}{n} \tag{2.6}$$

其中:

$$\sum_{i=1}^{k} y_i = 1 \tag{2.7}$$

式中,n 为天然气的物质的量,mol;n_i 为天然气中组分 i 的物质的量,mol。

3)天然气的相对密度 γ_g

天然气的相对密度是指在标准状况下天然气密度与干燥空气密度的比值。如果将天然气和干燥空气视为理想气体,天然气的相对密度为:

$$\gamma_g = \frac{M_g}{M_a} = \frac{M_g}{28.97} \tag{2.8}$$

式中，M_a 为空气的相对分子质量。

可见，天然气的相对密度与其相对分子质量成正比。天然气的相对密度一般在 0.5 ~ 0.8，个别含重烃或其他组分的天然气可能大于 1。

4）天然气的视临界参数

（1）Kay 方法。

如果已知天然气的组成，可以使用 Kay 混合规则得到视临界压力 p_c 和 T_c 数值，可以满足工程计算需要。

$$p_c = \sum_{i=1}^{k} y_i p_{ci} \tag{2.9}$$

$$T_c = \sum_{i=1}^{k} y_i T_{ci} \tag{2.10}$$

式中，p_{ci} 为天然气中组分 i 的临界压力，MPa；T_{ci} 为天然气中组分 i 的临界温度，K。

（2）经验公式方法。

在统计大量油气样品视临界参数（Pseudo Critical Parameter）的基础上，提出了与天然气相对密度有关的视临界参数经验公式。

对于干气，当 $\gamma_g \geqslant 0.7$ 时，

$$\bar{p}_c = 4.8815 - 0.3861\gamma_g \tag{2.11}$$

$$\bar{T}_c = 92.2222 + 176.6667\gamma_g \tag{2.12}$$

当 $\gamma_g < 0.7$ 时，

$$\bar{p}_c = 4.7780 - 0.2482\gamma_g \tag{2.13}$$

$$\bar{T}_c = 92.2222 + 176.6667\gamma_g \tag{2.14}$$

对于湿气，当 $\gamma_g \geqslant 0.7$ 时，

$$\bar{p}_c = 5.1021 - 0.6895\gamma_g \tag{2.15}$$

$$\bar{T}_c = 132.2222 + 176.6667\gamma_g \tag{2.16}$$

当 $\gamma_g < 0.7$ 时，

$$\bar{p}_c = 4.7780 - 0.2482\gamma_g \tag{2.17}$$

$$\bar{T}_c = 106.1111 + 152.2222\gamma_g \tag{2.18}$$

含 CO$_2$、N$_2$ 和 H$_2$S 的天然气视临界参数公式为：

$$\bar{p}_c = 4.7546 - 0.2102\gamma_g + 0.03\varphi_{CO_2} - 1.1583 \times 10^{-2}\varphi_{N_2} + 3.0612 \times 10^{-2}\varphi_{H_2S} \tag{2.19}$$

$$\bar{T}_c = 84.9389 + 188.4944\gamma_g - 0.9333\varphi_{CO_2} - 1.4944\varphi_{N_2} \tag{2.20}$$

式中，φ_{CO_2}、φ_{N_2} 和 φ_{H_2S} 分别为 CO$_2$、N$_2$ 和 H$_2$S 在天然气中的体积分数，%。

5）天然气的偏差因子 Z

在天然气的开采过程中，需要实时掌握天然气的状态方程。由于天然气是一种真实气体，与理想气体的状态方程有所偏差，因此，天然气的状态方程可修正为：

$$pV = nZRT \tag{2.21}$$

式中，p 为气体压力，MPa；V 为气体体积，m^3；n 为气体的物质的量，kmol；R 为气体常数，MPa·m^3·(kmol·K)$^{-1}$，气体常数 $R = 0.008315$ MPa·m^3·(kmol·K)$^{-1}$；T 为绝对温度，K；Z 为偏差因子，无量纲。

天然气的偏差因子（Z）可以通过式(2.9)~式(2.20)计算出视临界参数 $\bar{p}_c$ 和 $\bar{T}_c$，然后确定出视对比参数 $\bar{p}_r$ 和 $\bar{T}_r$：

$$\bar{p}_r = \frac{p}{\bar{p}_c} \tag{2.22}$$

$$\bar{T}_r = \frac{T}{\bar{T}_c} \tag{2.23}$$

最后，根据拟对比参数，查 SK 图版(图 2.12)得到天然气的偏差因子。

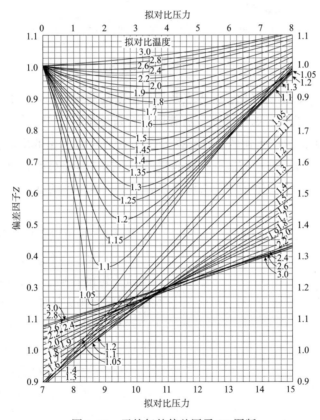

图 2.12　天然气的偏差因子 SK 图版

有了这些重要参数，可以进一步描述在标况下气体密度、相对密度、压缩系数、体积系数、黏度等参数。这一系列的参数可用来核算天然气的储量和预测天然气的产量变化，因此是十分重要的。

2.1.3.2　CO$_2$ 与天然气之间的相互作用

天然气一般包括甲烷(CH$_4$)、乙烷、丙烷、丁烷、戊烷和少量高级烃类，其中甲烷通常占比超过 90%。非烃类气体包括 CO_2、硫化氢和氮气。当向天然气中注入 CO_2 时，会改变甲烷的相态，并进而影响其相关性能。CO_2 和甲烷以不同比例混合时的相图如图 2.13 所示。

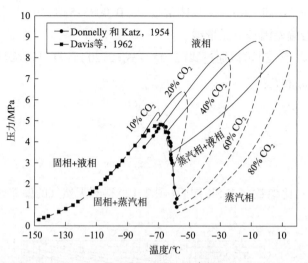

图 2.13　CO_2 和甲烷不同比例混合相图

随着甲烷中 CO_2 含量的变化，临界点及临界温度都发生了变化。混合气体的临界温度介于纯 CO_2 和纯甲烷的临界温度之间，随着甲烷含量的增加，混合气体的临界温度减小，直到甲烷含量为 100% 时，达到最低值 -82.55℃。随着甲烷含量的增加，混合气体临界温度越靠近纯甲烷的临界温度。而混合气体的临界压力高于各组分的临界压力，这是由于各组分分子性质的差异，大大增加了混合物的临界压力，在甲烷浓度达到 50% 时，临界压力达到最大值。

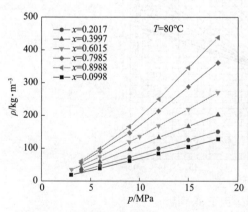

图 2.14　不同比例混合密度变化规律

从图 2.13 可以看出，尽管 CO_2 在天然气中的体积比例（x）不是很大，但对天然气的性质会有一定的影响。图 2.14 给出了 CO_2 和甲烷按不同比例混合时密度的变化情况。随着压力增加，纯 CO_2 密度的变化幅度最大。随着甲烷含量逐渐增加，体系的密度变化幅度随压力增加的程度越来越小，直至成为纯甲烷时变化最小。当体系的组分保持不变时，体系的密度差距随着压强的增加而增大。因为甲烷的摩尔质量较小，所以在相同物质的量的情况下，压缩到相同压力时，甲烷组分较高的体系密度较低。在非临界状态下，由于气体分子之间的距离较大，密度的变化不明显。

需要注意的是，CO_2 在天然气中也是常见的非烃类化合物，其含量因天然气储层的不同而有所不同，在较浅的油气井中，CO_2 的含量有时可以达到 97%~98%（体积比），而有些气藏中 CO$_2$ 的含量较低。例如，以长岭气田登娄库为主要代表，CO$_2$ 含量可以小于 3%，这种情况下无须进行脱碳处理。商业天然气对于 CO$_2$ 的含量要求不超过总体积的 3%。关于去除天然气中 CO$_2$ 的原理和方法将在第 8.5 节中详细介绍。

2.1.3.3 天然气水合物

在特定的情况下，分子尺度天然气可与水生成天然气水合物（Gas Hydrate），如图 2.15 所示。天然气水合物是一种类似冰的结晶物质，形成于高压低温条件下。由于其外观类似冰并且易燃，因此被称为"可燃冰"（Combustible Ice）、"固体瓦斯"和"气冰"。天然气

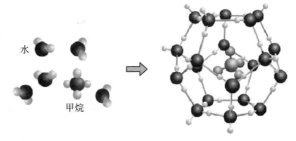

图 2.15 分子尺度天然气水合物形成示意图

水合物分布在深海或者陆域的永久冻土中，其燃烧后只会产生少量的 CO$_2$ 和水，污染程度远低于煤炭和石油等传统能源，而且储量巨大。在标准条件下，每单位体积的天然气水合物分解最多可以产生 164 单位体积的甲烷气体。因此，它被国际社会公认为石油等传统能源的替代品。

1) 天然气水合物的结构

可燃冰并不是冰，而是一种天然存在的微观笼形结构的化合物。天然气水合物中有三种由水分子组成的基本空腔：一种是小空腔[图 2.16（a）]，另外两种均为大空腔[图 2.16（b）和图 2.16（c）]。小空腔为 12 面体，由 12 个五边形围成，记为 5^{12}。14 面体大空腔为 14 面体，由 12 个五边形和 2 个六边形围成，记为 $5^{12}6^2$。16 面体大空腔为 16 面体，由 12 个五边形和 4 个六边形围成，记为 $5^{12}6^4$。

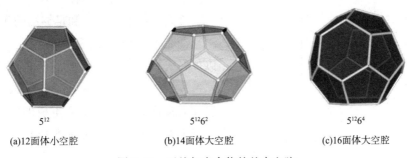

5^{12} $5^{12}6^2$ $5^{12}6^4$

(a)12面体小空腔   (b)14面体大空腔   (c)16面体大空腔

图 2.16 天然气水合物的基本空腔

在这三种基本空腔中，每个顶点都是一个水分子，相连接的线表示氢键。这三种基本空腔构成了两种晶胞结构，分别是 I 型晶胞和 II 型晶胞。I 型晶胞由小空腔（5^{12}）与大空腔（$5^{12}6^2$）组成，II 型晶胞由小空腔（5^{12}）与大空腔（$5^{12}6^4$）组成，如图 2.17 所示。

由上述晶胞组成的天然气水合物首先会在天然气和水的接触界面处析出并分散在水中，然后这些结晶会逐渐增长、聚合并沉积，有时还会对天然气输送管道造成堵塞，如图 2.18 所示。

(a) Ⅰ 型晶胞

(b) Ⅱ 型晶胞

图 2.17　天然气水合物的两种晶胞

图 2.18　天然气在管道中的堵塞

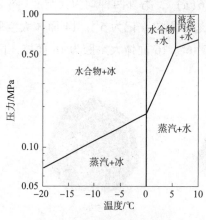

图 2.19　丙烷水合物的相图

2) 天然气水合物的生成条件

天然气水合物的生成需要满足以下两个条件：

① 天然气中有水存在。

② 有足够低的温度和足够高的压力。

图 2.19 为丙烷水合物的相图，由该相图可以理解天然气水合物生成的两个条件。当温度超过 5.5℃ 时，丙烷不再产生丙烷水合物。该温度通常称为水合物临界生成温度，表 2.6 列出了天然气中各组分的水合物临界生成温度。

表 2.6　天然气中各成分的水合物临界生成温度　　　　　　　　　　　℃

成分	CH_4	C_2H_6	C_3H_8	$i-C_4H_{10}$	$n-C_4H_{10}$	CO_2	H_2S
水合物临界生成温度	47.0	14.5	5.5	2.5	1.0	10.0	29.0

2.1.3.4　CO_2 与天然气水合物之间的相互作用

CO_2 水合物的热力学稳定性优于甲烷水合物。当气态的 CO_2（以气态、液态或乳液形式）注入水合物储层时，CO_2 将替代水合物笼中的甲烷分子，形成 CO_2 – 甲烷混合气体水合物，如图 2.20 所示。CO$_2$ 置换开采天然气水合物具有重要意义,一方面可以将 CO$_2$ 以水合物形式密封在地层中,有效缓解温室效应并获得气体能源;另一方面,避免了常规开采方法导致的地层亏空,保持了地层的稳定性。这项技术在天然气水合物开采领域未来的发展和应用中具有巨大潜力。有关天然气水合物资源 CCUS 技术的内容将在第 9.3.1.5 节中详细介绍。

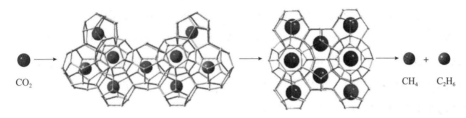

图 2.20　CO$_2$ 将部分甲烷分子从水合物笼中置换出来

2.1.3.5　CO$_2$ 与天然气的化学反应

在高温高压条件下,CO$_2$ 和甲烷可以通过催化重整反应生成一氧化碳和氢气。反应的方程式为:

$$CH_4 + CO_2 \longrightarrow 2CO + 2H_2 \tag{2.24}$$

催化重整可以在一定程度上缓解温室气体的影响,同时产生良好的气体燃料。然而,常规催化重整对于反应的温度和压力要求较高,因此制造相应的反应器成本也会增加。有关 CO$_2$ 的化学利用方面的内容将在第 9.3.2 节中详细介绍。

2.2　CO$_2$ 与地层岩石

2.2.1　地层岩石类型与组成

地层(Stratum)是所有成层岩石的总称,包括变质岩和火山岩等,是一层或一组具有统一特征和属性,并与上下层存在明显区别的岩层。

地层岩石(Rock)是在一定方式下结合形成的天然固体矿物或玻璃聚集体,也是构成地壳和上地幔的物质基础。按照成因可以分为岩浆岩、沉积岩和变质岩,图 2.21 展示了典型的地层岩石样品。

岩浆岩　　　　　　　　　沉积岩　　　　　　　　　变质岩
花岗斑岩(浙江诸暨)　　　粗砂岩(湖南麻阳)　　　混合岩(山东泰安)

图 2.21　地层岩石样品

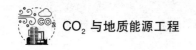

2.2.1.1 岩浆岩

岩浆岩(Magmatic Rock)是由高温熔融的岩浆在地表或地下冷凝所形成的岩石,也被称为火成岩。喷出地表的岩浆岩称为喷出岩或火山岩,在地下冷凝的则称侵入岩。火成岩是一种硅酸盐岩石,关键造岩元素包括:氧(O)、硅(Si)、铝(Al)、铁(Fe)、镁(Mg)、钙(Ca)、钾(K)、钠(Na)和钛(Ti)等,还含有少量的磷(P)、氢(H)、氮(N)、碳(C)和锰(Mn)等。其主要化合物由 SiO_2、Al_2O_3、Fe_2O_3、FeO、MgO、CaO、Na_2O、K_2O、H_2O 等九种氧化物组成。据二氧化硅(SiO_2)比例,又可将火成岩分为超基性岩($SiO_2 < 45\%$)、基性岩($45\% \leqslant SiO_2 < 52\%$)、中性岩($52\% \leqslant SiO_2 < 65\%$)、酸性岩($SiO_2 \geqslant 65\%$)和碱性岩(含有特殊碱性矿物,$52\% \leqslant SiO_2 < 66\%$)。

2.2.1.2 沉积岩

沉积岩(Sedimentary Rock)是在地表条件下风化作用、生物作用和火山作用的产物经过水、空气和冰川等外力的搬运、沉积和成岩固结而形成的岩石。沉积岩由颗粒物质和胶结物质组成。颗粒物质是指不同形状及大小的岩屑及某些矿物,胶结物质主要由碳酸钙、二氧化硅、二氧化铁和黏土矿物等组成。按成因可分为碎屑岩、黏土岩和化学岩(包括生物化学岩),其亚类和化学组成如表 2.7 所示。常见的沉积岩有砂岩、凝灰质砂岩、砾岩、黏土岩、页岩、石灰岩、白云岩、硅质岩、铁质岩、磷质岩等。

沉积岩的化学成分因岩中的主要造岩矿物含量差异而不同。例如,泥质岩以黏土矿物为主要造岩矿物,而黏土矿物是铝－硅酸盐类矿物,因此泥质岩中 SiO_2 及 Al_2O_3 的总含量常达 70% 以上。砂岩以石英、长石为主,一般以石英居多,SiO_2 及 Al_2O_3 含量可高达 80%以上,其中 SiO_2 含量可达 60%~95%。石灰岩、白云岩等碳酸盐岩,以方解石和白云石为造岩矿物,CaO 或 $CaO + MgO$ 含量大,SiO_2 和 Al_2O_3 等含量一般不足 10%。

表 2.7 沉积岩分类和组成

大类	分类标准	小类	举例	组成
碎屑岩	按碎屑物质来源	沉积碎屑岩	砾岩、砂岩、粉砂岩	以石英为主,有少量长石、云母、绿泥石、重矿物和泥质混合物等
		火山碎屑岩	火山集块岩、火山角砾岩、凝灰岩	火山碎屑物应占 50% 以上
	按碎屑颗粒大小	砾岩	卵石、角砾岩	直径一般大于 2mm 的砾石和胶结物
		砂岩	石英砂岩、长石砂岩和岩屑砂岩	粒径在 0.05~2mm,主要为石英和长石,其次为云母,此外尚有一些重要矿物、碳酸盐类矿物和岩屑
		粉砂岩	粉砂岩、黄土岩	粒径在 0.005~0.05mm,以石英为主,有少量长石、云母、绿泥石、重矿物和泥质混合物等

大类	分类标准	小类	举例	组成
黏土岩	按固结程度	黏土	高岭石、蒙脱石、伊利石、绿泥石等	由多种水合硅酸盐和一定量的氧化铝、碱金属氧化物和碱土金属氧化物组成，并含有石英、长石、云母及硫酸盐、硫化物、碳酸盐等杂质
		泥岩	泥岩、页岩、泥板岩等	以黏土矿物为主，SiO$_2$ 及 Al$_2$O$_3$ 的总含量常达70%以上
		页岩	炭质页岩、钙质页岩、砂质页岩、硅质页岩等	以黏土类矿物(高岭石、水云母等)为主，具有明显的薄层理构造
化学岩和生物化学岩	按沉积分异	铝铁锰质岩	铝土矿、赤铁矿、针铁矿、褐铁矿、磁铁矿、软锰矿、硬锰矿	含氧化铁、氧化锰、氧化铝等矿物
		硅磷质岩	硅藻土、磷质岩	硅质岩的主要矿物成分为蛋白石、玉髓和石英；磷质岩的主要矿物组成为磷灰石、方解石
		碳酸盐岩	石灰岩、白云岩	CaO 或 CaO + MgO 含量大，SiO$_2$ 和 Al$_2$O$_3$ 等含量一般不足10%
		盐类岩	钾、钠、镁盐岩石等	钾、钠、镁等无机盐
		可燃有机岩	泥炭、煤和油页岩等	以碳、氢化合物为主体

2.2.1.3 变质岩

变质岩(Metamorphic Rock)是由先前形成的岩浆岩、沉积岩，在地质环境改变的影响下经过变质作用形成的岩石。火成岩、沉积岩、变质岩三者可以互相转化。火成岩经沉积作用成为沉积岩，经变质作用成为变质岩。变质岩也可再次成为新的沉积岩，沉积岩经变质作用成为变质岩，沉积岩、变质岩可被熔化，再次成为火成岩。

储层(Reservoir)是具有连通孔隙、可以储存和渗透油气的岩层。全球发现的大部分石油和天然气储量来自沉积岩层，其中以砂岩和碳酸盐岩储集层为主，裂缝性泥岩和煤层也可以作为储集层；火成岩和变质岩中也发现了工业级的石油和天然气。

2.2.2 地层岩石性质

2.2.2.1 储层的连续性

储层一般是孔隙性砂岩(Sandstone)或者是具有缝洞的石灰岩(Limestone)，由于其孔隙或缝洞发育，储层流体(油、气和水)才能够在储层中流动。非储层通常是十分致密的岩体(如泥岩等)，储层流体很难有栖身之地。储层之间被大段的具有一定连续性的非储层隔开，这部分非储层又称为隔层(Isolated Layer)；储层内部还存在各种不连续的隔挡，将这些隔挡称为夹层(Interlayer)，如图 2.22 所示。

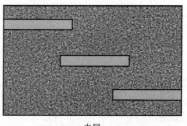

隔层   夹层

图 2.22 储层隔层和夹层示意图

沉积岩体各个级次的连续性和内部物性参数在空间上千变万化，储层连续性如果太差，在开采过程中很多油层会因为储层内部孔隙性和渗透性太差，导致油气流动阻力太大，很难把油从储层中驱赶出来。所以，储层的非均质性和各向异性极大地影响油气藏的开发效果。

2.2.2.2 岩石的弹性

物体在受到外力作用时会发生变形，当外力撤除后，变形会消失，物体会恢复到原来的形状和体积，这种性质称为弹性变形(Elastic Deformation)。而当外力撤除后，变形不能完全消失，则称为塑性变形(Plastic Deformation)。产生弹性变形的物体在变形阶段，其应力与应变的关系遵循虎克定律(Hooke's Law)，则有：

$$\sigma = E\varepsilon \tag{2.25}$$

式中，σ 为应力，MPa；E 为弹性模量，MPa；ε 为应变，无量纲。

在弹性变形阶段，物体在一个方向上的应力不仅会导致该方向上的应变，还会引起物体在与该方向垂直的其他方向上的应变。例如，当材料在 z 轴方向上受到应力作用时，除了在 z 轴方向发生应变 ε_z 外，还会引起横向(x 方向和 y 方向)上的应变 ε_x 和 ε_y。如果材料是各向同性的，那么：

$$\mu = -\frac{\varepsilon_x}{\varepsilon_z} = -\frac{\varepsilon_y}{\varepsilon_z} \tag{2.26}$$

$$\varepsilon_x = \varepsilon_y = -\mu \frac{\sigma_z}{E} \tag{2.27}$$

式中，μ 为泊松比。

物体在弹性变形阶段，剪切变形也服从虎克定律，即：

$$\tau = G\gamma \tag{2.28}$$

式中，τ 为剪应力，MPa；G 为切变模量(或剪切弹性模量)，MPa；γ 为剪应变，s⁻¹。

对于同一材料，三个弹性常数 E，G 和 μ 之间有如下关系：

$$G = \frac{E}{2(1+\mu)} \tag{2.29}$$

对于岩石，特别是沉积岩，由于其矿物组成、结构等特点，与理想的弹性材料相比存在很大的差异，但仍然可以测量岩石的相关弹性常数，以满足工程和施工的需求。组成岩石的矿物在单独存在时的受力(即变形特性)通常遵循虎克定律。表2.8 中列出了部分岩石的弹性常数。

表 2.8　岩石的弹性模量和泊松比

岩石名称	$E/10$GPa	μ	岩石名称	$E/10$GPa	μ
黏土	0.03	0.38 ~ 0.45	白云岩	2.1 ~ 16.5	—
致密泥岩	—	0.25 ~ 0.35	花岗岩	2.6 ~ 6.0	0.26 ~ 0.29
页岩	1.5 ~ 2.5	0.10 ~ 0.20	玄武岩	6.0 ~ 10	0.25
砂岩	3.3 ~ 7.8	0.30 ~ 0.35	石英岩	7.5 ~ 10	—
石灰岩	1.3 ~ 8.5	0.28 ~ 0.33	盐岩	0.5 ~ 1.0	0.44

2.2.2.3　岩石的强度

岩石强度是指岩石不致产生破坏而能抵抗的最大应力，岩石力学中常将破坏应力定义为岩石强度(Rock Strength)，单位为 MPa。岩石所受应力条件不同，表现出的强度特征不同，如单轴抗压强度、单轴抗拉强度、抗剪强度、三轴抗压强度等。

1)简单应力条件下岩石的强度

简单应力条件下，岩石强度是指在单向外载作用下的强度，包括单轴抗压强度、单轴抗拉强度、抗剪强度和抗弯强度。表 2.9 列出了一些岩石在简单应力条件下的强度。对于同一种岩石，不同的加载方式会导致不同的强度。通常情况下，岩石的强度顺序是抗拉强度＜抗弯强度＜抗剪强度＜抗压强度。虽然岩石的抗压强度不能直接用于石油钻井的井下条件，但在许多情况下仍被用作钻头选型的参考。

表 2.9　岩石的抗压、抗拉、抗剪和抗弯强度　　　　　　　　　　MPa

岩石名称	抗压强度(σ_c)	抗拉强度(σ_t)	抗剪强度(τ_s)	抗弯强度(σ_r)
粗粒砂岩	142	5.14	—	10.3
中粒砂岩	151	5.2	—	13.1
细粒砂岩	185	7.95	—	24.9
页岩	14 ~ 61	1.7 ~ 8	—	36
泥岩	18	3.2	—	3.5
石膏	17	1.9	—	6
含膏石灰岩	42	2.4	—	6.5

2)复杂应力条件下岩石的强度

实际地质条件下，岩石埋藏在地下，受到各个方向的压缩作用，因此处于复杂的三向应力状态。实验室通常使用三轴岩石测试装置测定岩石的力学性质，如图 2.23 所示。在实验中，将轴向线性可变差动变压器(LVDT)安装在岩石的外侧。这个装置由两个传感器组成，这两个传感器相隔180°，以得到岩石轴向变形的平均值，并减少岩石倾斜对测量结果的影响。为了避免影响位移传感器的安装，使用 502 胶固定声发射探头于岩石侧面中间靠下的位置。采用轴向应变控制加载，每分钟的加载速率为轴向应变的 0.05%。另外，在单轴压缩实验过程中，还可以通过同步监测声发射活动监测岩石的破裂过程。

(a)高温高压三轴岩石测试系统　　　(b)固定岩心　　　(c)安装传感器

图 2.23　高温高压三轴岩石测试系统(图片来自 GCTS 公司网站)

2.2.2.4　储层岩石孔隙度

岩石孔隙度(Porosity)是对岩石储存流体的储集能力的度量，其数学符号为 ϕ。若定量表征，孔隙度是孔隙体积(Pore Volume)与岩石总体积(Bulk Volume)的比率，其表达式为：

$$\phi = \frac{V_\phi}{V_b} \tag{2.30}$$

式中，ϕ 为孔隙度；V_ϕ 为孔隙体积；V_b 为岩石总体积。

孔隙分为连通孔隙和不连通孔隙，如图 2.24 所示。孔隙体积如果是总孔隙体积(连通的孔隙体积加上不连通的孔隙体积)，这个比率就叫绝对孔隙度。孔隙体积如果是相互连通的孔隙体积，这个比率就叫有效孔隙度：

$$\phi_e = \frac{V_{\phi_e}}{V_b} \tag{2.31}$$

式中，ϕ_e 为有效孔隙度，小数；V_{ϕ_e} 为有效孔隙体积，m³。

不连通的孔隙称为"死孔隙"，对开发没有意义。因此，有效孔隙度是表征岩石物性的一个非常重要的参数。

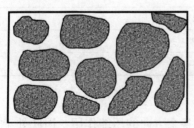 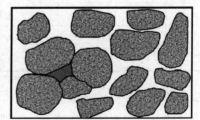

连通的孔隙　　　　　　　　　　　不连通的孔隙

图 2.24　连通的孔隙和不连通的孔隙示意图

目前，研究致密储层孔隙结构的常规方法主要有场扫描电镜法、高压、恒速压汞法、铸体薄片法、核磁共振图谱法、纳米 CT 等，这些实验测试手段方法在表征储层岩石微观孔隙结构上具有不同的功能和特性，归纳每种实验方法具体的表征尺度，如图 2.25 所示。

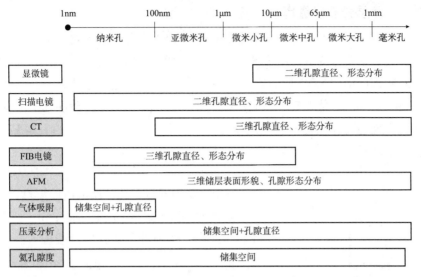

图 2.25　孔隙结构测试技术表征尺度图

2.2.2.5　储层岩石流体饱和度

流体饱和度(Saturation)为某特定流体(如原油、天然气或地层水)在储层中占据孔隙体积的分数或百分比,其数学符号为 S。原油饱和度数学符号记为 S_o,天然气饱和度数学符号记为 S_g,水的饱和度数学符号记为 S_w。所有流体的饱和度之和为 1。则有:

$$S_o + S_g + S_w = 1 \tag{2.32}$$

油藏中的流体从运移到聚集经历了漫长的地质年代,在油气藏中通常处于一种过平衡状态。按照不同流体密度之间的差异,油藏中油层的上方是天然气层,下方是水层。图 2.26 给出了背斜油气藏中流体的分布示意图。

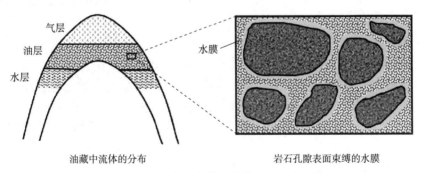

图 2.26　背斜油气藏中流体分布示意图

除了底水和边水外,储层孔隙中由于受到毛管力的作用,还分布着较低限度的原生水。原生含水饱和度(Connate Water Saturation,符号为 S_{wc})对于油气开采很重要,占据了油气之间的空间。这些最低限度的原生水通常以水膜状附着在岩石孔隙周围,通常也称为束缚水饱和度。在储层开发过程中,通常会采用驱替剂(如水、聚合物溶液等)将原油从地层中驱替出来,在驱替结束时会存在一个剩余油饱和度(Residual Oil Saturation,符号为 S_{or})的概念。

2.2.2.6 储层岩石渗透率

岩石渗透率（Permeability）是表征岩石特征的一个重要参数，主要度量地层中流体流动的难易程度，其数学符号为 K。1856 年，亨利·达西（Henry Darcy）利用如图 2.27 所示的自制充填砂的铁管模型（渗透实验装置），第一次用数学公式定义了渗透率，这就是著名的达西定律（Darcy's Law）。他发现了渗流量 Q 与上下游压差（$p_1 - p_2$）和垂直于水流方向的截面积 A 成正比，而与流体黏度 η 和渗流长度 L 成反比，即：

$$Q = \frac{KA(p_1 - p_2)}{\eta L} \tag{2.33}$$

式中，Q 为通过多孔介质流体的流量，$cm^3 \cdot s^{-1}$；A 为流体通过的横截面积，cm^2；η 为流体黏度，$mPa \cdot s$；p_1 和 p_2 为进口端及出口端压力，Pa；L 为渗流长度，cm；K 为渗透率，μm^2。$1\mu m^2$ 在英制单位中通称为 1 达西（D，即以达西名字命名该单位）。

由方程（2.32）可以看出，一个达西单位的渗透率表示长度为 $1cm$ 和截面积为 $1cm^2$ 的岩样，在压力梯度为 1 标准大气压的作用下，能通过黏度为 $1mPa \cdot s$ 流体的流量为 $1cm^3 \cdot s^{-1}$，如图 2.28 所示。这里的渗透率（K）往往是指用空气做测试流体而测出的岩石渗透率，称为绝对渗透率（Absolute Permeability）。用油作流体测得的渗透率叫油相的有效渗透率（K_o）；用水作流体测得的渗透率叫水相的有效渗透率（K_w）；用空气以外的气体（如天然气、CO$_2$ 等）作流体测得的渗透

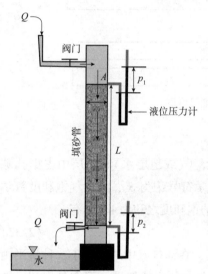

图 2.27 渗透实验装置示意图

率叫气相的有效渗透率（K_g）。

气体渗透率的测定实验示意图如图 2.29 所示。使氮气通过夹持器与皂沫流量计，待皂沫流量计中的泡沫稳定上升后，以秒表记录通过体积 V 所用时间 t，并记录下压力表示数，通过公式得到流量：

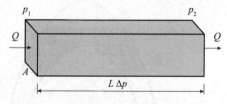

图 2.28 达西定律的稳定流动方式示意图

$$Q_0 = \frac{V}{t} \tag{2.34}$$

式中，Q_0 为氮气通过多孔介质的流量，V 和 t 分别为泡沫通过皂沫流量计的体积和时间。进一步运用公式得出气体渗透率：

$$K = \frac{2p_0 Q_0 \eta L}{A(p_1^2 - p_2^2)} \times 1000 \tag{2.35}$$

式中，K 为岩心渗透率，$10^{-3}\mu m^2$；p_0 为大气压力，MPa；Q_0 为通过多孔介质的流量，$cm^3 \cdot s^{-1}$；η 为氮气的黏度，$mPa \cdot s$；L 为岩心的长度，cm；A 为岩心的截面积，

cm^2；p_1 和 p_2 分别为岩心夹持器入口和出口端的压力，MPa。

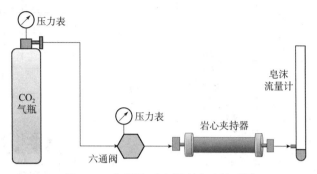

图 2.29　气测渗透率测定实验装置图

但要注意，气体在砂粒表面有滑脱影响。1941 年克林肯伯格（Klinkenberg）做实验发现了这个现象，称为克林肯伯格效应。在做达西实验时，取岩心实验时的入口压力 p_1 与出口压力 p_2 的平均值，即 $p_m = (p_1 + p_2)/2$，在所测的渗透率与 $1/p_m$ 的关系图上向外推至 $1/p_m = 0$ 处，该渗透率就是空气绝对渗透率，如图 2.30 所示。近似等于液体绝对渗透率（即岩心被 100% 液体饱和）。每块岩心样品的绝对渗透率是固定值，代表储层岩石的固有属性。

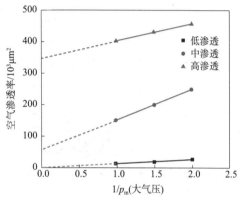

图 2.30　绝对渗透率的测定

渗透率和孔隙度之间不存在严格的关系，但对于一个相类似的砂岩储层，许多油田的渗透率和孔隙度呈正相关关系，则有：

$$\phi = a \lg K + b \tag{2.36}$$

式中，a 和 b 这两个常数和储层的孔隙结构有关系。

胡科先等给出了来自鄂尔多斯盆地和胜利油田等不同储层岩石孔隙度与渗透率之间的关系，如图 2.31 所示。研究发现储层的孔隙度与渗透率具有一定的相关性。在中高渗储层中，孔隙度与渗透率有很好的相关性；在低渗储层中，孔隙度与渗透率的相关性较低，并且随着渗透率的降低，孔隙度与渗透率的相关性不断减小，甚至不相关。

当以相同的压力差驱替多孔介质中的流体（油、气等）时，多孔介质的孔隙度越大，孔隙结构的喉道配位数越多，此时储层的渗透率越高，越利于流体的运移。相反，对于低渗透储层，流体在其中不易流动。除非施加更大的驱动压差，或者通过压裂、酸化等储层改造措施才能使流体更容易流动。

2.2.2.7　储层的上覆岩层压力

上覆岩层压力（Overburden Pressure）是由上覆地层岩石的基质质量和上覆地层孔隙中的流体（油、气、水）质量之和所产生的压力，又称上覆层负载、地静压力。对于连通性地层，岩石的孔隙压力通常接近于上覆岩层压力。上覆岩层压力与储层内部孔隙压力之间的

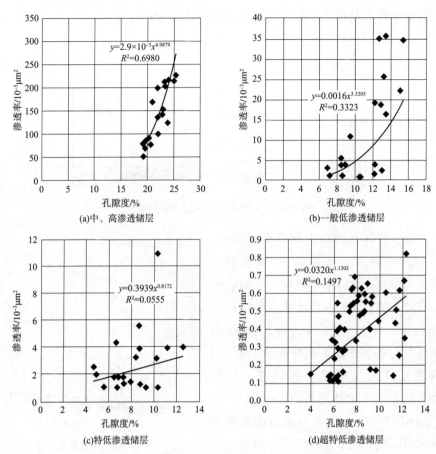

图 2.31　各类储层孔隙度与渗透率之间的关系

注：岩样取自鄂尔多斯盆地和胜利油田

压力差被称为有效上覆压力。当储层中的流体被开采时，压力不断衰减，储层内孔隙压力不断降低，因此，有效上覆压力会增加，使得储层总体积减小。同时，储层中的岩石颗粒在压力不断释放的过程中会不断膨胀。这两种变化均导致储层岩石的孔隙空间减小，即岩石孔隙度减小，如图 2.32 所示。

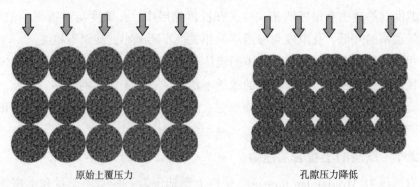

原始上覆压力　　　　　　　　　　　　孔隙压力降低

图 2.32　储层上覆压力变化导致的孔隙度变化

2.2.2.8 储层岩石润湿性

润湿(Wetting)是指固体表面上一种流体(如气体)被另一种流体(如液体)取代而引起表面能下降的过程。润湿性(Wettability)是控制岩石孔道中油水分布的主要因素。在水湿体系中，油往往会聚集在孔隙的中间；而在油湿系统中，油相聚集在固体颗粒表面，如图2.33所示。因此，不同润湿性会对水驱采油产生根本性影响。也存在介于水湿和油湿体系中间范围的体系，即"混合"润湿性。相比于水相和油相，气相通常都是非润湿相。

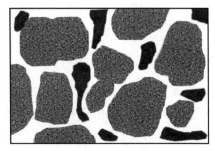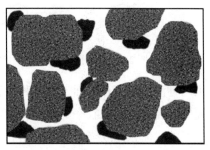

(a)水湿多孔介质 　　　　　　　　　　　　　(b)油湿多孔介质

图2.33　水湿和油湿的多孔介质

润湿性的大小可以通过液固表面的接触角表示，其数学符号为 θ，如图2.34所示。接触角越小，液体的润湿性越强。

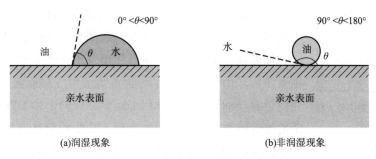

(a)润湿现象 　　　　　　　　　　　　　(b)非润湿现象

图2.34　亲水表面的润湿现象

2.2.2.9 储层岩石中的表面与界面张力

在物理化学中，界面(Interface)是指物质的相与相的分界面。由于物质是以气、液、固三种状态存在，因此气、液、固三相表示物质的存在状态。在各相之间存在气－液、气－固、液－液、液－固和固－固5种不同的界面。当组成界面的两相中有一相为气相时，常被称为表面(Surface)。

在同一液体内部任何一个分子与其周围分子之间的吸引力是球形对称的，各个相反方向上的力则彼此相互抵消。但液体和空气接触表面层的分子，液体内部分子对表面层分子的吸引力，远大于外部气体分子的吸引力，这种不均衡的作用力沿着液体表面垂直作用于单位长度上的紧缩力，称为表面张力(Surface Tension)，其数学符号为 σ。表面张力总是试图缩小表面积，如图2.35所示。

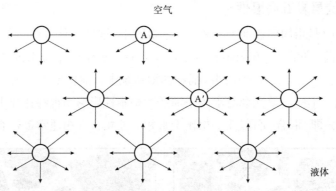

空气

液体

图 2.35　分子在液相内部和表面所受不同引力作用的示意图

油和水两种液体作用在界面上的这种力称为界面张力(Interface Tension)。在油田开发中,所研究的提高原油的采收率的方法(如注入表面活性剂、混相开采等方法)都是试图降低油、水、气的表面张力或降低液相与岩石表面相接触形成的界面张力。

2.2.2.10　储层岩石毛细管压力

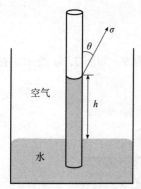

图 2.36　毛细管虹吸现象
示意图

毛细管(Capillary)的虹吸作用是一种常见的物理现象。如果一个较细的玻璃管插入到一个盛水容器中,在空气与水的表面张力和玻璃管管壁对水的润湿性的综合作用下,会使毛细管中的水面上升,超过盛水容器的液面,只有当使液体上升的力与液体的重力平衡后,水才不会再上升,如图 2.36 所示。

储藏油气的孔隙空间可看作由许多大大小小毛细管组成,毛细管压力是由岩石和流体间的表面张力或界面张力、孔隙大小、几何形状及润湿性综合作用的结果。任何两种不混相的流体在一条毛细管内都会产生弯曲的表面,这个曲面都具有变成单位体积最小面积的趋势,这种现象反映了两种流体间存在的压力差,这个压力差称为毛细管压力(Capillary Pressure),在油 - 水系统中毛细管压力等于毛细上升高度的重力。则有:

$$P_c = \frac{2\sigma\cos\theta}{r} = \rho gh \tag{2.37}$$

式中,P_c 为毛细管压力,Pa;σ 为界面张力,mPa·s;θ 为接触角,(°);r 为毛细管半径,m;ρ 为流体密度,g·cm^{-3};h 为液柱高度,m。

液 - 液或气 - 液两相渗流中的珠泡(液珠或气泡)通过孔隙喉道或孔隙窄口等时,产生的附加阻力效应,如图 2.37 所示。这种现象于 1860 年被贾敏发现,故称贾敏效应(Jamin Effect)。在这个效应中由于珠泡的半径大于孔隙喉道或孔隙窄口的半径,

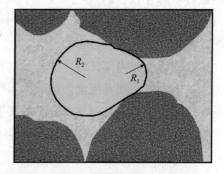

图 2.37　贾敏效应示意图

珠泡必须变形才能通过。而珠泡变形需要额外的力，这个力的大小相当于为了通过孔隙喉道或孔隙窄口，珠泡变形后的半径产生的毛细管压力减去珠泡变形前的半径产生的毛细管压力。则有：

$$\Delta p_c = p_{c1} - p_{c2} = \frac{2\sigma_1 \cos\theta_1}{r_1} - \frac{2\sigma_2 \cos\theta_2}{r_2} = 2\sigma\cos\theta\left(\frac{1}{r_1} - \frac{1}{r_2}\right) \tag{2.38}$$

式中，Δp_c 为附加阻力，Pa；p_{c1} 和 p_{c2} 分别为 1 和 2 位置处的毛细管压力，Pa；σ_1 和 σ_2 分别为 1 和 2 位置处的界面张力，mPa·s；θ_1 和 θ_2 分别为 1 和 2 位置处的接触角，(°)；r_1 和 r_2 分别为 1 和 2 位置处的曲率半径，m。

在油气藏岩石的孔隙中，这种液珠、气泡产生的毛细管阻力叠加起来，数值巨大，这对流体渗流是有害的。但是，贾敏效应也可用于调整油层剖面，例如，采用向地层中注入乳状液、乳化沥青、混气水、泡沫等方法堵塞大孔道，调整流体渗流剖面，通过增加驱替液的波及体积提高采收率。

2.2.2.11 储层岩石中的相对渗透率

第 2.2.2.6 节中介绍的渗透率(K)往往是指用空气做测试流体而测出的岩石渗透率，称为绝对渗透率。当两相以上的流体在多孔介质流动时，每一相流体通过多孔介质的能力都会随其饱和度的变化而发生变化，这个变化以相对渗透率表示。相对渗透率(Relative Permeability)的定义是某相有效渗透率与一个特定的渗透率的比值，以油、水两相为例。

油相相对渗透率：

$$K_{ro} = \frac{K_o}{(K_o)_{S_o = 1 - S_{wi}}} \tag{2.39}$$

式中，K_{ro} 为油相相对渗透率，μm^2；K_o 为某一时刻的油相有效渗透率，μm^2；$(K_o)_{S_o = 1 - S_{wi}}$ 为束缚水条件下的油相有效渗透率，无量纲。

水相相对渗透率：

$$K_{rw} = \frac{K_w}{(K_w)_{S_{oi} = 1 - S_{wi}}} \tag{2.40}$$

式中，K_{rw} 为水相相对渗透率，μm^2；K_w 为某一时刻的水相有效渗透率，μm^2；$(K_w)_{S_{oi} = 1 - S_{wi}}$ 为束缚水条件下的水相有效渗透率，无量纲。

根据不同相态的相对渗透率变化可以绘出相对渗透率曲线，如图 2.38 所示。相对渗透率曲线有两种类型，一种是指在岩石被水 100% 饱和的条件下，用非润湿相原油驱替润湿相水的测试结果，并描述了油藏形成过程的相渗透率变化，称为驱替类型的相对渗透率曲线。另一种是指在亲水岩石被束缚水(或称原生水)和原油两相饱和的条件下，再用水驱替非润湿相原油的测试结果。并描述了油藏中水驱油的过程，称为渗吸类型的相

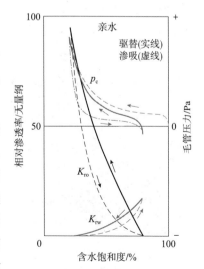

图 2.38 毛细管压力曲线和相对渗透率曲线示意图

对渗透率曲线。对于亲水岩石来说，在驱替和渗吸两种流动过程中，水相相对渗透率曲线是重合的，而油相相对渗透率曲线会有较明显的差异。在预测油藏水驱油的生产动态时，可以使用渗吸的相对渗透率曲线。

从图 2.38 中的相对渗透率曲线可以看出，在水驱油开采过程中，油藏内含水饱和度将不断增加，油相的相对渗透率将不断降低，即产油量不断减少。另外，随着含水饱和度的不断增加，水相的相对渗透率将不断升高，产水量也必然不断升高，最终导致油藏被水淹而废弃。

由相对渗透率曲线还可以估算出水驱油效率。以图 2.38 中的相对渗透率曲线为例可以看到，该油藏原始含油饱和度(S_{oi})为 0.78(即束缚水饱和度 S_{wc} 为 0.22)，油藏水淹时剩余油饱和度(S_{or})为 0.21(即最大含水饱和度 S_{wmax} 为 0.79)，这两者之间的饱和度也就是可驱动的油饱和度，如果再除以原始含油饱和度 0.78，那么，驱油效率(E_d)就可以计算出，为 73.08%。

$$E_d = \frac{S_{oi} - S_{or}}{S_{oi}} = \frac{0.78 - 0.21}{0.78} = 73.08\% \tag{2.41}$$

2.2.3　CO$_2$ 在地层岩石中的扩散与运移

扩散(Diffusion)是由于分子的热运动而产生的质量迁移的现象。在扩散过程中，气体分子从浓度大的区域向浓度小的区域不停地移动，经过足够长的时间，浓度差异减弱，浓度的分布在整个区域趋于平均。扩散现象是气体分子的内迁移现象。从微观上分析是大量气体分子做无规则热运动时，分子之间发生相互碰撞的结果。由于不同空间区域的分子密度分布不均匀，分子发生碰撞的情况也不同。这种碰撞迫使密度大的区域的分子向密度小的区域转移，最后达到均匀的密度分布。

CO$_2$ 注入地层过程当中，在浓度梯度、压力梯度等推动力作用下，由于 CO$_2$ 分子的热运动而产生了定向迁移，从宏观上表现为物质的定向输送，这种传质过程使得大量的烃与 CO$_2$ 混合，在油层内发生混相，从而使得储层中的难动用储量获得了流动能力而被采出。

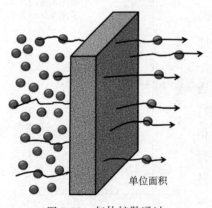

扩散的产生主要是由 CO$_2$ 气体与储层中的流体(原油和水)之间的浓度差异所引起的，注 CO$_2$ 开采过程中，注入 CO$_2$ 气体与储层原油之间的扩散可以有效地提高采收率。

储层中的岩石是一种多孔介质，具有孔隙结构，而孔隙中又充满着流体(油和水)，因此当有一定浓度的气体通过多孔介质时，气体分子必然向多孔介质中的流体发生扩散。图 2.39 为 CO$_2$ 分子扩散通过单位面积多孔介质的示意图。

图 2.39　气体扩散通过
单位面积多孔介质示意图

CO$_2$ 在多孔介质内的传质机理极其复杂，大致可以分为分子扩散作用和对流传质作用。

1）分子扩散作用

当CO$_2$气体注入地层后，在浓度梯度、压力梯度、温度梯度、毛细管力等共同作用下，将与地层岩石广泛地接触，其气体分子将在地层岩石的孔隙流体中发生分子扩散（Molecular Diffusion）。该扩散过程是一个不可逆的过程，这种扩散将会导致原油的物性发生了变化，比如原油的黏度会降低、体积会膨胀。而扩散使原油中轻质组分被抽提出来，因此油气界面张力降低，甚至可以使油气达到混相，大大提高难以开采储层的原油采收率。

分子扩散是CO$_2$在多孔介质中传质过程中的一种极为重要的机理，无论多孔介质中的流体是否流动，扩散现象必然会发生，这是由浓度差决定的。

2）对流传质作用

对流传质（Convective Mass Transfer）是指多孔介质中的流体向前流动而导致溶解在其中的溶质一同向前传递的过程。对流传质既包括由压差引起的强迫对流传质，又包含由于毛细管力引起的质量传递，以及自然对流传质。从对流传质的流动方向来看，可以分为正向流动的对流传质，反向流动的对流传质以及混合方向流动的对流传质。如图2.40所示，多孔介质孔隙中的CO$_2$在压力梯度的作用下，会向低压区域流动。大部分情况下这种对流传质都是正向流动的，但由于多孔介质内部结构的复杂性，这种流动并不只是正向流动的，当多孔介质孔隙中的流体经过如图2.40所示孔隙曲折通道时，流线不再平行，甚至会相交，因而产生混合对流传质。当流体流速达到一定程度时，亦有可能发生反方向流动。

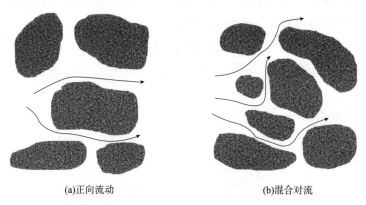

(a)正向流动　　　　　　　　(b)混合对流

图2.40　气体扩散通过单位面积多孔介质示意图

3）吸附作用

除分子扩散和对流传质两种作用外，通过吸附作用（Adsorption）产生的浓度变化也会引起质量传递。多孔介质是由固体骨架组成的，而固体表面对于流体中的水分子、油分子以及CO$_2$分子的吸附作用强弱是不同的。因此，通过吸附也会改变流体中的浓度变化，形成由于吸附作用引起的质量传递。

2.2.3.1　CO$_2$在均质模型中的扩散运移

1）扩散时间的实验确定方法

林杨采用图2.41中所示的填砂管驱替实验装置分析了CO$_2$在多孔介质中的扩散与运移规律。采用纯度为99.9%的CO$_2$气瓶作为气源供气，在填砂管的各个测压点上连接高精度压力变送器，以便精确地记录实验进行过程中各个时刻的压力值。油气水三相均装入中间容器，使用高压恒压恒速泵提供各相注入时所需的压力。填砂管内径为 2.5cm，长度为 100cm，填砂管水平放置，砂管填充 160 ~ 200 目的露头砂。

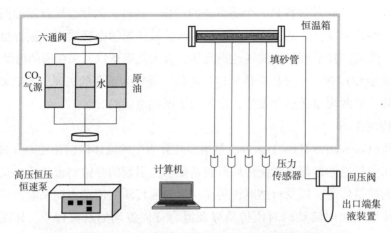

图 2.41　CO$_2$ 在填砂管模型中的扩散实验装置图

当一定浓度的 CO$_2$ 通入饱和流体的多孔介质时，流体因为压力梯度的作用开始流动，如图 2.42 所示。溶解进入流体的 CO$_2$ 开始随着流动的流体向前运移，形成了对流传质，设该对流传质的速度为 V_M，而流体中的 CO$_2$ 同时开始向低浓度处的流体扩散，设该扩散速度为 V_D，则整个运移过程的速度为 V_T，则：

$$V_T = V_M + V_D \tag{2.42}$$

假设出口端见气时间为 $T_{ou0.1}$，则：

$$V_T = L/T_{ou0.1} \tag{2.43}$$

式中，L 为运移的距离，即砂管长度，m。

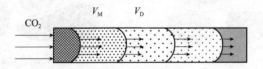

图 2.42　CO$_2$ 在填砂管模型中的扩散实验原理示意图

当入口压力为 0.1MPa 时，出口不加回压，此时压差即为 0.1MPa，由于扩散的快慢取决于浓度梯度的大小，入口压力如此低的时候，可以认为扩散的速度远小于对流传质的速度，即：

$$V_D \ll V_M \tag{2.44}$$

则有：

$$V_M \approx V_T = L/T_{ou0.1} \tag{2.45}$$

依次增大入口压力至 1MPa、3MPa、5MPa、7MPa、9MPa，而出口端回压相应增加到 0.9MPa、2.9MPa、4.9MPa、6.9MPa、8.9MPa，即保持模型两端的压差始终为 0.1MPa，在此压差下，假设对流传质的速度仍为 V_M，而由于入口绝对压力的增加，扩散的速度相应增大，此时已经不能忽略扩散的速度，设此时的扩散速度为 V_D，整个运移的速度为：

$$V_T = V_M + V_D \tag{2.46}$$

式中，V_M 为 $L/T_{ou0.1}$。又记录入口压力为 1MPa 时的出口见气时间 T_{ou1}，则此时有：

$$V_T = L/T_{ou1} \tag{2.47}$$

可得到：

$$V_D = V_T - V_M = L/T_{ou1} - L/T_{ou0.1} \tag{2.48}$$

则扩散时间为：

$$T_D = L/V_D = L/(L/T_{ou1} - L/T_{ou0.1}) \tag{2.49}$$

用此方法即可得出 CO_2 在多孔介质中扩散的时间。

2）压力对 CO_2 扩散性能的影响

含油储层可以看成是一种复杂孔隙结构的多孔介质，在储层的孔隙中充满着流体，当 CO_2 向地层中注入时，其注入压力对于 CO_2 气体分子运移的速度有至关重要的影响。CO_2 的临界压力为 7.38MPa，临界温度为 31℃，若实验温度高于 31℃，则压力无论如何增大都不会改变 CO_2 的相态，CO_2 必定以气体形式存在，而当实验压力高于 CO_2 的临界压力时，随着压力的继续上升，气态的 CO_2 开始变得比较黏稠，具备了一定的液态的特征。

当入口压力不断增加时，CO_2 扩散越来越快，扩散所需的时间越来越短，根据气体的状态方程可知，压力增高则浓度增大，浓度梯度的上升进而造成了气体分子扩散的加剧，从而使得扩散过程更快。

3）温度对 CO_2 扩散性能的影响

由于多孔介质内部的流体，其密度是随着温度改变而改变，密度的改变又造成了流体内部物性的变化，因此当温度出现变化时，CO_2 在多孔介质中的扩散与运移的速度也会出现变化，扩散时间也会出现相应的改变。

当温度升高时，分子的无规则热运动加剧，因而分子扩散现象加剧，另外，温度梯度还可以导致流体对流传质的速度加快，最终表现为分子扩散时间缩短。

4）多孔介质渗透率对 CO_2 扩散性能的影响

除了压力梯度所造成的浓度梯度引起的扩散，储层渗透率对于扩散的进行也有非常深远的影响。储层岩石的内部结构千变万化，具有各种不同的孔隙结构，从微观上判断 CO_2 气体在其中的扩散是非常困难的，但是从宏观上，储层的渗透率可以反映出储层内部的结构及其允许流体通过的能力。

随着储层渗透率的提高，其允许流体通过的能力也在加强。高渗透率的储层通常具备更大的孔隙通道与孔隙空间，这些都为 CO_2 在储层岩石中的扩散营造出有利的环境。

郭彪通过岩心驱替实验，拟合得到了 CO_2 扩散平衡时间与岩心渗透率、温度、压力、油水黏度、油水饱和度、运移距离的经验关系式：

$$t = \frac{0.2L}{kp} + \frac{1.3L}{\ln(k\sqrt{T})} + \frac{2.6L}{\sqrt{kp}} \exp^{\frac{S_o\eta_o}{S_o\eta_o + S_w\eta_w}} \tag{2.50}$$

式中，t 为平衡时间，min；k 为岩心渗透率，$10^{-3} \mu m^2$；p 为压力，MPa；L 为岩心长

度，cm；T 为温度，℃；S_o 为含油饱和度，无量纲；S_w 为含水饱和度，无量纲；η_o 和 η_w 分别为原油和水的黏度。

公式右边表示第一项为单相渗流时，渗流稳定时间与渗透率、压力、位移的关系。第二项为 CO_2 扩散运移的平衡时间 t 与渗透率、温度、位移的关系，第三项为油相存在时油相黏度及饱和度对 t 的贡献。研究表明，地层渗透率、油水黏度这两个因素对平衡时间 t 有很大的影响。低压下，介质充填成分对 t 的影响较大，温度增加时对 t 的影响程度逐渐减小。

2.2.3.2　CO_2 在非均质模型中的窜流

CO_2 在多孔介质中的扩散虽然有利于原油的生产与开发，但是当 CO_2 在多孔介质中运移时，如果发生了窜流（Channeling）现象，则会极大影响开采的效果和最终的采收率。在注 CO_2 开发的过程中，由于多油层之间非均质性的影响，层间和平面上的油气界面常常不是均匀推进的，而是会沿着高渗透层形成优势的窜流通道，即发生气窜现象，此时注入的 CO_2 形成无效循环，气体波及体积大幅降低，开采效果变差。

林杨通过室内物理模拟实验，研究了 CO_2 在多孔介质（30cm 非均质岩心）中不同温度、压力、渗透率条件下的窜逸规律。综合考虑了油藏渗透率、高低渗透率级差、注入压力等因素对于气体窜逸程度的影响，并用经验关系式来表征储层的窜逸程度。对于高渗透层和低渗透层渗透率相差很大的岩心来说，气体通过的时候更倾向于先通过高渗层，而低渗层相对来说不容易气窜。级差越大的岩心，这种现象就越明显。

郭彪将 CO_2 窜逸时岩心的平衡压力与初始压力的比值定义为窜逸程度，数学符号为 U。通过岩心驱替实验，他得到了窜逸程度 U 与渗透率、压力、温度、位移、油水黏度和饱和度的关系式：

$$U = 1 - \frac{L}{4kTp}\exp^{\frac{S_o\eta_o}{S_o\eta_o + S_w\eta_w}} \tag{2.51}$$

式中，U 为窜逸程度，无量纲；k 为岩心渗透率，$10^{-3}\ \mu m^2$；p 为压力，MPa；L 为岩心长度，cm；T 为温度，℃；S_o 为含油饱和度，无量纲；S_w 为含水饱和度，无量纲；η_o 和 η_w 分别为原油和水的黏度，mPa·s。

研究结果表明，渗透率、温度 T 增加对窜逸程度 U 的影响程度逐渐减小，位移 L 与窜逸程度 U 成线性关系。另外，注气压力、油藏渗透率和流体黏度这三个因素对窜逸程度影响很大。

2.2.4　CO_2 与地层岩石之间的相互作用

2.2.4.1　CO_2 与砂岩之间的相互作用

20 世纪 80 年代，国外学者开展以提高原油产量为目的的 CO_2 水淹实验时，即开始了 CO_2－水－岩相互作用探索性的实验研究。此后的诸多研究表明在注 CO_2 驱油提高采收率过程中，注入储层的 CO_2 会与储层岩石及地层水发生作用，导致岩石内部矿物组成发生转化，使得原有储层岩石的矿物组合发生改变，进而引起储层物性发生变化。

在地层压力、温度条件下，注入砂岩油气藏的 CO_2 会扩散进入砂岩含水层孔隙并溶解于地层水，使地层水呈酸性，并与储层岩石相互接触，发生一系列复杂的化学反应，导致矿物（主要是方解石、钾长石和云母）发生溶解，且溶液中的离子化合物会生成新的矿物（主要是高岭石、片钠铝石和石英），最终影响采收率。

CO_2 在地层水中溶解，生成碳酸：

$$CO_2 + H_2O \longrightarrow H_2CO_3 \tag{2.52}$$

碳酸进一步解离为活性 H^+ 和 HCO_3^-：

$$H_2CO_3 \longrightarrow H^+ + HCO_3^- \tag{2.53}$$

$$HCO_3^- \longrightarrow H^+ + CO_3^{2-} \tag{2.54}$$

活性的 H^+ 和 HCO_3^- 与周围的岩石会发生一系列的化学反应。

与方解石（$CaCO_3$）发生反应，使方解石溶解：

$$CaCO_3 + H^+ + HCO_3^- \longrightarrow Ca^{2+} + 2HCO_3^- \tag{2.55}$$

与钾长石（$KAlSi_3O_8$）反应转化成高岭石：

$$2KAlSi_3O_8 + 2H^+ + 9H_2O \longrightarrow Al_2Si_2O_5(OH)_4 + 2K^+ + 4H_4SiO_4 \tag{2.56}$$

与云母 $[KAl_2(AlSi_3O_{10})(OH)_2]$ 反应，生成高岭石、长石和石英沉淀：

$$KAl_2(AlSi_3O_{10})(OH)_2 + 2H_2O + CO_2 \longrightarrow Al_2Si_2O_5(OH)_4 + SiO_2 + KAlSi_3O_8 \tag{2.57}$$

与高岭石 $[Al_2Si_2O_5(OH)_4]$ 反应，生成伊利石沉淀：

$$AlSi_2O_5(OH)_4 + SiO_2 + 0.6K^+ + 0.25Mg^{2+} \longrightarrow$$
$$K_{<1}(Al, R^{2+})_2[(Si, Al)Si_3O_{10}][OH \cdot nH_2O + 1.1H^+ + 0.75H_2O] \tag{2.58}$$

与钠长石（$NaAlSi_3O_8$）反应，生成高岭石 $[Al_2Si_2O_5(OH)_4]$ 或者片钠铝石 $[NaAlCO_3(OH)_2]$：

$$2NaAlSi_3O_8 + 3H_2O + 2CO_2 \longrightarrow Al_2Si_2O_5(OH)_4 + 4SiO_2 + 2Na^+ + 2HCO_3^- \tag{2.59}$$

$$NaAlSi_3O_8 + H_2O + CO_2 \longrightarrow NaAlCO_3(OH)_2 + 3SiO_2 \tag{2.60}$$

与钙长石（$CaAl_2Si_2O_8$）反应，将引起硅酸盐溶解和导致碳酸盐沉淀：

$$CaAl_2Si_2O_8 + 2H_2CO_3 + H_2O \longrightarrow CaCO_3 + Al_2Si_2O_5(OH)_4 \tag{2.61}$$

与镁橄榄石（Mg_2SiO_4）反应，将会生成碳酸镁沉淀：

$$2CO_2 + 2H_2O + Mg_2SiO_4 \longrightarrow 2MgCO_3 + H_4SiO_4 \tag{2.62}$$

与绿石 $\{[Fe/Mg]_5Al_2Si_3O_{10}(OH)_8\}$ 反应，将生成铁/镁白云石和高岭石：

$$[Fe/Mg]_5Al_2Si_3O_{10}(OH)_8 + 5CaCO_3 + 5CO_2 \longrightarrow$$
$$5Ca[Fe/Mg](CO_3)_2 + Al_{si}_{05}(OH)_4 + SiO_2 + 2H_2O \tag{2.63}$$

CO_2 – 水 – 岩之间的反应使矿物组成发生改变，在溶蚀不稳定矿物的同时生成新的矿物，从而导致储层物性的改变。王程采用 SEM 扫描电镜测定了不同实验温度条件下 CO_2 反应前后大庆油田某凝灰质砂岩岩石样本的矿物形貌变化情况，实验结果如图 2.43 所示。

总体来说，与反应前岩石矿物形貌相比，反应后的岩心矿物形貌总体上处于溶蚀状态并伴随大量沉淀颗粒产生，岩心内部粗糙程度增大。温度增加，岩心内部的溶蚀程度和颗粒沉淀量进一步增大，岩心粗糙度进一步增大。另外，随着压力的增加，岩心内部的溶蚀程度和颗粒沉淀量进一步增大，岩心粗糙度增加。

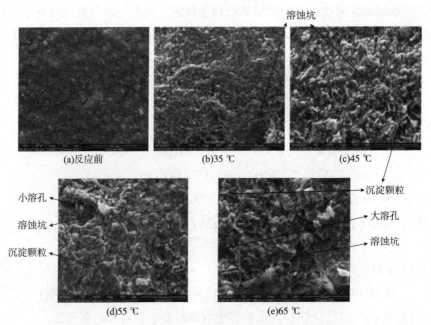

图 2.43　不同实验温度条件下 CO_2 反应前后大庆油田某凝灰质砂岩岩样矿物形貌变化

CO_2 与上述岩石矿物以及水之间的反应产生的影响主要体现在以下两个方面。

1）改变渗透率

在不同的温度和压力条件下，CO_2 气驱作用会导致岩心质量降低，同时整体渗透率会上升。当 CO_2 被注入后，会与岩心发生反应并溶蚀碳酸盐储层，从而增加岩心的渗透率。

然而，其他研究表明 CO_2 驱替后储层岩心的渗透率也可能会降低。这主要是因为 CO_2 参与了矿物的沉淀反应，例如与高岭石矿物的沉淀作用。此外，黏土矿物的迁移也可能会堵塞孔隙。

另外，当 CO_2 的溶解和沉淀作用相互抵消时，岩心整体的孔隙度和渗透率在 CO_2 环境中不发生明显变化。

2）改变润湿性

润湿性是指在有另一种不互溶的流体存在时，流体在固体表面形成的展开或者黏附的趋势，也是衡量储层岩石的重要属性之一，并且对油藏评价起着重要作用。润湿性对多孔介质中流体的分布和运移具有重要影响，决定了油藏流体在岩石孔道中的分布状态、地层注入流体的渗流难易以及驱油效率等，对提高采收率具有至关重要的影响和作用。

CO_2 注入储层后，在储层条件下，CO_2 溶于地层水生成碳酸，碳酸解离出氢离子和碳酸氢根离子，使得岩石中的方解石（$CaCO_3$）、钾长石（$KAlSi_3O_8$）、云母 $[KAl_2(AlSi_3O_{10})(OH)_2]$ 等矿物溶解，并形成高岭石和石英沉淀。同时，在一定条件下，高岭石还会进一步反应产生伊利石沉淀。因此，在 CO_2-水-岩体系中，亲水性矿物发生溶蚀反应，而疏水性矿物发生沉淀反应，改变了岩石原先的矿物组成，进而改变岩石的润湿性等物性。

CO$_2$ 与岩石接触时的温度、压力、地层水矿化度、反应时间等都会显著影响岩石表面的润湿性。

（1）温度的影响。

随着反应温度的升高，反应物分子能量增加，分子运动的速度加快，分子碰撞概率增大，从而化学反应速率增加。王程发现，对于大庆油田某凝灰质砂岩岩样，随着温度的增加，方解石、钾长石、云母等亲水性矿物的溶蚀量增加，高岭石等疏水性矿物的沉淀量增加，溶蚀程度增加，反应后岩心的水湿接触角增加。

（2）压力的影响。

随着反应压力的增加，CO$_2$ 在地层水中的溶解度增加，反应物浓度增加，活化分子数量增多，从而使分子之间的碰撞概率增加，化学反应速率也增加。王程发现，对于大庆油田某凝灰质砂岩岩样，随着压力的增加，方解石、钾长石、云母等亲水性矿物的溶蚀量增加，高岭石等疏水性矿物的沉淀量增加，溶蚀程度变大，岩心的水湿接触角增加。

（3）地层水矿化度的影响。

随着地层水矿化度的增加，地层水中的阴、阳离子浓度增加，导致 CO$_2$ 在水中的溶解度降低，反应物浓度减小，活化分子数量减少，从而减小了分子之间的碰撞概率，也降低了岩石内部各矿物的反应速率。

王程发现，对于大庆油田某凝灰质砂岩岩样，随着地层水矿化度的增加，方解石、钾长石、云母等矿物的溶蚀反应以及高岭石、石英等矿物的沉淀反应速率减小，因此岩石内部亲水性矿物的溶解量逐渐减少。同时，亲油性矿物的生成量也逐渐减少，岩石粗糙度没有明显变化，岩心切片的水湿接触角增幅波动减小，水湿程度的变化幅度也减小。

（4）反应时间的影响。

随着与 CO$_2$ 反应的接触时间增加，反应物浓度逐渐减小，化学反应速率开始加快，然后逐渐减缓，最终达到化学平衡。

2.2.4.2 CO$_2$ 与碳酸盐岩之间的相互作用

当 CO$_2$ 注入含有少量碳酸盐矿物的砂岩储层后，砂岩储层的渗透率有所提高，所以猜想注入储层的 CO$_2$ 在储层温度压力条件下会与地层水、碳酸盐矿物发生反应，进而改变了储层渗透率。

CO$_2$ 在地层水中溶解，生成碳酸：

$$CO_2 + H_2O \longrightarrow H_2CO_3 \tag{2.64}$$

碳酸进一步解离为活性 H$^+$ 和 HCO$_3^-$：

$$H_2CO_3 \longrightarrow H^+ + HCO_3^- \tag{2.65}$$

$$HCO_3^- \longrightarrow H^+ + CO_3^{2-} \tag{2.66}$$

活性的 H$^+$ 和 HCO$_3^-$ 与周围的岩石会发生一系列的化学反应。与石灰岩、白云岩（CaCO$_3$）发生反应，使方解石溶解：

$$CaCO_3 + H^+ + HCO_3^- \longrightarrow Ca^{2+} + 2HCO_3^- \tag{2.67}$$

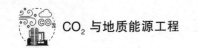

2.2.4.3 CO_2 与页岩之间的相互作用

页岩（Shale）是由黏土物质硬化形成的微小颗粒，容易裂解并形成明显的岩层。其成分复杂，除了黏土矿物（如高岭石、蒙脱石、水云母、拜来石等），还包含许多碎屑矿物（如石英、长石、云母等）和自生矿物（如铁、铝、锰的氧化物和氢氧化物等）。根据混入物的成分不同，可以将页岩分为钙质页岩、铁质页岩、硅质页岩、炭质页岩、黑色页岩和油母页岩等。其中，铁质页岩可能作为铁矿石，油母页岩可用于提炼石油，黑色页岩可作为石油指示地层。

页岩具有页状或薄片状的层理，被硬物敲打时容易裂成碎片，也是由黏土物质经过压实作用、脱水作用和重结晶作用形成的。页岩不透水，在地下水分布中常常作为隔水层。

1) CO_2 对页岩的溶蚀作用

当 CO_2 进入页岩储层后，CO_2 - 水 - 岩相互作用会溶蚀、溶解岩石中的硅酸盐矿物和碳酸盐矿物。首先被溶解的是白云石、方解石等碳酸盐矿物，其溶解程度大于硅酸盐矿物。随后，长石类硅酸盐矿物开始溶解。通过测定 CO_2 - 水 - 岩反应后产出液的 pH 值和离子浓度，发现产出液的 pH 值与原始地层水相比均降低，表明 CO_2 溶解于地层水时呈弱酸性。产出液中的 Na^+ 含量增加较为显著，K^+ 和 Ca^{2+} 含量也明显增加。Na^+ 和 K^+ 含量上升是由于斜长石和正长石的溶解作用，而 Na^+ 含量上升则是由于方解石等碳酸盐矿物的溶解作用。矿物的溶解和溶蚀作用能够一定程度上增加喉道宽度，提高流体渗流能力。

然而，在 CO_2 - 水 - 岩溶解反应过程中，同时还存在高岭石和岩盐晶体的形成，以及碳酸盐矿物溶解后释放出的黏土颗粒在孔喉狭窄处形成堵塞，对储层造成损害。

2) CO_2 对页岩的冷冻作用

在低温液态条件下，CO_2 会对温度较高的岩石产生强烈的冻结作用，降低岩石的强度。徐光苗等对页岩进行了研究，发现温度在 $-20 \sim 20℃$ 变化时，页岩的单轴抗压强度和弹性模量基本上随着温度的降低而增加，但温度变化对页岩强度的影响较小。此外，岩石的含水状态对其冻结强度也有显著影响。

上述 CO_2 对页岩性质的影响将会对地质能源开采和地质封存的效果产生影响，将在第 4 章、第 5 章和第 9 章中进行详细介绍。

2.3 CO_2 与油井水泥

2.3.1 油井水泥

向地层中注入的水泥（Cement）通常是 Portland 水泥（也就是硅酸盐水泥）的一种。Portland 水泥（Portland Cement）是由硅酸盐水泥熟料、$0 \sim 5\%$ 石灰石或粒化高炉矿渣、适量石膏磨细制成的水硬性胶凝材料。因为硅酸盐水泥呈灰色，与英国海岸外围 Portland 岛上的石头颜色很相似，故得名 Portland 水泥。

2.3.1.1 油井水泥的各组分

水泥的原料中主要成分有：氧化钙（65%）、二氧化硅（22%）、氧化铁（4%）、三氧化二铝（5%）、氧化镁（1%）、其他物质（3%）。表2.10列出了水泥的主要矿物组成。除此之外，水泥中通常还含有石膏、碱金属硫酸盐、氯化镁和氧化钙等。

表2.10　水泥的主要成分及性能 %

矿物成分	化学式	代号	含量	备注
硅酸三钙	$3CaO \cdot SiO_2$	C_3S	40~65	对水泥石早期强度影响大
硅酸二钙	$2CaO \cdot SiO_2$	C_2S	24~30	对水泥石后期强度影响大
铝酸三钙	$3CaO \cdot Al_2O_3$	C_3A	0.7~9	促进水泥快速水化的化合物，决定水泥初凝和稠化时间的主要因素
铁铝酸四钙	$4CaO \cdot Al_2O_3 \cdot Fe_2O_3$	C_4AF	8~12	水化速度仅次于C_3A，对早期强度有贡献

1）硅酸三钙

硅酸三钙（$3CaO \cdot SiO_2$，缩写为C_3S）是水泥中质量分数最大的化合物，一般为40%~65%，也是水泥产生强度的主要化合物。水泥的早期强度也是由硅酸三钙产生的，若要高早期强度的水泥，则硅酸三钙的含量可相应提高，高早期强度水泥中硅酸三钙的质量分数可达60%~65%，缓冲水泥中硅酸三钙的质量分数为40%~45%。

2）硅酸二钙

硅酸二钙（$2CaO \cdot SiO_2$，缩写为C_2S）的质量分数一般为24%~30%，也是一种缓慢水化的化合物，其水化反应缓慢，强度增长较慢，因此对水泥石的强度影响时间较长。

3）铝酸三钙

铝酸三钙（$3CaO \cdot Al_2O_3$，缩写为C_3A）是促进水泥快速水化的化合物，是决定水泥初凝和稠化时间的主要因素。其对水泥的最终强度影响不大，但对水泥浆的流变性及早期强度有较大影响；对硫酸盐极为敏感，因此抗硫酸盐的水泥应控制其质量分数在3%以下，但对于有较高早期强度的水泥，其含量可达15%（wt）。

4）铁铝酸四钙

铁铝酸四钙（$4CaO \cdot Al_2O_3 \cdot Fe_2O_3$，缩写为$C_4AF$），是一种低水化热的化合物，对强度影响较小，水化速度仅次于铝酸三钙，早期强度增长较快，质量分数为8%~12%。铁铝酸四钙常以铁铝酸盐固溶体形式存在，该固溶体是铝原子取代铁酸二钙中铁原子的结果，并引起晶格稳定性降低。

2.3.1.2 油井水泥的水化与稠化

水与水泥混合后的行为主要表现为水泥浆逐渐变稠，水泥浆的这种逐渐变稠的现象称为水泥浆稠化（Cement Thickening）。水泥浆稠化是由水泥水化引起的。由于水泥是多种矿物的聚集体，与水的相互作用很复杂，在研究水泥水化过程、反应机理以及水泥浆外加剂的作用机理时，为了减少影响因素，首先应考虑单矿物，然后再考虑综合因素。不同的硅酸钙其水化反应能力差别很大，硅酸三钙具有较强的水化能力。

$$3CaO \cdot SiO_2 + 2H_2O \longrightarrow 2CaO \cdot SiO_2 \cdot H_2O + Ca(OH)_2 \tag{2.68}$$

（硅酸三钙）

具有 β 晶型的硅酸二钙有明显的水化能力，但水化速度较慢。

$$2CaO \cdot SiO_2 + H_2O \longrightarrow 2CaO \cdot SiO_2 \cdot H_2O \tag{2.69}$$

（硅酸二钙）

值得注意的是，上述反应表明水化产物是水化硅酸钙和氢氧化钙这一大类水化物的总称，其产物还能继续转化成硅酸钙凝胶（简写成 C—S—H）。

铝酸钙矿物晶格结构的空穴，可能造成铝酸三钙具有较高的水化速度。在水泥四种主要熟料矿物中，铝酸三钙水化能力最强，水化速度最快，对水泥初凝时间有重要影响。

$$3CaO \cdot Al_2O_3 + 6H_2O \longrightarrow 3CaO \cdot Al_2O_3 \cdot 6H_2O$$

（铝酸三钙）

$$4CaO \cdot Al_2O_3 \cdot Fe_2O_3 + 7H_2O \longrightarrow 3CaO \cdot Al_2O_3 \cdot 6H_2O + CaO \cdot Fe_2O_3 \cdot H_2O$$

（铁铝酸四钙）
$$\tag{2.70}$$

另外，水化产生的 $Ca(OH)_2$ 还可分别与 $3CaO \cdot Al_2O_3$ 和 $4CaO \cdot Al_2O_3 \cdot Fe_2O_3$ 继续发生水化反应：

$$3CaO \cdot Al_2O_3 + Ca(OH)_2 + (n-1)H_2O \longrightarrow 4CaO \cdot Al_2O_3 \cdot nH_2O$$

$$4CaO \cdot Al_2O_3 \cdot Fe_2O_3 + 4Ca(OH)_2 + 2(n-2)H_2O \longrightarrow 8CaO \cdot Al_2O_3 \cdot Fe_2O_3 \cdot 2nH_2O$$
$$\tag{2.71}$$

有关水泥的其他性质将在后续章节中进行详细介绍，此处不再赘述。

2.3.2 CO$_2$ 与油井水泥之间的相互作用

在油井、气井和地热井中，经常会出现 CO$_2$ 腐蚀水泥的情况。当 CO$_2$ 接触水泥时，其对水泥的作用与弱酸相类似，在固化水泥中侵蚀碱性组分而对水化硅酸钙影响很小，但最新研究指出，Portland 水泥水化后形成的硅酸钙产物在 CO$_2$ 作用下分解为碳酸钙和一种无定形硅胶，如图 2.44 所示。

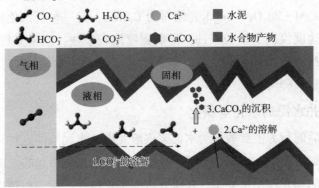

图 2.44　水泥与 CO$_2$ 之间的反应

上述反应特征如下。

(1)CO_2 扩散入水泥细孔中，毛细孔中因为内部冷凝或外部流体扩散，存在一水膜。

(2)CO_2 溶解在水中形成碳酸和碳酸根离子：

$$CO_2 + H_2O \longrightarrow HCO_3^- + H^+ \tag{2.72}$$

$$HCO_3^- \longrightarrow CO_3^{2-} + H^+ \tag{2.73}$$

(3)碳酸和水泥中的游离石灰反应生成水和碳酸钙：

$$Ca(OH)_2 + 2H^+ + CO_3^{2-} \longrightarrow CaCO_3 + H_2O \tag{2.74}$$

(4)未水化的三钙硅酸盐 C_3S 和二钙硅酸盐 C_2S 是主要的 CO_2 反应物。

$$3CaO \cdot SiO_2 + CO_2 + H_2O \longrightarrow 2CaO \cdot SiO_2 \cdot H_2O + CaCO_3 \tag{2.75}$$

$$2CaO \cdot SiO_2 + CO_2 + H_2O \longrightarrow CaO \cdot SiO_2 \cdot H_2O + CaCO_3 \tag{2.76}$$

它们可以在潮湿条件下碳化，生成硅酸钙水化物（C—S—H）和碳酸钙。水化硅酸和碳酸反应生成一种高聚合的硅胶。铝酸三钙对 CO_2 反应性较小，更倾向于水化，但从水化的铝酸三钙中产生的石膏石是容易碳化的。铁铝酸四钙与 CO_2 的反应程度非常有限，并生成方解石、水化铝酸三钙、单碳型铝酸钙以及少量的方解镁石、菱镁石和水铝石。

(5)若有更多的充满 CO_2 的水侵入水泥石基体，则：

$$CO_2 + H_2O + CaCO_3 \longrightarrow Ca(HCO_3)_2 \tag{2.77}$$

另外，一些水化产物也对 CO_2 具有反应性，则：

$$Ca(OH)_2 + CO_2 \longrightarrow CaCO_3 + H_2O \tag{2.78}$$

$$2CaO \cdot SiO_2 \cdot H_2O + CO_2 \longrightarrow CaCO_3 + CaO \cdot SiO_2 \cdot H_2O \tag{2.79}$$

$$2CaO \cdot SiO_2 \cdot H_2O + 2CO_2 \longrightarrow 2CaCO_3 + SiO_2 \cdot H_2O \tag{2.80}$$

$$3CaO \cdot Al_2O_3 \cdot 3CaSO_4 \cdot 32H_2O + 3CO_2 \longrightarrow$$
$$Al_2O_3 \cdot 2H_2O + 3CaCO_3 + 3(CaSO_4 \cdot 2H_2O) + 24H_2O \tag{2.81}$$

所有的反应和产物在图 2.45 中以示意图形式显示。碳化后，水泥基复合材料中的相组成包括 C—S—H、未反应的 $CaCO_3$ 水泥颗粒和其他相。

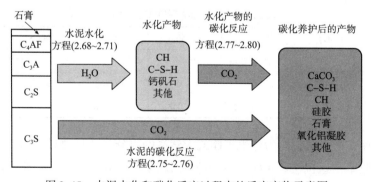

图 2.45　水泥水化和碳化反应过程中的反应产物示意图

有关 CO_2 与水泥反应后对水泥性质的影响将在第 4.2.2 节和第 9.4.5 节中进行详细介绍。

值得注意的是，在水泥的生产过程中也会产生大量的 CO_2，如图 2.46 所示。为了制造大多数现代混凝土中使用的波特兰水泥，被研磨成粉末的碳酸钙岩石（通常是石灰石）被加入一个巨大的旋转窑中,同时与黏土一起投入。来自煤炭或天然气燃烧炉的热空气将混合物升至熔化熔岩温度,并排出大量 CO_2。剩下的是氧化钙(生石灰),与黏土中的矿物质融合并冷却成为"熟料",苍白的灰色小颗粒,被研磨成水泥粉末。通过燃烧化石燃料和排放的 CO_2,波特兰水泥产量约占人类 CO_2 排放总量的 8%。研究人员目前也在尝试将产生的 CO_2 进行地质封存或者将其碳化在建筑水泥中。

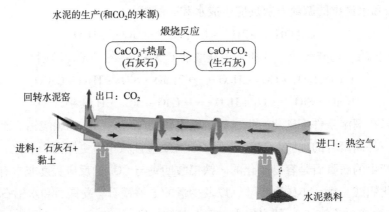

图 2.46　水泥生产过程中的 CO_2 排放

2.4　CO_2 与钢铁材料

碳钢和低合金钢的 CO_2 腐蚀(Corrosion)最早出现在 1940 年美国石油和天然气工业中,从此引起广泛关注。在地质能源开采的钻井、采油以及 CO_2 利用等过程中,主要应用的油套管钢和管线钢有 N80、P110、J55、X65、X52、X70、SM110 以及 1Cr、2Cr、5Cr 等低 Cr 钢。其中,N80 油套管钢在石油开采过程中使用广泛。油田应用的 N80 油套管钢的化学组成如表 2.11 所示。

表 2.11　N80 油套管钢的化学组成

组成	碳(C)	锶(Si)	锰(Mn)	磷(P)	硫(S)	铬(Cr)
含量	0.2 ~ 0.37	0.2 ~ 0.36	1.19 ~ 1.62	0.009 ~ 0.013	0.003 ~ 0.007	0.036 ~ 0.15
组成	钼(Mo)	镍(Ni)	钛(Ti)	铌(Nb)	钒(V)	铜(Cu)
含量	0.005 ~ 0.021	0.012 ~ 0.028	<0.048	<0.006	<0.012	<0.01

CO_2 通常存在于油气中作为伴生气体或天然气的组分,并且通过采用 CO_2 混相驱油技术提高油气采收率,这也会将 CO_2 引入地质能源的生产系统。因此,地质能源普遍面临 CO_2 及其腐蚀的问题。

CO_2 溶解于水后对钢铁具有极强的腐蚀性。在相同 pH 值的条件下,由于 CO_2 的总酸度高于盐酸,因此对钢铁的腐蚀比盐酸更为严重。低碳钢的腐蚀速率可达 3 ~ 6mm/a,甚至 7mm/a。

2.4.1　CO$_2$ 对钢铁材料的腐蚀类型

CO$_2$ 可以引起设备和管道的全面腐蚀(均匀腐蚀),也可以引起局部腐蚀。全面腐蚀时,钢铁材料的全部或大部分表面均匀受损。局部腐蚀时,钢铁材料的某些表面区域发生严重腐蚀,而其他部分没有腐蚀或只有轻微的腐蚀。局部腐蚀的不同类型包括小孔腐蚀、台地腐蚀和流动诱导的局部腐蚀。

2.4.1.1　小孔腐蚀

当含 CO$_2$ 的管道介质流速较慢时,容易发生小孔腐蚀(也称为点蚀)。随着管道压力增加和内部温度升高,小孔腐蚀的速率会加快。在腐蚀坑内部,电极电位发生变化,pH 值下降,进一步加速了局部腐蚀。

2.4.1.2　台地腐蚀

当富含 CO$_2$ 的管道介质处于中等流速时,台地腐蚀是主要形式。在这种情况下,管道表面生成的腐蚀产物会形成不均匀的保护膜,导致台地腐蚀的出现,使得管道表面形成较大的凹台。

2.4.1.3　流动诱导的腐蚀

这种腐蚀常发生在管道中流体流速较高的部位。由于这些部位难以形成腐蚀产物膜,持续的腐蚀作用会导致平行于流体流动方向的凹沟或连续的腐蚀坑。

2.4.2　CO$_2$ 腐蚀钢铁材料的机理

当 CO$_2$ 溶解于水中时,会引发钢铁表面的电化学腐蚀。根据不同的腐蚀破坏形态,研究人员提出了不同的腐蚀机制。图 2.47 为 CO$_2$ 腐蚀机理模型。以 CO$_2$ 对碳钢的腐蚀为例,根据温度的差异,腐蚀可以分为三类。在较低温度下,主要是钢的活性溶解,导致全面腐蚀(第 I 类);在中间温度区间,主要发生局部腐蚀,而钢表面的腐蚀产物分布不均匀(第 II 类);在较高温度下,腐蚀产物可以较好地沉积在钢表面,从而相对抑制腐蚀的进行(第 III 类)。

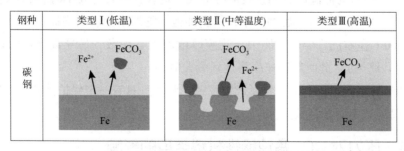

图 2.47　CO$_2$ 腐蚀钢铁材料的机理模型

CO$_2$ 腐蚀机制非常复杂,在 CO$_2$ 环境中对各种钢的均匀腐蚀的研究现已取得了显著进展,但导致局部腐蚀过程的确切机理仍然不清楚。目前普遍认为,在 CO$_2$ 水溶液中,钢铁表面会形成 FeCO$_3$ 层,如图 2.48 所示。

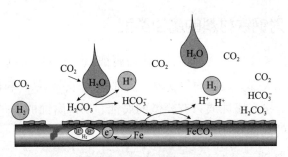

图 2.48　CO₂ 腐蚀钢铁材料的化学机理示意图

Warrd 和 Milliams 认为 CO₂ 腐蚀阴极反应机理为：

$$H_2CO_3 + e^- \longrightarrow H + HCO_3^- \tag{2.82}$$

$$HCO_3^- + H^+ \Longleftrightarrow H_2CO_3 \tag{2.83}$$

$$2H \longrightarrow H_2 \tag{2.84}$$

Ogundele 和 White 则认为当电极表面有 HCO_3^- 存在时，阴极极化过程为：

$$HCO_3^- + e^- \longrightarrow H_{原子} + CO_3^{2-} \tag{2.85}$$

$$HCO_3^- + H_{原子} + e^- \longrightarrow H_2 + CO_3^{2-} \tag{2.86}$$

所发生的阳极极化过程主要有：

$$Fe \longrightarrow Fe^{2+} + 2e^- \tag{2.87}$$

$$Fe + HCO_3^- \longrightarrow FeCO_3 + H^+ + 2e^- \tag{2.88}$$

CO_2 腐蚀过程很大程度上依赖于表面 $FeCO_3$ 膜的形成，而膜形成过程受很多因素的影响。膜的保护性与膜的厚度并没有直接关系，只有连续、致密、附着力强的膜才能对基体起到缓蚀和保护作用膜。

2.4.3　温度对 CO₂ 腐蚀钢铁材料类型的影响

一般来说，钢材在不同温度下会出现以下三种 CO_2 腐蚀情况，如图 2.47 所示。

（1）在低于60℃的低温区，钢铁表面会形成少量软且附着力较小的 $FeCO_3$ 腐蚀产物膜，金属表面光滑，容易发生均匀腐蚀，钢铁的腐蚀速率随温度增加而增加。

（2）在100℃左右的中温区，腐蚀产物膜厚度增加且松散，易导致严重的均匀腐蚀和局部腐蚀（深孔腐蚀），此时腐蚀速率将达到最大值。

（3）在150℃高温区，腐蚀产物形成了细致、紧密且具有一定保护性的 $FeCO_3$ 腐蚀产物膜，钢铁的腐蚀速率明显降低。

2.4.4　压力对 CO₂ 腐蚀钢铁材料类型的影响

介质中 CO_2 的分压也对钢材的腐蚀类型有显著影响。Warrd 早期研究发现在温度小于等于60℃时，CO_2 腐蚀速率复合经验公式为：

$$\lg i_c = 0.65 \lg p_{CO_2} + B' \tag{2.89}$$

式中，i_c 为腐蚀速率，mm/a；p_{CO_2} 为 CO_2 分压，MPa；B' 为与温度有关的常数。

李静等通过对 N80 油管钢进行高温高压静态 CO_2 腐蚀实验，发现当保持温度为 90℃ 时，CO_2 腐蚀速率与压力之间存在以下关系式：

$$i_c = -0.3881 p_{CO_2}^2 + 2.392 p_{CO_2} - 1.3826 \tag{2.90}$$

Crolet 研究发现：当 CO_2 分压低于 0.05MPa 时，腐蚀不易发生，只有轻微的均匀腐蚀，腐蚀速率小于 0.1mm/a；在 0.05~0.2MPa 时，腐蚀可能发生，并可能出现不同程度的小孔腐蚀，腐蚀速率小于 0.1~1mm/a；当 CO_2 分压大于 0.2MPa 时，容易发生严重的局部腐蚀。

2.4.5　其他因素对 CO_2 腐蚀钢铁材料类型的影响

当然，除此之外，其他环境因素(如溶液 pH 值、H_2S 和 O_2 含量、无机盐离子成分和浓度、油水比)、物理因素(水润湿性、腐蚀产物膜的特性、原油的含量和性质、流速、载荷)、材料因素(化学成分、冶金工艺)以及生物因素等也会对 CO_2 腐蚀钢铁材料后的性能产生影响。

2.4.6　CO_2 腐蚀钢铁材料的危害

除了导致严重的经济损失外，CO_2 腐蚀还会带来安全问题和资源保护问题。近年来，在油气的开采过程中，由于石油和天然气中含有 CO_2，对井下管柱造成腐蚀甚至严重危害的事例频繁发生，导致油气田开发遭受重大经济损失，并对环境造成一定的污染。

关于 CO_2 腐蚀对钢铁材料性能的影响以及在地质能源开采过程中采用的防腐方法与措施(如防腐蚀涂层、阴极保护技术、耐腐蚀管材、缓蚀剂添加、调整运行参数、加强腐蚀监测等)，将在第 4.2.1 节和第 8.4 节中详细介绍。

★ ☆ 思考题 ★ ☆

1. 地层水的定义是什么？束缚水的定义是什么？矿化度和总矿化度的含义是什么？

2. 原油的定义是什么？原油的性质可以通过哪些参数描述？

3. 干酪根是如何形成的？其主要化学组成是什么？干酪根有哪些类型？

4. 天然气的定义是什么？天然气有哪些类型？

5. 天然气水合物是什么？其生成条件有哪些？

6. CO_2 置换开采天然气水合物的意义有哪些？

7. 地层的含义是什么？地层岩石的含义是什么？

8. 储层的含义是什么？隔层和夹层的含义是什么？

9. 贾敏效应的定义是什么？相对渗透率的定义是什么？

10. 解释 CO_2 在地层岩石中的扩散。

11. 水泥浆稠化的含义是什么？

12. CO_2 对钢铁材料的腐蚀类型有哪些？

3 CO_2 与钻井工程

大部分地质能源(如天然气、原油等)通常储存在地层中,需要通过钻井技术,建立地质能源与地面生产设备之间的流动通道。常规的钻井工艺采用的是水基钻井液。它具有优异的携带岩屑,稳定井壁以及润滑与冷却钻具钻头等性能。但是,我国的准噶尔盆地、塔里木盆地和鄂尔多斯盆地等非常规油气勘探开发过程中,面临严重的水源不足和环境保护限制问题。首先,钻井后的液体处理和再利用技术遇到了技术与成本瓶颈;其次,公众对常规水基/油基钻井液的水源和环境保护问题担忧;最后,油田开采的安全和环保法规越来越严格。这些均限制了常规钻井液技术在我国非常规油气藏中的应用。因此,国内外石油工程师和科研人员都致力于寻找高效、安全和环保的新型钻井方法。目前,CO_2(超临界 CO_2)流体以及 CO_2 泡沫钻井已经在室内进行了许多研究,并在一些矿场进行了试验。表现出一定的技术优势,本章将介绍钻井工程基础知识,然后介绍超临界 CO_2 钻井技术和泡沫技术的工作原理与技术特点,最后简单介绍钻井过程中遇到 CO_2 酸性气体侵入井筒时的井控技术。

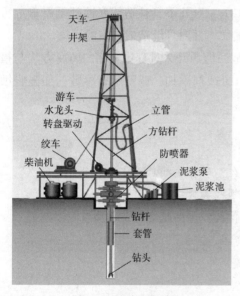

图 3.1 钻井示意图

3.1 钻井工程基础知识

3.1.1 钻井目的与钻井工程概述

3.1.1.1 钻井目的

钻井(Well Drilling)的目的是获取地下的油气和其他地质资源。通过钻井,可以探测地下地质结构、采集地质样本,并建立井筒以便于油气或其他地质资源的开采,如图3.1所示。通过钻井能够满足能源需求,促进经济发展,并为人们提供可持续的能源供应。

我国在利用钻井技术开发地下资源方面拥有悠久的历史。据记载,早在两千多年前,四川地区就开始使用钻井技术开凿盐井,并发明了冲击钻,这一原理至今仍被广泛应用。北宋时期,人力绳索式顿钻方法得到了进一步发展。1521 年,我国成功完钻了油井和火井(天然气井),而 1835 年,在四川地区钻成的深 1200m 的火井成为当时世界上最深的井。一般认为机械顿钻的出现(1859 年)标志着现代石油钻井的起步。随后,1901 年发展起来的旋转钻井方法通过转盘带动钻柱和钻头转动,同时循环钻井液以清洁井底岩屑。1923

年，苏联工程师研究出涡轮钻具，并从 20 世纪 40 年代开始广泛应用。此后，电动钻具和螺杆钻具相继出现，统称为井下动力钻具，在钻定向井方面具有特殊的优势。

3.1.1.2 钻井功能

钻井具有以下主要功能。

（1）获得地下实物资料。通过钻井，可以采集岩心、矿心、岩屑、液态样本、气态样本等地质样本，以获取地下的实物资料。

（2）地球物理测井通道。钻井作为地球物理测井的通道，可以获取岩矿层各种地球物理场的数据和资料。

（3）观测地下水层水文地质动态。钻井可作为人工通道，用于观测地下水层的水文地质动态情况。

（4）开发地下水、油气、地热等资源。钻井是探、采结合的重要手段，可用于开发地下水、油气、地热等资源的钻井活动。

3.1.1.3 井的类型

根据井的用途，可以分为基准井、探井、资料井、生产井和注水（气）井等。

（1）基准井（Reference Well），也称参考井。在区域普查阶段，为了了解地层的沉积特征和含油气情况，验证物探成果，提供地球物理参数而钻的井。基准井一般钻到基岩并要求全井取心。

（2）探井（Exploratory Well）。在有利的集油气构造或油气田范围内，为确定油气藏是否存在，圈定油气藏的边界，并对油气藏进行工业评价及取得油气开发所需的地质资料而钻的井。根据勘探阶段的不同，探井可以分为预探井、初探井和详探井等。

（3）资料井（Parameter Well）。为了编制油气田开发方案，或在开发过程中为某些专题研究取得资料、数据而钻的井。

（4）生产井（Development Well），也称开发井。在已探明储量、有开采工业价值的油田构造上为开采油气资源而钻的井。生产井可分为产油井、产气井以及地热井等。

（5）注水（气）井（Injection Well）。为了提高采收率及开发速度而对油田进行注水（气）以补充和合理利用地层能量所钻的井。

3.1.1.4 钻井方式

按钻井方式所用工具类型可分为人工掘井、冲击钻和旋转钻。

（1）人工掘井（Hand Pit）。人工掘井是指依靠人力进行挖掘的井。

（2）冲击钻（Percussion Drilling）。冲击钻包括人力冲击钻和机械冲击钻（顿钻）。机械冲击钻（顿钻）使用钢丝绳将顿钻钻头送至井底，通过动力驱动游梁机构使游梁一端上下运动，并带动钢丝绳和钻头产生上下冲击作用，从而破碎岩石。机械冲击钻（顿钻）钻速较慢、效率低，无法应对井深日益增加和复杂地层的钻探要求，逐渐被旋转钻所取代。然而，机械冲击钻（顿钻）仍具备设备简单、成本低、不污染储层等优点，适用于一些浅层低压油气井和漏失井等情况。

（3）旋转钻（Rotary Drilling）。旋转钻利用钻头旋转时产生的切削或磨削作用破碎岩石，是目前最常用的钻井方法。与机械冲击钻（顿钻）相比，旋转钻具有更快的钻进速度，并且更容易处理井塌、井喷等复杂情况。根据动力传递方式，旋转钻可分为转盘钻和井下动力钻两种。

①转盘钻。在钻台的井口装置转盘，转盘中心有方孔，钻柱上端的方钻杆穿过方孔，方钻杆下连接钻柱和钻头。当动力驱动转盘旋转时，带动钻柱和钻头一起旋转，破碎岩石。

②井下动力钻。利用井下动力钻具驱动钻头破碎岩石，钻进时钻柱不旋转。井下动力钻具有磨损小、使用寿命长的特点，特别适用于定向井。常见的井下动力钻包括涡轮钻、螺杆钻和电动钻等。

整个油气田以及其他地质能源的勘探开发程序分为区域勘探、工业勘探、油田正式投入开发几个阶段，各阶段互相联系，而且都需要进行大量的钻井工作。高质量、快速和高效率钻井是开发油气田和其他地质能源的重要手段。

3.1.1.5 钻井工程概述与技术发展现状

钻井工程（Drilling Engineering）是一种利用机械设备，采用专业的技术，在预先选定的地表处，将地层向下或一侧钻成具有一定深度的圆柱形孔眼的工程。通过钻井工程能够准确了解地下地质情况，正确判断储油构造，并为油田开发方案提供第一手资料。在钻井过程中，可以通过岩屑录井、取心和电测等方法获取地质分层、岩性、岩石的物理化学特性以及油气含量等信息。此外，钻井还能够形成油气到达地面的通道，从而实现油气的开采。在油田开采后期，通过钻注水井或注气井，可以补充地层能量，进一步提高油气的采收率。

钻井工程在国内外油气及其他地质资源领域的技术发展经历了多个阶段，以下将对其历史与现状进行详细描述。

1）早期发展阶段（19世纪末至20世纪初）

钻井工程最早的应用可以追溯到19世纪末的美国。当时，人们开始使用手动钻机进行简单的钻探活动，主要针对水井和石油的开采。这个阶段的钻井工程技术非常有限，主要依靠人力和简单的机械设备。

2）技术改进与创新阶段（20世纪20年代至60年代）

在20世纪20年代至60年代，钻井工程经历了一系列技术改进与创新。首先，电力驱动的钻机取代了手动钻机，提高了钻井效率。其次，钻井液技术得到了改进，引入了钻井液循环系统以冷却钻头和清除岩屑。此外，随着对深井的需求增加，出现了新型的钻井设备和技术，如旋转钻井系统和动力驱动的钻机。

3）深水钻井技术的突破（20世纪70年代至90年代）

20世纪70年代至90年代，随着对深海油气资源的需求增加，深水钻井技术得到了重大突破。在这一阶段，钻井平台和设备的设计不断改进，使得在深海环境下进行钻井成为可能。同时，定向钻井技术的发展使得能够在特定方向上钻井，提高了油气采收率。

4)水平井和多级分段压裂技术的应用(21 世纪初至今)

21 世纪初至今,水平井和多级分段压裂技术在油气勘探和开发中得到广泛应用。水平井技术通过在地层中钻探水平井段,使得井筒与油气层接触面积增大,提高了油气产量和采收率。多级分段压裂技术则通过将井筒分段进行压裂处理,扩大了油气流通通道,提高了储层的有效开采程度。

在其他地质资源领域,如煤层气和地热能开发方面,钻井工程也起到了重要的作用。在煤层气开发中,钻探煤层气井是关键步骤之一。随着煤层气勘探技术的发展,如测井、地震等,煤层气钻井技术也得到了改进和完善。在地热能开发中,钻井工程用于建立地热井,以便提取地下热能。随着对可再生能源的需求增加,地热能开发的技术也在不断发展。

3.1.2 井身结构

3.1.2.1 地层压力理论

1)地层压力

地层压力(Formation Pressure)是指作用在岩石孔隙流体(油气水)上的压力,也叫地层孔隙压力,用 p_p 表示。在各种地质沉积中,地层压力分为正常压力和异常压力两种类型。

①正常地层压力(Normal Pressure)等于从地表到地下某处的连续地层水的静液压力(可用 p_n 表示),如图 3.2 所示。此时地层压力的数值大小与沉积环境有关,主要取决于孔隙内流体的密度和环境温度。若地层水为淡水(密度小于 1.02g · cm^{-3}),则正常地层压力梯度(用 G_p 表示)为 0.01MPa · m^{-1};若地层水为盐水,则正常地层压力梯度随地层水含盐量变化而变化。典型的盐水质量分数为 8%,密度为 1.07g · cm^{-3},其压力梯度为 0.0105 MPa · m^{-1}。石油钻井中遇到的地层水多数为盐水。

②异常地层压力是指地层压力大于或小于正常地层压力的现象,即压力异常现象。超过正常压力的地层压力($p_p > p_n$)称为异常高压(Overpressure),而低于正常压力的地层压力($p_p < p_n$)称为异常低压(Underpressure),压力梯度小于 0.01 MPa · m^{-1}。图 3.3 给出了异常压力地层的深度 - 压力关系图。

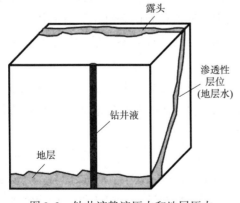

图 3.2　钻井液静液压力和地层压力

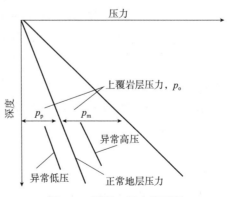

图 3.3　深度 – 压力关系图

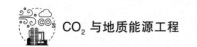

异常高压的形成通常是多种因素综合作用的结果，这些因素与地质作用、构造作用和沉积速度等密切相关。目前，普遍公认的异常高压成因主要有沉积欠压实、水热增压、渗透作用和构造作用等。

2）上覆地层压力

通常认为异常高压的上限为上覆地层压力。地层某处的上覆地层压力（Overburden Pressure）是指该处以上地层岩石基质和孔隙中流体的总重力所产生的压力，用 p_o 表示。

$$p_o = 0.00981 \left[(1 - \phi) \rho_m + \phi \rho_f \right] D \tag{3.1}$$

式中，ϕ 为岩石孔隙度，%；ρ_m 为岩石骨架密度，$g \cdot cm^{-3}$；ρ_f 为孔隙中流体密度，$g \cdot cm^{-3}$；D 为地层垂直埋深，m。

由图3.3可以看出，上覆地层压力 p_o 等于地层孔隙压力 p_p 与基岩压力 p_m 之和。

$$p_o = p_p + p_m \tag{3.2}$$

式中，p_m 为基岩压力，专指岩石骨架承担的压力。因此，上覆岩层的重力由岩石基质（基岩）和岩石孔隙中流体共同承担。当基岩压力降低时，必然会引起孔隙压力的增加。

3）水平地应力

水平地应力（Horizontal Stress）由上覆岩层压力的侧向作用和构造运动产生的构造应力共同作用而形成。由最大水平地应力和最小水平地应力表示。由于构造运动的结果，通常情况下这两个水平地应力分量不相等。

4）地层破裂压力

井眼打开后，钻井液充满井筒，形成液柱压力，起到支撑井壁的作用。实践证明，当液柱压力达到一定程度时，井壁会发生破裂。这种导致井壁破裂的液柱压力被称为地层破裂压力（Formation Fracture Pressure）。水力压裂地层是从20世纪40年代开始作为油井增产的一项措施。但在钻井工程中，并不希望地层被压裂，因为这容易导致井漏和一系列井下问题的产生。因此，了解地层破裂压力对钻井优化设计和施工非常重要。

5）地层坍塌压力

在钻井之前，深埋地下的岩层处于平衡状态，受到上覆岩层压力、最大水平地应力、最小水平地应力和孔隙压力的作用。然而，一旦打开井眼，井内的岩石被取走，井壁岩石会失去原有的支撑，取而代之的是钻井液液柱压力。在这种新的条件下，井眼围岩的应力将重新分布，在井壁附近形成高应力集中区域。如果岩石的强度不足够大，会导致井壁不稳定现象的出现。

一般来说，如果钻井液的密度过低，井壁的应力将超过岩石的抗剪强度，从而引发剪切破坏（表现为井眼坍塌扩径或屈服缩径）。此时，井眼液柱压力被定义为地层坍塌压力（Collapse Pressure）。

6）钻井过程中的压力要求

在常规钻井过程中，钻井液的压力需要满足两个方面的要求：防止井壁坍塌和防止地层溢流。因此，钻井液的压力通常高于地层压力，这种情况被称为过平衡。但是，如果过平衡量太大，会导致机械钻速降低（由于压持作用），地层被压裂并导致井漏，以及出现压差卡钻的问题。

可见，地层压力剖面是井身结构设计的主要依据。如果一个低压井段上方存在一个高压井段，那么就不能使用相同密度的钻井液钻穿这两个层位，否则可能导致低压区地层岩石的破裂。这种情况下，必须通过套管封隔上部高压层，然后使用较低密度的钻井液钻开低压层。但是，一个常见的问题是表层套管通常下入太浅，当下部钻遇高压层出现溢流时，无法使用高密度钻井液将溢流循环出井眼而不压漏上部地层，特别是在海上钻井中这类问题更加突出，因此每一层套管的下深都必须超过必封点，以确保在下部井段进行压井作业时不会压裂地层。如果无法满足这个要求，就需要增加一层套管。然而，这不仅会增加钻井成本，还会导致井眼直径变小，从而限制了完井后生产管柱尺寸的选择。

因此，准确了解钻前地层压力信息有助于优化井身结构设计，避免或降低井涌、井漏等钻井风险。

3.1.2.2　井身结构

井身结构(Casing Program)是指由套管层次、套管下入深度以及井眼尺寸(钻头尺寸)与套管尺寸配合而成，也是影响油气井钻完井安全和油气生产安全的重要因素。井身结构的合理性、安全性是钻完井成败的关键。

井身结构主要由导管、表层套管、技术套管、油层套管和各层套管外的水泥环等组成，如图3.4所示。

(1)导管(Conductor)：井身结构中下入的第一层套管称为导管。其作用是保持井口附近的地表层。

(2)表层套管(Surface Casing)：井身结构中第二层套管称为表层套管，一般为几十至几百米。下入后，用水泥浆固井返至地面。其作用是封隔上部不稳定的松软地层和水层。

(3)技术套管(Intermediate Casing)：指表层套管与油层套管之间的套管。是钻井中途遇到高压油气水层、漏失层和坍塌层等复杂地层时为钻至目的地层而下的套管，其层次由复杂地层的多少而定。作用是封隔难以控制的复杂地层，保证钻井工作顺利进行。

(4)油层套管(Production Casing)：井身结构中最内的一层套管称为油层套管。油层套管的下入深度取决于油井的完钻深度和完井方法。一般要求固井水泥返至最上部油气层顶部100~150m。其作用为封隔油气水层，建立一条供长期开采油气的通道。

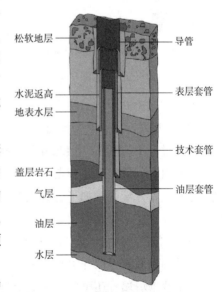

松软地层　　　　导管

水泥返高　　　　表层套管
地表水层

技术套管

盖层岩石

气层　　　　　　油层套管

油层

水层

图3.4　井身结构与套管类型

(5)水泥返高(Cement Overlap)：指在固井过程中水泥浆沿套管与井壁之间的环形空间返到地面上返面到转盘平面之间的距离。

3.1.3 钻井液

3.1.3.1 钻井液概述

钻井液（Drilling Fluids）是在钻井过程中使用的循环工作流体的总称，通常被称为钻井泥浆或泥浆（Muds）。钻井液可以是液体或气体，因此准确的名称应为钻井流体。钻井液在钻井过程中起着重要作用，被比喻为钻井工程的"血液"。钻井液与钻井速度和钻井成本密切相关，其性能是影响钻井成败的重要因素之一。

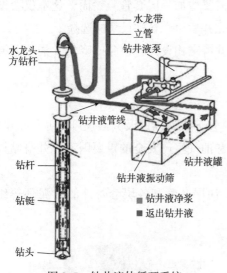

图 3.5　钻井流体循环系统

1）钻井液的主要功用

钻井液在钻井过程中的循环工作过程如图 3.5 所示。从图中可以看出，钻井液通过钻井泵的作用，经过地面管线、立管和水龙带进入钻杆，然后通过钻头的水眼喷向井底，同时携带着钻头钻削产生的岩屑，从钻杆与地层（或套管）之间的环形空间返回至地面。在地面，通过振动筛等固控设备将岩屑除去，最后将钻井液返回钻井液池进行循环使用。

钻井液的主要功用如下。

（1）清除井底岩屑。

钻井过程中必须及时清除井底的岩屑，防止钻头重复切削，并提高钻速，减少钻井事故的发生。虽然重力会使岩屑向井底滑落，但如果钻井液在环形空间中上流速大于滑落速度，岩屑就可以被带出井眼。清除岩屑的效率取决于钻井液的密度、黏度、切力和流型等因素。

（2）冷却和润滑钻头及钻柱。

钻进过程中，钻头摩擦部分和钻柱与地层接触处会产生大量热量，这些热量很难通过地层传递出去。但是，一旦热量传递到钻井液中并随着循环到达地面大气中，就能够消散。另外，钻井液中添加了各种类型的添加剂，特别是润滑剂，使得钻井液具有良好的润滑性能，有利于减少钻柱扭矩和阻塞，延长钻头寿命，降低泵压，提高机械钻速。

（3）改善井壁性能，促进井壁稳定。

优质的钻井液可以在井壁上形成一层渗透性远低于地层的滤饼。这不仅可以巩固井壁、防止井壁坍塌，还可以减缓滤液进入地层。通过在钻井液中加入膨润土并进行化学处理，改善膨润土的颗粒度分布，同时配合使用封堵防塌剂，可以提高钻井液的造壁性能。

（4）控制地层压力。

合理控制地层压力主要取决于钻井液的密度。通常情况下，地层压力是由地层水柱产生的压力。在钻进过程中，混入的岩屑加上水的重量足以平衡地层压力。然而，有时地层压力异常，如果不注意调整钻井液的密度，可能会引发井漏、井涌或井喷等问题。因此，需要根据监测到的地层压力调整钻井液的密度，一般情况下，钻井液的液柱压力略高于地层压力。

（5）悬浮岩屑和加重材料。

优质的钻井液在停止循环后仍具有切力，即能够悬浮岩屑和加重材料，否则这些固体颗粒会沉积在井底，导致反复磨损和沉砂卡钻等事故。

（6）获得地层信息。

通过分析钻井液携带出的岩屑和检测钻井液中的油气显示，可以判断所钻地层是否含有油气资源。通过观察钻井液性能变化和滤液分析，还可以确定是否遇到了盐岩层、盐膏层和盐水层等复杂地层。

（7）传递水力功率。

钻井液可以将钻井泵的功率传递到钻头，形成高压射流通过钻头水眼，进而发挥水力辅助破岩作用，有助于提高钻井速度。此外，当使用涡轮钻具时，钻井液高速流经涡轮叶片，驱动涡轮旋转，带动钻头破碎岩石。

2）钻井液的基本组成

钻井液的基本组成由分散介质、分散相和钻井液处理剂构成。

（1）分散介质是指钻井液中的主要介质，可以是水、油或气体。

（2）分散相则包括悬浮体颗粒、乳状液和（或）泡沫。常见的悬浮体颗粒主要包括配浆黏土、加重剂、堵漏材料和岩屑等。乳状液一般为油或水，而泡沫通常是空气（气体）。

（3）钻井液处理剂是为了调节钻井液性能而添加的化学剂。根据其用途的不同，可以将钻井液处理剂分为15类，包括钻井液 pH 值控制剂、降黏剂、增黏剂、降滤失剂、絮凝剂、页岩抑制剂（又称防塌剂）、除钙剂、缓蚀剂、润滑剂、解卡剂、温度稳定剂、起泡剂、乳化剂、密度调整材料和堵漏材料。

3）钻井液的主要类型

目前，国内外对钻井液的分类方法各不相同，但最常见的方法是基于钻井液的分散介质和体系主要组成进行分类，即总体上可将其分为水基钻井液、油基钻井液和气体钻井流体。

（1）水基钻井液。

水基钻井液在实际应用中通常占据大多数，图3.6详细列出了按照上述基本原则对钻井液体系进行的分类。

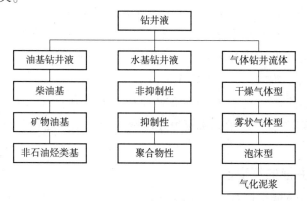

图 3.6　钻井流体体系分类框图

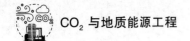

水基钻井液是以水作为分散介质的钻井液，一般由水、膨润土和处理剂配制而成。根据其对泥页岩的抑制效果，可以进一步分为抑制性钻井液和非抑制性(细分散)钻井液。抑制性钻井液又可以根据典型处理剂的不同细分为钙处理钻井液、钾盐钻井液、盐水钻井液、硅酸盐钻井液、聚合物钻井液、正电胶钻井液等。

(2)油基钻井液。

油基钻井液是以油(或合成有机化合物)作为分散介质的钻井液，主要由油(或合成有机化合物)、有机土和处理剂组成。有机土是由经过季铵盐型表面活性剂处理的膨润土制得。油基钻井液中还含有水，并且可以根据水的含量进行进一步分类。

①纯油相钻井液。

油基钻井液中含水量较低(一般小于10%)的称为纯油相钻井液。纯油相钻井液具有耐温、防塌、防卡、防腐蚀、润滑性好、抗污染以及保护油气层等优点，但其配制成本高、环境污染程度大且使用时不够安全。纯油相钻井液适用于泥页岩层、盐岩层和石膏层的钻井，尤其适用于高温地层钻井和油气层开发。

②油包水型钻井液。

如果在油基钻井液中加入水(水含量大于10%)和油包水型乳化剂，就可以制备油包水型钻井液。油包水型钻井液具有纯油相钻井液的特点，但其成本低于纯油相钻井液的。

③合成基钻井液。

合成基钻井液是以合成有机化合物(简称合成油)作为连续相的钻井液，是传统油基钻井液的替代品。所使用的合成有机化合物主要包括直链烷烃、直链烯烃、聚 α - 烯烃、脂类和醚类等，具有较好的环保性能。这类钻井液既保留了油基钻井液的各种优良性能，同时又能够大大减轻环境污染，避免对岩屑荧光测井的干扰，尤其适用于高风险区域的海上钻井施工，能够获得良好的钻探综合效益。

(3)气体钻井流体。

气体钻井流体是以气体(如空气、氮气、CO$_2$、天然气等)作为分散介质的钻井流体。为了确保岩屑的悬浮，气体钻井流体要求环空上返速度大于 $15\mathrm{m\cdot s^{-1}}$。气体钻井流体具有低密度、高钻速的特点，能够有效保护油气层并防止泄漏，但空气钻井存在干摩擦和易于起火或爆炸等缺点，并且地层出水后容易导致卡钻、井塌等严重事故。在确保井壁稳定的前提下，气体钻井流体适用于低压油气层、易漏失层以及某些稠油地层的钻井。

为了增加钻井速度和解决井堵问题，混气流体从 1950 年开始使用。混气流体的范围从纯空气到雾和泡沫。混气钻井液如图 3.7 所示。

混气流体的优点包括：①钻坚硬岩石钻速快 2 到 3 倍；②大大地增加了钻头寿命；③通过避免地层的损害增加产量；④避免井漏和各种卡钻问题；⑤减少了泥浆的处理和配制。

3.1.3.2　钻井液的流变性

流变性(Rheology)就是材料在外力的作用下发生流动和形变的特性。流变性的核心问题是研究不同材料剪切应力与剪切速率之间的关系。

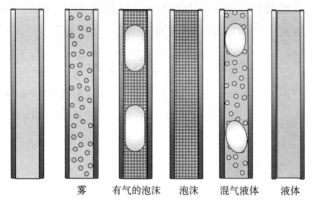

雾　　有气的泡沫　　泡沫　　混气液体　　液体

图 3.7　混气流体的流动状态

1）流体的几种主要类型

实际流体可分为牛顿流体和非牛顿流体，而非牛顿流体又可细分为塑性流体、假塑性流体和胀塑型流体。其流变曲线如图 3.8 所示。

（1）牛顿流体。

凡剪切应力（τ）和剪切速率（$\dot{\gamma}$）之间呈线性关系的流体，或在一定温度下，无论什么流态，其黏度为常数的流体称为牛顿流体（Newtonian Fluid），如图 3.8 中曲线（a）所示。牛顿流体的流变模式为：

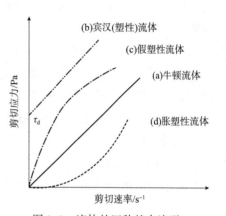

图 3.8　流体的四种基本流型

$$\tau = \eta\dot{\gamma} \qquad (3.3)$$

式中，η 为黏度，又称黏滞系数，单位为 mPa·s；τ 为剪切应力，流体由于剪切而产生的单位剪切面上的内应力，单位为 Pa；$\dot{\gamma}$ 为剪切速率，指垂直于流速方向上单位距离流速的增量，$\dot{\gamma} = dv/dy$，单位为 s⁻¹。通常流速越大，剪切速率越大。

例如水、轻质油、低分子溶液都是牛顿流体，在 $\tau - \dot{\gamma}$ 坐标上为一条通过原点的直线。

（2）宾汉（塑性）流体。

宾汉（塑性）流体（Bingham Fluid 或 Plastic Fluid）的流变模式为：

$$\tau = \tau_d + \eta_{PV}\dot{\gamma} \qquad (3.4)$$

此类流体的特点是开始受到外力作用时不流动，当外力逐渐增大到某一临界值 τ_d 时才开始流动，此临界值称为屈服值（Yield Value）。当作用力小于 τ_d 时，流体内部结构恢复，不能流动，流动以后其流态与牛顿流体相同，如钻井用的黏土钻井液、泡沫等。

对非牛顿流体，有：

$$\eta_{AV} = \frac{\tau}{\dot{\gamma}} \qquad (3.5)$$

式中，η_{AV} 为表观黏度。

由于钻井液属于非牛顿流体，钻井液的表观黏度随剪切速率变化而变化，所以在评价钻

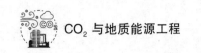

井液性能时，表观黏度通常指剪切速率为 $1022s^{-1}$（即转速 $600r \cdot min^{-1}$）时对应的表观黏度。

将式(3.5)代入表观黏度的定义式(3.4)中，有：

$$\eta_{AV} = \frac{\tau}{\dot{\gamma}} = \frac{\tau_d + \eta_{PV}\dot{\gamma}}{\dot{\gamma}} = \eta_{PV} + \frac{\tau_d}{\dot{\gamma}} \tag{3.6}$$

由式(3.6)可以看出，Bingham 流体的表观黏度是由塑性黏度和 $\tau_d/\dot{\gamma}$ 两部分组成的。由于 $\tau_d/\dot{\gamma}$ 的大小取决于 Bingham 流体中结构的强弱，所以称为结构黏度。

(3)假塑性流体。

假塑性流体(Pseudoplastic Fluid)的流变模式为：

$$\tau = K\dot{\gamma}^n \quad (0 < n < 1) \tag{3.7}$$

式中，K 为稠度系数(Consistency Index)，$Pa \cdot s^n$；n 为流型指数。

K 值越大，溶液的增黏能力越强；n 越大，溶液越接近牛顿流体。当 $n = 1$，$K = \eta$ 时，流体为牛顿流体(即 $\tau = \eta\dot{\gamma}$)。

这种流体的特点是在极低和极高剪切速率下，其流动行为近似牛顿流体；在中等剪切速率下(油田一般使用条件)，随着速率的增加，表观黏度逐渐减小，即发生剪切变稀。多数高分子溶液、含蜡原油和钻井液等属于这种流动类型，通常还具有一定的屈服值，可被称为假塑性流体。由于高分子溶液、含蜡原油等在低温或高浓度下会形成结构，因此也被称为屈服假塑性流体。

(4)胀塑性流体。

胀塑性流体(Dilatant Fluid)的流变模式为：

$$\tau = K\dot{\gamma}^n \quad (n > 1) \tag{3.8}$$

少数高分子化合物的悬浮物以及淀粉、沥青等属于胀塑性流体，这种流体的特点是随着剪切速率的增加，表观黏度增加，也被称为剪切变稠。这种流体体积发生膨胀的原因主要是因为胀塑性流体中颗粒排列非常紧密，当静止时颗粒之间被液体占据的孔隙体积最小，而在搅动时，颗粒会重新排列，使空间体积增加，因此整个体系的总体积也增加。

2)钻井液的流变类型

钻井流体的流变性是指在外力的作用下钻井流体发生流动和变形的特性，这些性质主要通过剪切应力和剪切速率之间的关系表征。钻井流体的流变性对钻井流体净化井底、携带并悬浮钻屑与加重材料、传递功率和稳定井壁等能力具有重要影响。

(1)塑性流型。

用膨润土配制的钻井液一般符合 Bingham(宾汉)模式。钻井液中的黏土颗粒形状很不规则(如片状或棒状)，表面性质也极不均匀(如黏土片的平面和断键边缘的性质差别较大)，颗粒之间容易彼此部分黏结形成絮凝网架结构。如果颗粒浓度足够大，能够形成布满整个有效容积的连续空间网架结构，那么要使其流动，就必须在一定程度上破坏这种连续空间网架结构，以使颗粒之间产生相对运动，如图3.9所示。

大多数钻井液属于塑性流体类型，某些钻井液属于假塑性流体类型，而使用淀粉类处理剂配制的钻井液有时表现为胀塑型流体。

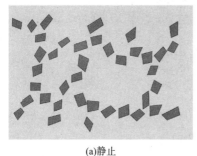
(a)静止

(b)流动

图3.9 塑性流动示意图

(2)假塑性流型。

用聚合物配制的钻井液多符合幂律模式。幂律流体的特点是流体一接触到剪切应力就开始流动，所以流变曲线为一条过坐标原点的曲线(无直线段)。极小的切应力就能引起流动，表明假塑性流体内没有连续空间网架结构，或者即使有结构也不连续且非常脆弱，被切应力拆散之后不易恢复。

3)流变参数的测定

常用六速旋转黏度计测定钻井液的流变参数，如图3.10所示。以宾汉方程和幂律方程为数学模型，通过对弹簧扭力系数、转速、内外筒间隙等参数的设计，可以实现流变性能的直接读取与简单计算。

图3.10 Fann六速旋转黏度计及其结构原理图

仪器参数：

剪切速率(γ)与转子钻速(n)之间的关系为：

$$\gamma = 1.703n(\mathrm{s}^{-1}) \tag{3.9}$$

旋转黏度计的刻度盘读数(θ，不考虑单位)与剪切应力(τ)成正比：

$$\tau = 0.511\theta(\mathrm{Pa}) \tag{3.10}$$

通过测量$600\mathrm{r} \cdot \mathrm{min}^{-1}$和$300\mathrm{r} \cdot \mathrm{min}^{-1}$时的仪表读数，可以计算得到以下流变参数。

(1)表观黏度η_{AV}。

无特殊情况说明时，表观黏度η_{AV}是指$\gamma = 1022\mathrm{s}^{-1}$(即$n = 600\mathrm{r} \cdot \mathrm{min}^{-1}$)时的$\eta_{\mathrm{AV}}$。

$$\eta_{AV} = \frac{\tau}{\dot{\gamma}} = \frac{\tau_{600}}{1022} = \frac{0.511\theta_{600}}{1022} = \frac{1}{2}\theta_{600} \times 10^{-3}(\text{Pa} \cdot \text{s})$$

$$= \frac{1}{2}\theta_{600}(\text{mPa} \cdot \text{s}) \tag{3.11}$$

（2）塑性黏度 η_{PV}。

$$\begin{cases} \tau_{600} = \tau_d + \eta_{PV}\gamma_{600} \\ \tau_{300} = \tau_d + \eta_{PV}\gamma_{300} \end{cases}$$

$$\eta_{PV} = \frac{\tau_{600} - \tau_{300}}{\gamma_{600} - \gamma_{300}} = \frac{0.511(\theta_{600} - \theta_{300})}{1022 - 511} = (\theta_{600} - \theta_{300}) \times 10^{-3}(\text{Pa} \cdot \text{s})$$

$$= \theta_{600} - \theta_{300}(\text{mPa} \cdot \text{s}) \tag{3.12}$$

（3）动切力 τ_d。

$$\tau_d = \tau - \eta_{PV}\gamma = \tau_{600} - \eta_{PV}\gamma_{600}$$

$$= 0.511\theta_{600} - (\theta_{600} - \theta_{300}) \times 10^{-3} \times 1022$$

$$= 0.511(2\theta_{300} - \theta_{600})$$

$$= 0.511(\theta_{300} - \eta_{PV})(\text{Pa}) \tag{3.13}$$

（4）流性指数 n 和稠度系数 K。

$$n = 3.322\lg(\theta_{600}/\theta_{300}) \tag{3.14}$$

$$K = (0.511\theta_{300})/511^n \tag{3.15}$$

（5）触变性。

为了说明钻井液的触变性（即搅拌后变稀、静置后变稠的性质），一般需要测定初切力（10s 切力）和终切力（10min 切力）。初切力与终切力数值大小反映了钻井液的触变性能，一般应该有合理的数值。

①初切力的测定：将钻井液在 600r · min^{-1} 下搅拌 10s，静置 10s，然后测量 3r · min^{-1} 下的仪表读数，将该读数乘以 0.511 即可得到初切力（Pa）。

②终切力的测定：将钻井液在 600r · min^{-1} 下搅拌 10s，静置 10min，然后测量 3r · min^{-1} 下的仪表读数，将该读数乘以 0.511 即可得到终切力（Pa）。

4）钻井液流变性与钻井工程的关系

钻井液的流变性与钻井工程密切相关。层流和紊流对岩屑的携带都不利，而改型流则有利于携带岩屑，使井眼保持清洁，对井壁冲刷的影响较小。因此，要求动塑比（τ_0/η_{pv}）在 0.36 ～ 0.8 的范围内（或流动指数 $n = 0.4 ～ 0.7$）。钻井液具有剪切稀释特性（即随着剪切速率增加，表观黏度降低），这对于钻头水眼处的紊流摩阻较小，有利于提高钻进速度，并且在环空中有利于悬浮岩屑和加重材料。然而，终切力也不能太大，否则会影响开泵和产生压力激动等问题。不同地区和不同类型的钻井液对流变参数的要求各不相同，可以根据实际情况灵活运用。

3.1.3.3 钻井液的失水造壁性

当钻头钻穿带有孔隙的渗透性地层时，由于一般情况下钻井液的静液柱压力总是大于地层压力,钻井液中的液体(包括原始钻井液)在压差的作用下会向地层内部渗透,这个过程被称为钻井液的滤失(Filtration)。在钻井液发生滤失的同时,井壁表面会形成一层固体颗粒的沉积物。这些沉积物被称为滤饼,如图 3.11 所示。滤饼的形成过程是先由较大的颗粒堵塞一部分大孔隙,然后较小的颗粒堵塞大颗粒之间的孔隙,依次类推,导致孔隙越来越小,如图 3.12 所示。一般来说,形成的滤饼的渗透率比地层岩心的渗透率小几个数量级。因此,形成的滤饼可以阻止滤液向地层内渗透,同时也能保护井壁。滤饼在井壁上形成的性能被称为造壁性。

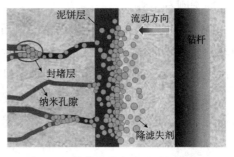

图 3.11   钻井液滤失性实验得到的滤饼   图 3.12   钻井液的失水造壁性示意图

使用降滤失剂可以有效控制钻井液的滤失量。常用的降滤失剂包括甲基纤维素钠盐(Na–CMC)、磺化酚树脂(SMP)、水解聚丙烯腈铵盐(NH₄–HPAN)、水解聚丙烯腈钠盐(Na–HPAN)、水解聚丙烯腈钙盐(Ca–HPAN)、磺化褐煤树脂(SPNH)和磺化沥青粉等。

3.1.4   钻进工艺

3.1.4.1   钻头的类型及破岩机理

钻头是石油钻井中用于破碎岩石的主要工具。钻头的工作性能直接影响钻井速度、钻井质量和钻井成本。钻头的工作性能不仅与其结构设计和制造质量有关,还取决于其是否适应岩性和其他钻井工艺条件,以及使用是否合理。

目前,石油钻井中使用的钻头根据结构和工作原理的不同,可以分为牙轮钻头、金刚石钻头和 PDC 钻头三大类,如图 3.13 所示。每一类钻头都有多种不同的型号和尺寸,以满足不同岩性和钻井工艺的要求。

(a)牙轮钻头   (b)金刚石钻头   (c)PDC钻头

图 3.13   三种类型钻头图

1）牙轮钻头

自从 1909 年美国霍华德·休斯获得第一个牙轮钻头专利以来，牙轮钻头（Roller Bit）作为一种高效的破岩工具在石油钻井中得到了广泛应用。经过 100 多年的改进，已经开发出多种尺寸和型号的牙轮钻头，能够满足各种钻井技术要求，并适应从软到坚硬的各种地层。牙轮钻头主要通过冲击压碎和滑动剪切来破碎岩石。

牙轮钻头是应用范围最广的一种钻头，由于牙轮钻头有多种类型，可以分别适用于不同性质的地层，但每次下井只能使用一种类型的钻头。

2）金刚石钻头

金刚石钻头（Diamond Bit）是以金刚石作为工作刃的固定齿钻头。金刚石是人类所知的最硬、最耐磨的材料，特别适合钻研磨性地层。在 20 世纪 50 年代，金刚石钻头开始在石油钻井中应用。金刚石钻头主要用于钻研磨性较强的硬地层。

随着油气勘探开发不断向深部地层发展，金刚石钻头配合高速涡轮钻具的使用已经成为提高深井和超深井钻井速度的重要技术之一。

3）PDC 钻头

PDC 钻头（PDC Bit）是聚晶金刚石复合片（Polycrystalline Diamond Compact，简称 PDC）钻头的简称，其切削元件采用锋利、高耐磨且能自锐的聚晶金刚石复合片，可以在钻压和扭矩的作用下连续切削和破碎岩石。

最初，PDC 钻头主要用于钻研磨性较弱的均质地层。随着 PDC 切削齿的性能提升和钻头结构的改进，PDC 钻头已经能够应用于中硬地层和硬夹层的钻井。目前，在软到中硬地层中，PDC 钻头已经取代牙轮钻头成为主要的破岩工具。

3.1.4.2　钻井水力参数及其优化

在进行钻井过程中，及时将岩屑携带出井筒是安全快速钻进的重要条件之一。将岩屑携带出来需要经过两个过程：第一个过程是使岩屑离开井底，进入环形空间；第二个过程是依靠钻井液上返将岩屑带出地面，如图 3.14 所示。经过多年的研究和理论分析，人们认识到第二个过程并不困难，但将岩屑冲离井底却并不容易。

岩屑无法及时离开井底是影响钻进速度的主要因素之一。为了解决及时冲离井底的问题，研究出了喷射式钻头和喷射钻井技术。该技术在钻头水眼处安装了一个可以产生高速射流的喷嘴，使钻井液通过钻头上的喷嘴以高速射流的方式作用于井底，给井底岩屑以很大的冲击力，使其快速离开井底，保持井底清洁。同时，在一定条件下，钻头喷嘴产生的高速射流还可以直接破碎岩石。

水力参数优化设计的概念随着喷射式钻头

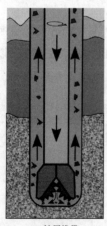

(a)钻屑携带

(b)某油藏 J_1 层岩屑

(c)某油藏 K_1s 层岩屑

图 3.14　钻屑携带示意图

的使用而提出。钻井水力参数是描述钻头水力特性、射流水力特性以及地面水力设备性质的量代数据，主要包括钻井泵的功率、排量、泵压，以及钻头水功率、钻头水力压降，钻头喷嘴直径，射流冲击力、射流喷速和环空钻井液上返速度等。

水力参数优化设计的目标是寻求合理的水力参数配合，使井底获得最佳的水力能量分配，从而达到最佳的井底清洁效果，并提高机械钻进速度。当地面机泵设备、钻具结构、井身结构、钻井液性能和钻头类型确定后，真正对各水力参数有影响的可控制参数就是钻井液排量和喷嘴直径。因此，水力参数优化设计的主要任务是确定钻井液排量和选择喷嘴直径。

3.1.4.3　钻柱功能及组成

钻柱是钻头以上、水龙头以下的工具总称，包括方钻杆、钻杆、钻铤、转接接头和稳定器等。钻柱是钻井中的重要工具，起着连接地下与地面的关键作用。在旋转钻井中，钻柱传递能量用于破碎岩石，施加钻压到井底，并循环钻井液等。在井下动力钻井中，钻柱将井下动力钻具送到井底并承受反扭矩，同时将液体能量输送到井底满足钻头和动力钻具的需求。

钻柱由方钻杆、钻杆、底部钻具组合和配合接头等部分组成，如图3.15所示。底部钻具组合主要由钻铤组成，有时还会串接稳定器、减震器、震击器、扩眼器等特殊工具。在常用的定向井和水平井钻具组合中，常使用加重钻杆来代替部分或全部的钻铤，并在钻头上方安装弯外壳螺杆钻具、随钻测量(MWD)、随钻测井(LWD)或旋转导向钻井工具等。

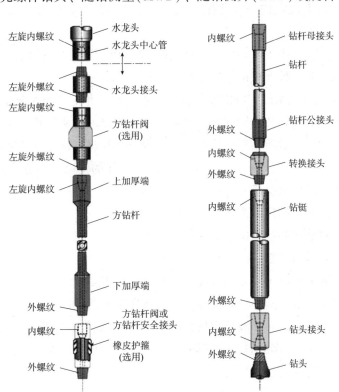

图 3.15　基本钻具组合

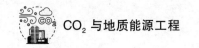

3.1.5　钻井过程压力控制

油气井压力控制，简称井控，是指采取一定的技术(如可靠的地层压力预监测结果、合理的井身结构设计、有效的井筒压力控制技术)，控制井口和钻井液液柱压力，使之与地层孔隙压力保持一定的平衡关系，保证钻井施工的安全顺利实施。

在钻井过程中，如果压力控制不好，会出现不同程度的井侵、溢流、井涌、井喷等现象。

1)井侵

井侵(Well Invasion)是指地层中的流体(如油、气、水)侵入井内，最常见的是气侵、油侵和盐水侵。

2)溢流

溢流(Overflow)是地层流体(油、气、水)侵入井内，井口返出的钻井液量大于泵入量，或停泵后钻井液从井口自动外溢的现象。当发现有溢流征兆时，应该迅速关井，并记录关井压力。关井越早、越快，地层流体侵入量越少，井筒压力系统的失衡程度越低，重新恢复压力平衡也就越容易。取得地层压力数据后，选择适宜的压井方法，恢复井筒与地层之间的压力平衡，使井内钻井液液柱压力不低于地层孔隙压力。

3)井涌

井涌(Well Kick)是溢流进一步发展的情况，表现为钻井液涌出井口。

4)井喷

井喷(Blowout)是地层流体(油、气、水)无控制地流入井内，并喷出井口或进入井下某薄弱地层的现象，是一种严重的钻井事故。

井控(Well Control)技术的实施需要综合考虑油气钻完井施工的安全以及油气藏的发现和保护等因素。不同类型井和不同施工阶段对于井控的要求有所侧重。例如，在探井和评价井的钻井施工中，由于对所钻井地层的了解较少，井控应以确保钻井施工的安全和有效钻达目标层位为重点，此时，井控措施应采取相对保守的策略。而在生产井的钻井施工中，由于对所钻井的地层情况已有一定或较高的认知度，井控应以保证钻井的安全、有效发现油气层和减少油气层的污染为重点，此时，井控措施应采取相对开放的策略。

现代井控技术对油气井控的概念和功能进行了拓展，强调井筒的完整性，注重技术与装备的配合，协调井眼压力系统的平衡关系，兼顾施工安全、油气层的发现和保护、钻井速度的提高、钻井故障的减少以及综合经济效益的提高等多方面的需求。

井控设备的基本构成包括井口防喷器组合、液压防喷器控制系统、井控管汇、钻具内防喷工具、井控仪器仪表、钻井液处理设备(加重设备、液气分离器等)以及其他特殊作业设备(如不压井强行起下管串装置、旋转防喷器、灭火装置、拆装井口设备和工具、井口排风设备、防毒气设备等)。

3.1.6 钻井过程中的储层保护技术

3.1.6.1 储层保护的基本概念

储层损害(Formation Damage)是指在钻井、完井井下作业及油气田开采全过程中,导致储层渗透率下降的现象。

储层损害的原因分为内因和外因。储层损害的内因是指受外界条件影响而导致储层渗透性降低的储层内在因素,包括储层孔隙结构、敏感性矿物、岩石表面性质和地层流体性质等。储层损害的外因是指施工作业过程中造成储层微观结构或流体原始状态改变,从而降低油气井产能的外部作业条件,包括入井流体性质、压差、温度和作业时间等可控因素。

储层保护技术(Reservoir Protection)是指通过各种手段认识和诊断储层损害的原因和过程,并采取相应的技术措施防止和解除储层损害。储层保护的核心是有针对性地控制各种外因,使储层的内因不发生改变或改变幅度较小,以保护储层的完整性。

3.1.6.2 储层损害评价方法

通过使用各种仪器设备测定储层岩石与外来工作液作用前后渗透率的变化,或者测定储层物理和化学环境发生变化前后渗透率的改变,是一种重要的认识和评价储层损害的方法。

储层损害的室内评价内容主要包括储层敏感性评价和工作液对储层的损害评价,如图3.16 所示。

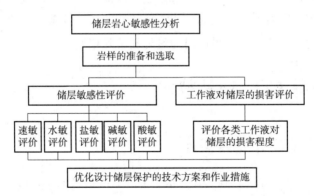

图 3.16　储层损害的室内评价实验流程框图

1)储层敏感性评价

储层敏感性评价包括速敏、水敏、盐敏、碱敏、酸敏等五敏实验,目的是找出储层发生敏感的条件和由敏感引起的储层损害程度,为工作液的设计、储层损害机理分析和制定储层保护技术方案提供科学依据。

2)工作液对储层的损害评价

这里的工作液包括钻井液、水泥浆、完井液、压井液、洗井液、修井液、射孔液和压裂液等。工作液对储层的损害评价主要通过使用各种仪器设备,在室内提前评估工作液对

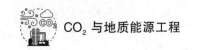

储层的损害程度，以优化工作液配方和施工工艺参数为目标。

3.1.6.3　钻井过程中储层伤害的主要原因

钻开储层时，由于正压差的作用，钻井液中的固相物质会进入储层并堵塞孔隙，其液相则与储层岩石和地层流体发生作用，破坏了储层原有的平衡，从而引发潜在的储层损害因素，导致渗透率下降。

钻井过程对储层的损害严重程度不仅与钻井液的类型和组分有关，还随着钻井液中固相和液相与岩石、地层流体作用的时间和侵入深度的增加而加剧。

3.1.6.4　钻井过程中储层保护的主要措施

钻井液是石油工程中最早与储层接触的工作液，其类型和性能直接影响储层的损害程度。因此，保护储层的钻井液技术是储层保护工作中的关键环节。下面是对钻井液在保护储层方面的要求：

(1)钻井液密度可调，满足不同压力储层的近平衡压力钻井的需要。

(2)降低钻井液中固相颗粒对储层的损害。

(3)钻井液必须与储层岩石匹配。

(4)钻井液滤液组分必须与储层中流体匹配。

(5)钻井液的组分与性能都能满足保护储层的需要。

近年来，屏蔽暂堵保护储层的钻井液技术也成为研究的热点。屏蔽暂堵技术的构思是利用钻井液液柱压力与储层压力之间产生的压差，在极短的时间内，迫使人工添加的不同类型和尺寸的固相颗粒进入储层孔隙，形成接近于零渗透率的屏蔽暂堵带，有效阻止钻井液和水泥浆中的固相和滤液继续侵入储层。需要注意的是，屏蔽暂堵带的厚度必须大于或等于射孔弹射的深度，以便在完井投产时通过射孔解除堵塞。

3.2　超临界 CO_2 钻井技术

3.2.1　超临界 CO_2 钻井概述

过去欠平衡钻井主要使用氮气作为钻井液，但纯氮的密度低，无法提供足够的扭矩驱动井下马达和钻头。氮气与水的混合物(即形成稳定泡沫)能使马达产生充足的扭矩，但是很难保持欠平衡条件。为了克服这一问题，美国于1990年末开始研究超临界 CO_2 钻井技术。

1998年，Kolle 和 Marvin 合作完成了名为"Coiled Tubing Drilling Using Supercritical Carbon Dioxide(超临界 CO_2 连续油管钻井技术)"的研究。2000年，两人还进行了超临界 CO_2 喷射辅助破岩现场试验，成功地对井深超过400m、井底压力不足5MPa的枯竭气井实施了侧钻，充分证明了超临界态 CO_2 实施欠平衡钻井的可行性。同年，Tempress 公司申请了一项关于超临界 CO_2 连续油管钻井的专利。该公司于2000年在 54~190MPa 的不同射流压力下，对坚硬页岩进行了室内破岩实验，结果证明，超临界 CO_2 射流破岩的门限压力(破岩最小压力)较低，相比水射流能获得更佳的效果。自此，超临界 CO_2 钻井技术引起了研究者的关注。

国内对超临界 CO_2 钻井技术的研究起步较晚，直到 2006 年才开始研究超临界 CO_2 钻井的理论和技术。研究的重点主要集中在超临界 CO_2 的岩石破裂机理和规律，以及超临界 CO_2 与井筒多相流。除此之外，还对超临界 CO_2 在携带岩石方面的机理和规律，以及井筒温度和压力变化对 CO_2 的影响进行了一定的研究。目前，超临界 CO_2 钻井技术的研究主要停留在理论计算和室内模拟实验的阶段，缺乏现场数据支持，尚未形成配套的工艺技术和现场实施方案。

3.2.1.1 超临界 CO_2 钻井的定义

超临界 CO_2 钻井(Drilling Using Supercritical Carbon Dioxide)利用超临界 CO_2 流体作为钻井流体，通过高压泵将液态 CO_2 连续注入钻杆内部。当液态 CO_2 进入井中并达到一定深度后，会转变为超临界状态，然后利用超临界 CO_2 射流实现配合性破岩和快速钻井。超临界 CO_2 具有高密度、低黏度和很强的井眼清洁能力等优势。

与普通水基钻井液相比，超临界 CO_2 在环空中的耗压较小，因此可用于小井眼钻井以及连续油管钻井技术，降低泵的消耗，使水力能量能够更好地聚焦到钻头处，充分利用超临界 CO_2 的射流优势进行喷射钻井。

3.2.1.2 超临界 CO_2 连续油管钻井流程

超临界 CO_2 连续油管钻井的原理示意如图 3.17 所示。该方法通过增压泵将高压液态 CO_2 注入连续油管中，经过节流阀的控制后继续向下，从而驱动井下马达，使钻头旋转并向下进行钻井。

(1) CO_2 储存在高压储罐内，为确保 CO_2 被泵入时处于液态，控制高压储罐的温度一般在 $-15\sim10℃$，压力保持在 $4\sim8MPa$。

(2) 液态 CO_2 经过高压泵，利用连续油管输送到井底，在地层的温度和压力条件下，一般

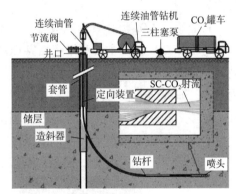

图 3.17　超临界 CO_2 钻井流程示意图

在井深超过 800m 后，液态 CO_2 就会变为超临界态。超临界 CO_2 流体密度大，能够为井下动力钻具提供足够的扭矩。

(3) 超临界 CO_2 经过钻头从高压喷嘴射出，形成超临界射流辅助钻井，可以有效提高机械钻速。

(4) 超临界 CO_2 喷射出钻头喷嘴后，其压力减小，温度急剧降低，可冷却钻头和钻具。同时，对喷嘴压降要严格控制，避免温度过低导致井底结冰。由于超临界 CO_2 的密度对温度和压力的变化非常敏感，微小的温度和压力变化会引起超临界 CO_2 密度的大幅波动，因此可以通过井口回压阀来调控井底压力，实现井底欠平衡 - 平衡 - 过平衡三种钻井方式。

（5）井底破碎的岩屑随着上返的超临界 CO_2 流体经过环空被携带出井口。由于钻井过程中会有少量的水以及烃类物质混入钻井液中。因此，到达井口后首先要对固体岩屑进行分离，以保护管阀免受冲蚀，然后进入气液分离器和气体净化器，将 CO_2 提纯后循环利用。

3.2.1.3 超临界 CO_2 钻井技术特点

超临界 CO_2 钻井具有以下技术特点。

1）超临界条件在钻井过程中容易实现

CO_2 的临界温度为 31.1℃，临界压力为 7.38MPa，超临界条件在钻井过程中较容易实现并控制，对常规的欠平衡钻井设备进行一些调整便可进行超临界 CO_2 钻井。

2）超临界 CO_2 具有高密度、低黏度和强大的井眼清洁能力

与其他欠平衡/平衡钻井方法（如氮气、空气等气体钻井、泡沫钻井、充气钻井低密度钻井液等）相比，CO_2 流体具有最宽泛的密度可调范围，利用回压阀对井底压力进行调节，能够为井下马达提供足够动力，对井底压力的调控能力也更强，能实现井筒的欠平衡条件。

与常规水基钻井液相比，超临界 CO_2 流体的黏度小得多，即使在较小的流速下也能够达到紊流状态，这有利于携带岩屑。此外，超临界 CO_2 流体的低黏度特性还能降低循环压耗，从而降低对地面设备和井下工具的压力要求。

同时，其黏度又高于气体钻井流体的，这意味着较之于氮气和空气，其携岩能力也更有优势。

3）超临界 CO_2 流体具有低破岩门限压力、快破岩速度和高破岩效率的优势

超临界 CO_2 钻井主要利用超临界 CO_2 射流对坚硬的页岩、大理岩和花岗岩等进行冲击破碎，其破岩门限压力远低于水射流的。Kolle 和 Marvin 进行了射流破岩（曼柯斯页岩）室内实验。研究结果表明，超临界 CO_2 射流的破岩速度是水射流的 3.3 倍，破岩所需比能 SE（破岩所需的水力和机械能与破碎剥落的岩石体积之比）仅为水力钻井的 20%，如图 3.18 所示。其破岩深度更大，范围更广。

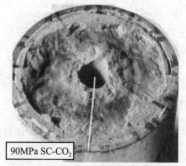

(a)水射流   (b)超临界CO_2射流

图 3.18　Mancos 页岩水射流和超临界 CO_2 射流破岩效果对比

4）超临界 CO_2 流体能有效保护油气层，并具有部分 CO_2 驱油效果

通常在用水基钻井液钻开油气储层时，钻井液中的固相颗粒在压差作用下，会进入储

层并堵塞孔隙喉道。泥浆滤液也会易于侵入储层中，导致黏土矿物的水化膨胀，进一步降低渗透能力。而使用超临界 CO$_2$ 作为钻井液既无固相，也不含液相，可以避免这种危害。相反，CO$_2$ 进入储层后，可以增加储层的孔隙度和渗透率，减小流动阻力，提高油气单井产量和采收率。

5）超临界 CO$_2$ 流体井筒压力可控

可通过控制井口回压来控制井底压力，实现欠平衡 – 平衡 – 过平衡三种钻井方式，以应对卡、塌、喷、漏等各种复杂情况地层。

近年来，非常规油气资源特别是页岩气在北美的成功商业化开采，促使我国在内的世界各国都致力于规模化开采页岩油气、致密油气以及煤层气，以满足能源安全和经济发展需要。我国目前探明的非常规资源储量丰富，前景非常广阔，主要分布在准噶尔盆地、塔里木盆地、鄂尔多斯盆地和四川盆地等。但这些盆地在开采非常规油气资源时开始不断出现水源不足、水处理工艺复杂和成本高、废水造成水源和环境污染、水敏储层容易受到伤害、油气采收率低等问题。因此，发展超临界 CO$_2$ 钻井技术，能扩展钻井新思路，对非常规油气资源的开发以及老油田的再开发具有非常明显的优势。

3.2.2 超临界 CO$_2$ 钻井基本原理

3.2.2.1 超临界 CO$_2$ 破岩机理

超临界 CO$_2$ 钻井技术的一个突出的优势是破岩能力强、机械钻速高。为了验证超临界 CO$_2$ 技术在钻进速度方面的优势，国内外科研人员进行了超临界 CO$_2$ 喷射破岩实验研究。

Cai 等搭建了高温高压破岩实验模型，对高压 CO$_2$ 与 PDC 切削齿的复合破岩效果进行了实验研究。实验装置示意图如图 3.19 所示，包括高压 CO$_2$ 储罐、切削装置、岩石样品、高速摄像机和热红外成像仪。通过空气压缩机和活塞泵，将常规 CO$_2$ 罐中的 CO$_2$ 气体压缩至实验所需的压力。高压 CO$_2$ 储罐周围包裹有加热套，确保 CO$_2$ 在实验前达到所需的模拟温度。切削岩石时的受力情况通过切削力传感器和控制系统进行实时监测。切削采用 PDC 切削齿和超临界 CO$_2$ 复合破岩方法。在实验过程中，运用高速摄像机和热红外成像仪进行实时拍摄。

图 3.20 给出了相应的高压 CO$_2$ 射流与 PDC 切削齿复合破岩力学模型。岩石模型采用有限元方法建立，CO$_2$ 喷射模型则采用平滑粒子流体动力学方法建立。为了模拟实验情况，建立了一个数值矩形砂岩样品，尺寸为 $100\text{mm} \times 100\text{mm}$，高度为 10mm，密度为 $2.26\text{g} \cdot \text{cm}^{-3}$，岩石的抗压强度为 77.24MPa，抗拉强度为 4.56MPa，泊松比为 0.20。岩石的有限元模型中单元尺寸为 2mm。为了准确观察切割区域的岩石应力，从整个岩石样品中分割出切割区域，并使用更细的单元尺寸（0.5mm，即原始岩石单元尺寸的 1/4）重新网格化切割区域的元素尺寸。如图 3.21 所示，CO$_2$ 喷嘴直径为 D_j，喷嘴以一定角度（ϕ）冲击岩石表面，冲击点即为岩石表面上冲击区域的中心点。冲击点到 PDC 切削齿的距离为冲击距离（d）。在一定角度（ϕ）下，喷嘴会沿着切割方向与 PDC 切削齿以恒定的切割速度（V_c）一起移动，斜向撞击岩石表面。PDC 切削齿的前角（θ）为 20°。图 3.21 对比了复合破岩实验与模拟结果。

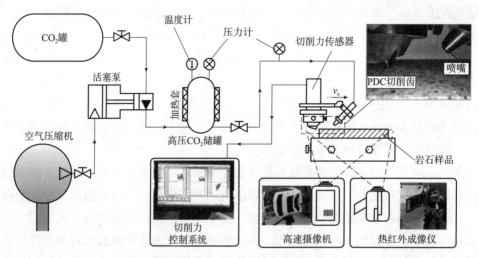

图 3.19 复合破岩实验示意图

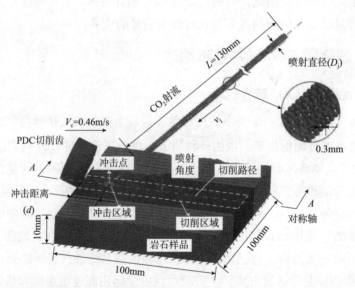

图 3.20 高压 CO$_2$ 射流与 PDC 切削齿复合破岩几何模型

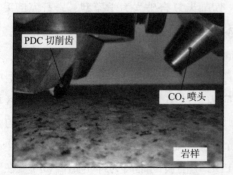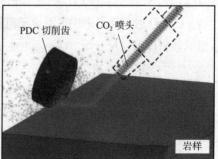

图 3.21 复合破岩实验与模拟结果对比

图 3.22 中利用高速摄影和热红外摄影记录了复合破岩实验的过程。通过对比超临界 CO$_2$ – PDC 复合破岩和单独 PDC 切削破岩的热红外摄影图片，发现在单独使用 PDC 切削齿时，岩石碎片会飞溅并堆积在切削齿前。然而，在超临界 CO$_2$ – PDC 复合破岩过程中，射流会冲击岩石表面并清洁切削齿。当碎屑与岩石分离后，会迅速被带走，减少切削齿前的碎片积累，并避免能量损失。

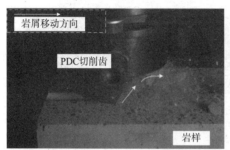 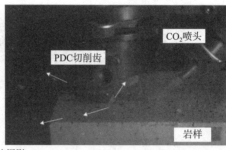

(a)高速摄影

 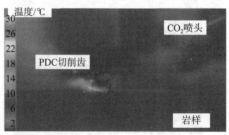

(b)热红外摄影

图 3.22　利用高速摄影和热红外摄影记录的复合破岩实验过程

图 3.22 显示，单独使用 PDC 切削齿的最大中心温度从 26℃降低到 12℃。超临界 CO$_2$ 射流可以有效降低最大中心温度，防止摩擦热产生，减少热磨损，也能延长其使用寿命。总之，高压 CO$_2$ 射流对超临界 CO$_2$ – PDC 复合破岩过程中的岩石碎片携带具有积极的作用，可以有效降低温度上升幅度和 PDC 切削齿的热磨损。

图 3.23 展示了单独 PDC 切削齿切削与超临界 CO$_2$ – PDC 复合破岩时的岩石应力场的对比情况。ΔT 表示相同实验条件下两个图形之间的时间间隔。岩石顶部表面上的三个点，点 A 是 PDC 切削齿前的岩石微小单元，点 C 是冲击点，点 B 是点 A 和点 C 之间的中点。在点 C 处，复合岩石破碎下的有效应力大于单独 PDC 切削齿切削下的有效应力。但是在点 B 处，复合岩石破碎下的有效应力低于单独 PDC 切削齿切削下的有效应力。这是因为在这个区域内，两个相反方向的应力波发生了叠加。同时，PDC 切削齿的切削作用不连续。PDC 切削齿首先切入岩石并通过粉碎岩石形成几个小块，积累足够多的小块才形成一个较大的块。在没有射流的条件下，岩石上的应力集中区从 PDC 切削齿的根部开始，并形成一个破碎区域。

图 3.24 比较了水射流和超临界 CO$_2$ 射流的破岩效果示意图，超临界 CO$_2$ 具有更显著的水楔效应，这是由于其低黏度和高扩散性。

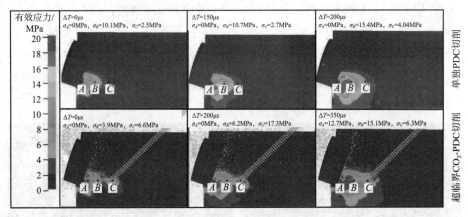

图 3.23　单独 PDC 切削齿切削与超临界 CO$_2$ – PDC 复合破岩时的岩石应力场对比

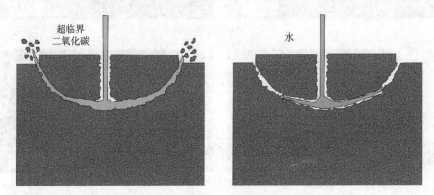

图 3.24　水射流和超临界 CO$_2$ 射流的破岩效果对比图

　　水射流破岩时，由于压差驱动，高压水流进入深层裂缝，但当裂缝变窄时，由于其较高的黏度和较小的扩散性，在毛细力的作用下停止流动。因此，水射流无法将水力能量传递到深层裂缝，导致能量较低的水射流难以破碎岩石。

　　然而，超临界 CO$_2$ 射流具有低黏度、高扩散性、无表面张力和忽略不计的毛细力，可以进入任何大于 CO$_2$ 分子大小的空间，实现能量高效传递。因此，超临界 CO$_2$ 射流可以更容易穿透深层裂缝，将流体和高压水射流连接成一个均匀的压力系统，增大对裂缝内表面的压力。这些功能均可以导致岩石剥落增多，降低阈值压力并提高破岩效率。

　　图 3.25 显示了超临界 CO$_2$ 射流冲击前后砂岩岩心的电子显微镜扫描（SEM）图像（放大 700 倍）。这些图像均表明，在侵蚀之前，砂岩颗粒松散排列，观察不出孔隙和裂缝。然而，在射流侵蚀后，由于去除了颗粒间胶结物质，出现了明显的孔隙和裂缝。

　　大量研究结果表明，超临界 CO$_2$ 流体射流具有切割坚硬页岩、大理岩和花岗岩的能力，其破岩门限压力比水射流的小得多，而且超临界 CO$_2$ 喷射钻井速度较快。在大理岩样本中，超临界 CO$_2$ 射流破岩的门限压力为水射流的 2/3，在页岩中则为 1/2 甚至更低。此外，对页岩进行的小尺寸喷射钻井实验显示，在曼柯斯页岩中，使用超临界 CO$_2$ 钻进的速度是用水钻进的 3.3 倍，破岩所需比能 SE 仅为用水力钻井时的 20%。

图 3.25　砂岩样品在超临界 CO_2 射流腐蚀前后的 SEM 对比图

3.2.2.2　超临界 CO_2 携岩机理

超临界 CO_2 钻井在本质上属于欠平衡钻井，目前欠平衡钻井(包括气体、泡沫、雾化等钻井方式)在直井段对携岩几乎没有问题，主要问题出现在水平段，因此容易导致一系列复杂的钻井事故。

超临界 CO_2 水平环空携岩是超临界 CO_2 钻井中出现的基础问题，涉及井眼清洁的水力参数优化设计。与常规工作流体相比，超临界 CO_2 的物性参数对温度和压力非常敏感，工程参数会对其在井筒内的流动和传热产生复杂的影响。由于难以控制超临界 CO_2 携砂试验时的压力和温度，目前多采用模拟手段研究超临界 CO_2 在水平段环空中的携砂性能。

孙晓等利用相似原理设计了超临界 CO_2 水平环空携砂试验装置，并对超临界 CO_2 的携岩机理进行了分析。如图 3.26 所示，超临界 CO_2 水平环空携砂模拟试验装置包括 CO_2 储液罐、超临界 CO_2 罐、高压泵、水平环空井筒、安全控制阀及循环管路等，其中水平环空井筒是携砂试验的关键。

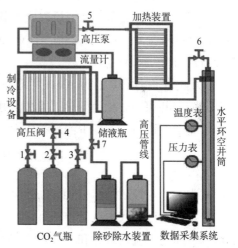

图 3.26　超临界 CO_2 水平环空携砂模拟试验装置

当超临界 CO_2 的注入质量流量固定时，环空中的砂粒以悬浮和跃移的形式输送，随着砂粒不断注入，砂粒会逐渐沉降在底部形成岩屑床，如图 3.27 所示。这导致环空过流面积逐渐减小，使超临界 CO_2 的流速不断增加，直到达到砂粒能够克服沉降阻力并保持稳定的临界流速。这时可以增加超临界 CO_2 的质量流量，改善其携岩的效果。由于超临界 CO_2 在环空上部的流动速度比下部的快，并且高速区的范围随着超临界 CO_2 质量

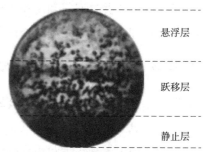

图 3.27　水平环空中超临界 CO_2 输送砂粒形态

流量的增加而扩大，导致环空内的紊流区域范围和强度增加，增加了作用在砂粒上的曳力和升力，使更多的砂粒进入悬浮层。

因此，施工过程中在设备能力允许的情况下，应尽量提高超临界 CO$_2$ 的注入质量流量，以便在环空内形成范围较大的能悬浮运移砂粒的高速流动区，从而避免井下出现砂埋和砂卡等的情况。

通过室内实验和数值模拟等方法，研究人员发现流体流速、井筒温度、井筒压力、流体密度、流体黏度、岩屑粒径、环空偏心度等因素都对超临界 CO$_2$ 的携岩和井眼清洗效果产生不同程度的影响。

3.2.2.3 超临界 CO$_2$ 井控机理

超临界 CO$_2$ 对压力和温度变化非常敏感，具有液体的密度和气体的扩散性。由于其流动性良好，超临界 CO$_2$ 与普通钻井液相比具有自身的特点。

在超临界 CO$_2$ 钻井过程中，从井口注入的低温液态 CO$_2$ 沿连续管流向井底时会吸收地层的热量，并在一定深度处转变为超临界状态。通过在环空出口施加回压来控制井筒内 CO$_2$ 的相态和压力分布。环空压力应控制在临界压力以上，以避免相态转变导致的强度突然下降和井壁失稳。因此，超临界 CO$_2$ 钻井控制方法并不复杂，可以使用常规的欠平衡钻井设备进行。

在实际钻井过程中，井底(或特定井深)的控压目标主要取决于地层坍塌压力和破裂压力，并随着井深的变化而变化。通过测井或邻井资料得出控压目标 p_t 后，再由循环计算方法得到特定井口回压条件下的环空压力剖面，然后进行如下判定：

$$\frac{|p_t - p_d|}{p_t} \leqslant \xi \tag{3.16}$$

式中，p_t 为控压目标，MPa；p_d 为目标井深的压力，MPa；计算精度 ξ 为 0.001%。

宋维强等以井底恒压为控压目标，建立了基于井筒传热过程的计算模型，实现了对流场温度、压力、流动阻力和 CO$_2$ 物性参数的耦合计算。基于特定井口回压条件下的环空压力剖面计算结果，提出了超临界 CO$_2$ 钻井控压方法。研究发现：随着井深、流量和入口温度的变化，环空压力剖面始终与井深近似呈线性相关，从而方便调控压力剖面；随着流量的增大，井口所需补偿的回压减小，而随着井深的增大，所需补偿的回压增加；入口温度对环空压力剖面、井口回压和流动压耗的影响很小，随着温度的升高，CO$_2$ 密度激变对应的临界压力增加，建议特定温度条件下的储存压力应高于临界压力。

3.2.3 超临界 CO$_2$ 钻井效果影响因素

3.2.3.1 超临界 CO$_2$ 钻井破岩效果影响因素

对于超临界 CO$_2$ 钻井的破岩方面，浸泡时间、浸泡压力、喷射压力、喷射温度、喷嘴直径和喷距等因素会产生不同程度的影响。

1）浸泡时间

岩石的抗压强度通常随着 CO_2 的浸泡时间延长而降低。浸泡初期，流体渗入岩石样本中，然后逐渐进入孔隙和微裂缝中，导致应力集中，岩石的强度显著降低。然而，随着时间的推移，孔隙和微裂缝内的压力逐渐稳定，岩石强度保持稳定状态。

2）浸泡压力

岩石的抗压强度随着 CO_2 的浸泡压力增加而降低。当浸泡压力较小时（小于临界压力 7.38MPa），CO_2 流体处于气体状态，岩石的抗压强度在 CO_2 转变为超临界状态的过程中降低，但此时的应力集中相对较弱，岩石强度下降程度较小。而当浸泡压力较高时，岩石强度下降程度增加。因此，在 CO_2 流体钻井过程中，应将环空压力尽量保持在临界压力以上，以避免由相态转变导致的岩石强度突然降低和井壁失稳。

3）喷射压力

CO_2 喷射压力对破岩效率影响显著。岩石破碎孔眼的深度随着喷射压力的增加而逐渐增加，增加井底射流压力可以显著提高岩石的破碎效率。

4）喷射温度

随着超临界 CO_2 喷射温度（入口温度）的升高，岩石破碎后的孔眼深度逐渐增加，超临界 CO_2 喷射的破岩效率提升幅度逐渐增大。

在井底环境温度未达到临界值时，尚处于液态的 CO_2 射流与水射流的破岩机理相同，均依赖射流的冲击应力。随着井底环境温度的升高，CO_2 的相态从液态向超临界态转变，射流的渗透和传递性能增强，更快地渗透到岩石内部微小结构中，影响范围增加，增加了岩石内微孔隙和微裂纹等的损伤程度并进一步扩展，射流的破岩效果急剧增强。

5）喷嘴直径

随着喷嘴直径的增大，破岩深度先增加后减小。当喷嘴直径增大到一定程度时，几乎没有破岩效果。

6）喷距

随着喷距的增大，岩心孔眼深度先增加后减小。在射流喷距较短时，超临界 CO_2 射流无法充分发展，射流冲击面较小，射流冲击岩石后的返回流对射流产生较强的干扰作用，消耗了一定的射流能量。随着喷距的增加，射流逐渐发展。而当喷距过大时，射流作用面积虽然增加，但射流的冲击力减弱，岩石的冲击破碎效果降低，导致孔眼深度减小。

3.2.3.2　超临界 CO_2 钻井携岩效果影响因素

钻井液的密度和黏度是影响钻具效率和流体携岩性能的关键因素。因此，选择适当的密度和黏度对施工效果至关重要。此外，施工参数（如流速和环空偏心度）也对超临界 CO_2 钻井的破岩效果产生影响。

1）密度和黏度

随着流体密度增大，CO_2 流体的悬浮岩屑能力增强。在一定井底流速下，较大的密度有利于悬浮岩屑，从而有利于井筒清洁。通过控制井筒压力可以改变 CO_2 流体的密度。

增加 CO_2 流体密度也会导致流体的黏度增加，有利于岩屑的悬浮和运移，进一步提高携岩能力。然而，当流体密度达到一定值时，其对流体携岩性能的影响程度将减小。因此，在钻井过程中，需要合理控制井底压力，选择合适的流体密度和黏度，以确保有效的岩屑运移效率，并满足地面泵的负荷要求。

2）流速

流体速度是影响携岩效果的另一个重要因素，直接影响岩屑床的形成和形态。当流速足够高时，可以完全悬浮中小颗粒的岩屑，有利于清洁井筒。然而，流速过低时，拖曳力和上浮力减弱，容易导致岩屑沉积在井眼下部，形成岩屑床，不利于清洁井筒。当岩屑床堆积到一定高度时，会增加管柱阻力，还容易导致沉砂和卡钻等复杂情况和事故的发生，影响正常钻井作业。

3）环空偏心度

环空偏心度指井筒圆心与钻杆圆心之间的距离与井筒和钻杆半径差的比值。当偏心度为 0 时，井筒与钻杆同心；当偏心度为 1 时，钻杆底端与井筒底部相接触。较大的偏心度意味着钻杆的偏心更严重。环空偏心度主要受连续油管重力的影响，在水平段钻进时，连续油管受到自身重力的作用而向下偏移，导致偏心效应。这会导致连续油管上部环空较大，而下部环空较小，如图 3.28 所示。

随着环空偏心度的增大，岩屑床的高度也会增加。当连续油管的偏心程度较小时，环空底部的岩屑沉积较少，岩屑可以悬浮和跃移。但是，随着偏心程度的增加，环空底部的空间变小，流体通过能力减低，流速降低，岩屑主要以流动床和岩屑床的形式存在，对流体的携岩作用不利。

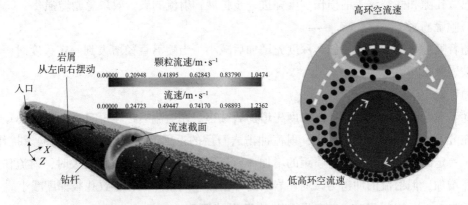

图 3.28　水平环空偏心度对其携岩效果的影响示意图

3.2.4　与超临界 CO$_2$ 有关的钻井工程问题与挑战

通过对超临界 CO$_2$ 作为深井欠平衡钻井液的适应性进行研究，Gupta 等提出了以下几点注意事项。

（1）如果地层水与 CO$_2$ 在环空中混合，那么腐蚀速率可能很高。这是一个重要的问题。首先，由于液态 CO$_2$ 挥发性高、黏度低，很难在高压泵的柱塞和密封填料之间形成有效润滑，可能导致严重的磨损和密封性能损失。其次，超临界 CO$_2$ 的强大扩散能力可能导致井下动力钻具的橡胶密封填料膨胀破坏。最后，CO$_2$ 与水混合会产生碳酸，可能会腐蚀金属材料。

(2)由于 CO$_2$ 的低黏度，其携岩效率和规律仍然存在一些疑虑。保持环空中的湍流流动条件，并使用较小的废屑，可以有利于废屑的输送。在其他情况下，可能需要使用 CO$_2$ 增稠剂等增稠剂以提高黏度。

(3)CO$_2$ 射流通过钻头喷嘴时，喷嘴上下游压差可能达到十几或几十兆帕，压差越大，焦耳–汤姆逊效应(即气体节流前后温度的变化)产生的温差越大。因此，需要考虑喷嘴和节流阀之间可能存在的温度大幅下降的情况。

(4)CO$_2$ 钻井系统需要专门设计的高压马达，其密封元件必须与超临界 CO$_2$ 兼容，因为超临界 CO$_2$ 会使弹性体膨胀。

(5)超临界 CO$_2$ 钻井系统需要高压设备，包括用于注入液态 CO$_2$ 的高压泵、高压连续油管和特殊设计的喷射钻头。连续油管的工作压力评级受到疲劳极限的限制。

(6)超临界 CO$_2$ 的物性参数与井筒内的温度和压力条件相互影响，并且影响关系复杂。因此，为了有效控制井底压力并确保钻井的安全进行，必须建立起一套能够快速、精确地控制井底压力的井控理论、方法和设备。

(7)CO$_2$ 是一种温室气体，直接排放到大气中会产生环境问题。一种替代方案是将重新压缩的 CO$_2$ 进行循环再利用，如用作钻井液或用于提高采收率项目。

(8)CO$_2$ 的成本因来源位置的不同而异，如来自油田或发电站的 CO$_2$，成本从 230 到 650 元/t 不等。在经济上更有意义的是将 CO$_2$ 源放置在靠近钻井现场的地方。

3.3　泡沫钻井技术

3.3.1　泡沫钻井概述

在 1950 年和 1960 年，当工程师们发现使用空气钻坚硬岩石的钻速可以显著提高 2～3 倍，并且能够避免严重井漏问题时，空气钻井开始流行。在 1960 年初和 1970 年末，泡沫技术得到了发展。由于稠密泡沫的稳定性能够应对大量水的侵入，并有效改善岩屑携带能力，这进一步推动了欠平衡钻井的应用。加拿大随后成为欠平衡钻井的全球领导者，将密闭循环氮气泡沫钻井技术应用于水平井中，从 1992 年的 30 口增加到 1995 年的 330 口。由于欠平衡钻井能够获取巨大利益，已经成为径向水平井、小井眼钻井和连续管钻井等最重要的钻井技术之一。随后，伊朗成功地采用了稳定泡沫技术并解决了钻进过程中的漏失和卡钻问题。

我国的泡沫钻井研究与应用始于 1980 年，在新疆油田首次进行了应用。我国已成功地使用泡沫流体钻进了伊 51 井，井深达到 3232m，井底温度达到 110℃，为在高温深井条件下应用泡沫欠平衡钻井技术奠定了基础。

随着泡沫钻井的广泛应用，一次性稳定泡沫欠平衡钻井由于用量大、重复利用率低且消泡困难等缺点，不仅增加了钻井成本，而且对环境造成污染。可循环微泡沫钻井液体系可以聚集但不结合气泡，既克服了一次性泡沫钻井液的缺点，又具备其优点，被称为"Aphrons"。得克萨斯西部的 Fusselmna 油田首次采用了微泡沫钻井液并取得了成功，国内的胜利油田、西南石油管理局等也进行了研究和应用，有效解决了低压易漏地层、大井眼下钻携带砂浊液和井壁稳定等问题。

3.3.1.1 泡沫钻井流程

图 3.29 展示了泡沫钻井井场地面布置及循环流程的示意图。泡沫钻井使用雾化泵将一定比例的泡沫液注入泡沫发生器，与气体(如氮气、空气)设备混合产生均匀的高速泡沫流，通过高压立管注入井下；当氮气泡沫携带岩屑返回地面时，经过消泡装置进行消泡处理，清除钻屑，然后再调整性能使其再次循环发泡。

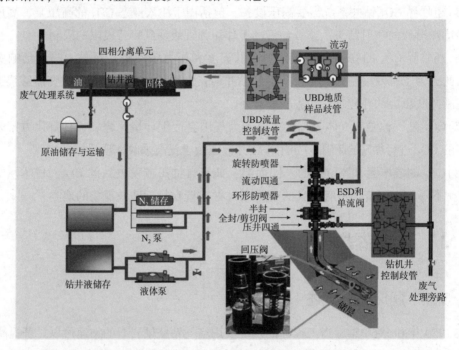

图 3.29　泡沫钻井井场地面布置及循环流程图

稳定泡沫是由水、压缩气体、发泡剂、稳定剂和其他化学剂组成的混合物。其他化学助剂可以根据井下情况和实际需求进行选择，如防塌剂、防腐剂、缓蚀剂和消泡剂等。压缩气体可以是空气、氮气、CO_2 和天然气。稳定泡沫在地面上由不同基液与气体混合形成，经井筒循环一次性使用，返至地面自行分解。

3.3.1.2 泡沫钻井技术特点

泡沫钻井具有以下技术特点。

(1)泡沫体系具有高黏度和强大的岩屑携带能力，能够有效清除井底岩屑，高效清洁井眼，其携带能力是单相流体的十倍以上。因此，携带岩屑所需的返速较低，可以在较低的环空流速下钻井，防止冲蚀井壁。根据资料介绍，泡沫流体在 $0.50 \sim 0.67$m·s^{-1}的低循环速度下可以满足清洗井眼的要求。

（2）泡沫流体柱压力低，可以产生很低的有效密度，具有一般低密度钻井液的优点，适用于低压地区的欠平衡钻井。

（3）泡沫体系液相成分较少，基本没有固相，因此泡沫流体的滤失量较低，可以大幅度减少储层损害，有利于保护油气层。

（4）在地面上，可以通过调整注气量、注液量和在井口施加回压等方法获得所需的井底压力。

（5）为了解决井眼失稳、流体侵入地层、管材腐蚀和页岩水化膨胀等问题，可以向泡沫中添加各种表面活性剂（或其他助剂），使得钻出的井径更加规则。

（6）泡沫流体中的气体以小气泡形式作为内相分散于泡沫液中，并被连续相的水膜包裹，因此降低了空气泡沫着火和爆炸的可能性。

（7）泡沫体系使用的水量较少，可以在沙漠、高山和严寒等供水困难的条件下进行钻井。

3.3.2 泡沫钻井基本原理

3.3.2.1 泡沫钻井携岩机理

在钻井作业中，钻井液以泡沫的形式存在。由于泡沫呈网状结构并具有较强的结构黏度，可以将钻屑和砂子包裹到网状结构中，并随着整个结构向上移动。泡沫不仅可以以较低的速度携带钻屑，还可以减少钻屑对钻具的侵蚀。图 3.30 展示了泡沫网状结构及固定钻屑的原理示意图。相比之下，空气钻井底部的回流速度约为 15m·s^{-1}，顶部接近 100m·s^{-1}，而泡沫钻井底部的回流速度约为 1m·s^{-1}，井口处超过 10m·s^{-1}。因此，在泡沫结构中固定的钻屑以较低的速度（小于2m·s^{-1}）移动，钻屑对钻具表面的侵蚀得到克服或大幅度降低。

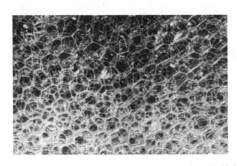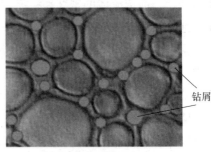

钻屑

图 3.30 泡沫网状结构及固定钻屑示意图

3.3.2.2 泡沫钻井井控机理

使用气体/泡沫进行钻井属于欠平衡钻井的范畴，对所需井控设备的正确理解至关重要。

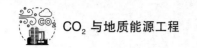

其中一种设备是旋转控制头，其具有橡胶密封件，可将回流流量从井架地面引导到补偿管中。但随着时间推移，橡胶密封件会磨损，不能长期使用。这是一种需要定期检查和更换的消耗品。在选择旋转控制头时，还需要考虑机械钻速、钻柱长度、旋转压力和旋转时间等。

另一个井控设备是浮阀或止回阀(单向阀)。止回阀只允许流体单向流动，即从地表到井底，并防止烃类物质上升到地表。安装在井底钻具组合中，可以采用不同的设计方法，如升降式、旋启式和蝶式。为了降低故障风险，可在钻柱上设置备用的止回阀。图3.29展示了一些欠平衡钻井中的井控设备和安全阀设置。

3.3.3　与泡沫有关的钻井工程问题与挑战

目前，泡沫钻井系统主要基于空气和氮气，关于CO$_2$泡沫钻井技术的报道相对较少，但从之前的原理分析来看，CO$_2$泡沫钻井系统具有极大的应用潜力。

同时，泡沫体系的应用面临以下问题和挑战。

1)消泡问题

在钻井过程中，泡沫会大量堆积在钻井液池中，随风飘浮在空气中，污染环境，且需要较大的储存空间。此外，泡沫难以迅速消泡，且使泡沫基液无法回收利用，导致泡沫钻井成本大幅增加。解决上述问题的有效方法是采用消泡技术。

目前常用的消泡方法主要包括自然消泡法、化学法和物理法。自然消泡法需严格控制泡沫的半衰期，实施较为困难。化学法通过添加化学消泡剂进行消泡，速度快，但添加的消泡剂可能影响泡沫基液的发泡和稳泡性能。物理法主要利用温度、压力的变化或机械外力来消除泡沫，其中机械消泡设备简单、功耗低，易于加工和改进，具有良好的应用前景。

2)泡沫钻井工艺技术的理论尚不成熟

由于气体的体积受温度、压力的变化影响，正常钻井过程中，泡沫质量分数会随着井深的变化而变化，泡沫流体的密度和稳定性也会发生变化，增加了钻井工艺的复杂性和难度。为保证泡沫在全井段的稳定性，需要采用适应不同井段温度、压力条件的气液比，这涉及许多因素(如井眼基本参数、气体注入量、泡沫注入速度、机械钻速等)，是一个复杂问题，国内外目前都在开发专门的计算软件。

3)泡沫流体的流变学研究

由于气体具有可压缩性，泡沫流体的流变学相较于常规流体更为复杂，但国内外在这方面仍没有取得重大突破。其中，关于泡沫流体在井眼中的循环当量密度以及受压力作用下的密度和流变学研究仍处于空白状态。

4)泡沫钻井中井壁的稳定性

在较深的井中进行泡沫钻井时，需要解决由于压力、温度、剪切速率等因素变化引起的深部泡沫稳定问题，由于微裂缝、水化膨胀、坍塌掉块带来的深部泡沫流体井壁稳定性问题，以及深部泡沫所携带的岩屑和液体等问题。

3.4 含 CO$_2$ 酸性气侵井控技术

酸性气体(Sour Gas)是指溶于水后会形成酸的化合物,如 H$_2$S 和 CO$_2$ 等。这些酸性气体的存在会增加管道和设备的腐蚀,影响其使用寿命。

我国的塔里木盆地、四川盆地和渤海湾盆地部分区块的生产井产出物中含有较高浓度的 CO$_2$。另外,随着 CO$_2$ 提高采收率技术的规模化应用,将 CO$_2$ 持续注入地下储层,导致地层中 CO$_2$ 的含量增加。在这些高浓度 CO$_2$ 油气藏的钻井作业中,CO$_2$ 流体可能会在井口附近发生相变,导致体积瞬间急剧膨胀,可能引发井涌或井喷等钻井事故。因此,有关含 CO$_2$ 酸性气体的井控安全问题已成为油田现场的重点和研究热点。

3.4.1 超临界 CO$_2$ 溢流的主要原因

在钻采过程中,超临界 CO$_2$ 产生溢流甚至井喷的主要原因有以下几点。

(1)超临界 CO$_2$ 的侵入导致钻井液密度降低,井内的有效液柱压力降低,在低于地层压力时会发生溢流。

(2)超临界 CO$_2$ 具有低黏度和良好的扩散性,当地层流体进入井底后,由于密度差异和重力作用,超临界 CO$_2$ 相对于钻井液滑脱向上移动,并在很短的时间内在井中集聚形成气柱,然后快速流向井口。在井筒中流动时,因相变引起体积突然膨胀,导致井口失控,引发井喷。

(3)超临界 CO$_2$ 具有很强的溶解能力。在井底条件下,大量超临界 CO$_2$ 被溶解在钻井液中。在沿井筒上升的过程中,温度和压力降低,超临界 CO$_2$ 的溶解度急剧降低,溶解的气体大量逸出,使得井筒内更多气体聚集,引发更为严重的溢流。

(4)接近井口处,CO$_2$ 从超临界态转变为气态,体积显著膨胀,极有可能造成瞬间井涌或井喷。

3.4.2 超临界 CO$_2$ 溢流的主要规律

在含 CO$_2$ 酸性气藏钻井发生溢流时,井筒流动变得复杂,对井控安全的影响有着不同于常规气侵的规律。通过分析井筒流动行为,可以为处理溢流气侵提供安全、高效和快速的理论依据。具体的流动规律以及对井控安全的影响包括以下几方面。

(1)酸性气体由于其密度较大并且酸性气体组分中的 CO$_2$ 溶解度很大,很大一部分以溶解气形式存在,因此,在气侵初始阶段,与普通天然气相比,酸性气体引起的井筒压降较小,更难被发现(不易被检测到)。另外,受 CO$_2$ 等酸性组分的影响,酸性气体的溶解度远高于普通天然气的,使得酸性气体侵入时气体体积分数较小而溢流时间较长,增加了溢流监测的难度。

(2)当酸性气藏中的 CO$_2$ 含量特别高时,在井口附近可能发生相态变化。CO$_2$ 或 H$_2$S 随温度压力降低突然变为气态。气体上升过程中温度和压力下降,其溶解度也随之下降。

因此，在井口附近，气体体积可能会急剧膨胀，导致井筒压力迅速降低，进而引起井涌、井喷等严重的井控事故。

（3）酸性气体侵入存在危险性。除了气体本身具有毒性、腐蚀钻具等问题外，溢流初期环空压降很小，不容易被发现。但是，随着温度和压力的降低，气体靠近井口处的体积迅速膨胀，酸性组分的溶解度迅速降低，大量游离气体析出，导致井筒压力急剧下降。如果处理不当，将会引发严重的井控事故。

（4）随着打开气藏储层厚度的增加，溢流过程中气体上升时环空井底压力迅速下降。在井口附近，这种变化更加剧烈，气体流动速度极快，溢流时间减少，井控操作的时间变短。因此，及时发现溢流至关重要。

（5）在储层渗透率较高的情况下，发生气侵后单位时间内进入环空的气体量比渗透率较低时多得多。在气侵发生后的一段时间内，气体上升过程中环空井底压力迅速下降，从而诱导更多的气体涌入井筒，使得气体在井筒中的运移速度大大增加，进而缩短了采取安全控制的时间。

3.4.3 含 CO$_2$ 酸性气侵井控安全要求

在含 CO$_2$ 酸性气藏钻井中，井控安全具有以下特点和要求。

（1）含 CO$_2$ 酸性气藏通常属于海相沉积，地质条件和储层岩性复杂，井下情况多变，可钻性很差。钻井过程中常出现井涌和井漏交替，导致钻井液密度范围非常窄，地层漏失现象严重。

（2）含 CO$_2$ 酸性气体储层一般埋藏较深，常见异常高压地层。海相沉积地层的压力预测非常困难。此外，由于地层裂隙发育，容易发生突发气侵，造成井喷事故。

（3）含 CO$_2$ 酸性气体对管材有严重的腐蚀作用。如果含 CO$_2$ 酸性气藏中还含 H$_2$S 气体，对管材会产生氢脆作用，降低管材的强度。因此，在钻完含 CO$_2$ 酸性气藏井时，钢材选择、井口装置和井控管汇的配套与安装应符合行业标准。对于压力较大、易溢流的含 CO$_2$ 酸性气藏油田，应按照可能高于行业标准的油田标准执行。

（4）需要加强对含 CO$_2$ 酸性气体储层气层压力和物性的准确预测，并根据所在地区的实际情况合理设计井身结构，尽量避免同一地层出现喷、漏现象。

（5）重视溢流监测和处理。应实时监测钻井参数、钻井液体积变化和钻井液中的气体含量。同时，要落实钻达气层管理制度，及时预报、控制和处理溢流情况。

（6）在设计钻井液时，要保证合理的密度和流变性，并保持 pH 值在适当范围内。

（7）提升作业人员素质，加强井控技术培训，并明确各级责任。

★☆☆ **思考题** ★☆☆

1. 钻井的目的以及钻井的主要功能有哪些？

2. 井身结构的定义是什么？井身结构的组成有哪些？分别介绍其作用。

3. 钻井液的定义是什么？钻井液的主要功用有哪些？

4. 钻井液的主要类型有哪些？分别介绍其相关概念。

5. 钻头的类型有哪些？请讲述每一种钻头的相关破岩机理。

6. 井控的概念是什么？在钻井过程中，会出现哪些井控问题？

7. 钻井过程中储层伤害的主要原因是什么？钻井过程中储层保护的主要措施有哪些？

8. 超临界 CO$_2$ 钻井的定义是什么？请介绍超临界 CO$_2$ 钻井技术的特点。

9. 请简述超临界 CO$_2$ 的破岩机理和携岩机理以及井控机理。

10. 超临界 CO$_2$ 钻井破岩效果的影响因素有哪些？

11. 与超临界 CO$_2$ 有关的钻井工程问题与挑战有哪些？

12. 请简述泡沫钻井的相关流程以及泡沫钻井有关技术特点。

13. 与泡沫有关的钻井工程问题与挑战有哪些？

14. 超临界 CO$_2$ 溢流的主要原因有哪些？请简单介绍超临界 CO$_2$ 溢流的主要规律。

4 CO₂ 与完井工程

在地质能源钻井过程中或结束后需进行水泥固井与完井作业。水泥固井是指在钻进一定深度后在套管与地层之间的环空中注入水泥，起到固定井筒的作用。此后，需要进行完井作业，即对近井进行射孔、压裂、酸化、洗井、除砂等，使近井地质能源更加顺畅地流入井底，进而被产出。目前，非常规油气资源(特别是致密油气或页岩油气)由于储层渗透率低，需要进行压裂改造，以增加油气导流空间。水力压裂目前在全球应用最为广泛且技术成熟。但是，在我国非常规油气水力压裂开发过程中，常常会面临水源不足和压裂后水处理困难等问题。此外，现有的水力压裂技术对水的消耗非常大，单井需水量为$(1\sim3)\times10^4\mathrm{m}^3$，这引起了公众对常规水力压裂作业的水源和环保问题的担忧。另外，水基压裂液中添加了增黏剂、减阻剂、除垢剂和杀菌剂等多种化学品，在压裂施工结束后，部分压裂液无法返排，导致地下水发生不可逆转的污染，并且返排液中含盐度极高，还常常携带难以净化的地下放射性物质，造成严重的二次污染。因此，寻求一种更科学和环保的完井技术成为国内外专家研究的热点。本章将主要介绍完井工程基础知识以及 CO₂ 对套管和固井水泥的腐蚀与防腐技术、CO₂ 压裂技术、CO₂ 酸化技术等基本原理和方法。

4.1 完井工程基础知识

完井工程(Completion Engineering)是衔接钻井工程和油气田开发和采油采气工程的重要且相对独立的工程环节。其从钻开生产层开始，经过下生产套管、注水泥固井、完井(包括裸眼完井、射孔完井等)、下生产管柱、防砂、排液等步骤，直至投产和增产，是一个系统工程，其目的是建立生产层与井筒之间的畅通流动通道，以确保油气井长期高产稳产。

完井工程是一项复杂的系统工程，所涉及的研究内容较多。下面简要介绍当前完井工程的主要内容和步骤，如图 4.1 所示。

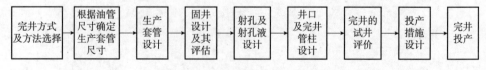

图 4.1　完井工程主要内容及步骤

1)完井方式与方法优选

根据具体的油藏特征及储层特性，利用出砂预测模型判断地层是否出砂、何时出砂，并结合油藏工程和采油工程的要求，初步选择适合具体油藏特征及储层特性的完井方法，然后结合经济评价模型，选出最佳完井方法。

2)油管及生产套管尺寸选定与设计

通过压力系统分析，对油层、井筒和地面管线进行敏感性分析。根据油层压力、产量、产液量、流体黏度、增产措施和开采方式等因素，综合分析，选定合适的油管尺寸，再根据油管尺寸设计适当的生产套管。

3）注固井水泥方案设计及其评估

根据井的类别、油气压力状况、开采工艺对水泥耐温性和耐酸性的要求以及固井长度的要求等因素，选择一次注水泥、分级注水泥或套管外封隔器注水泥等方式，并确定水泥浆配方，从而进行注水泥的设计。在完成注固井水泥后，检查套管外的水泥是否封隔好、有无窜槽和混浆段，以及水泥返高情况。

4）射孔及完井液设计

根据射孔敏感性分析的结果，确定射孔弹类型、孔密、孔径、相位和负压等参数，然后根据油层渗透率和原油物性选择合适的射孔枪及射孔弹类型。同时考虑油层压力、渗透率和油气物性等参数，选择适宜的射孔方式，如电缆射孔、油管射孔、负压射孔、复合射孔等。同时，还要选用与油层黏土矿物和储层流体配伍的射孔液及完井液。

5）井口及完井生产管柱设计

根据生产要求，设计井口及完井所需的生产管柱和注水管柱，以及其他特殊要求的生产管柱，如高温高压油气生产管柱和防腐蚀生产管柱等。

6）完井的试井评价

在完井投产后，通过试井评价表皮系数，检查油层是否受到伤害，找出油层受到伤害的原因，以便通过后续优选完井方法解除或减少对油层的伤害。

7）投产措施设计

根据油层受伤害程度及油气层类型，采用不同的投产措施，以充分释放油气井的产能。投产措施往往采用抽汲替喷、氮气举升、汽化水或泡沫助排，必要时还可采用酸浸或物理方法等解堵。对于某些井，可能需要进行酸化或压裂后才能进行投产。

4.1.1 固井工程

4.1.1.1 固井工程概述

固井(Well Cementing)是一种在已经钻成的井眼中下放套管，并在套管与壁之间的环形空间内注入水泥浆，将套管和地层固结在一起的工艺过程。有关套管的类型及作用已在第3.1.2节的井身结构部分中进行了详细介绍。固井的目的是防止复杂情况的发生，确保安全地钻进下一段井眼(针对表层套管和技术套管)，或者顺利开采油气层(对于油层套管)。

钻井和固井注水泥的步骤示意如图4.2所示。

固井可以实现以下目标。

(1)固定和保护套管。

在钻井过程中，所下的套管都必须通过固井作业将其固定。此外，套管外的水泥石可以减小地层对套管的挤压，起到保护套管和防止管壁腐蚀的作用。

(2)封隔油、气、水层及严重漏失层和其他复杂层。

封隔井眼内的油、气、水层，以便后续的钻进或其他生产工作。当钻完严重漏失层后，必须通过下套管固井来封隔漏失层，以避免影响后续的钻井工作。当钻遇其他复杂层

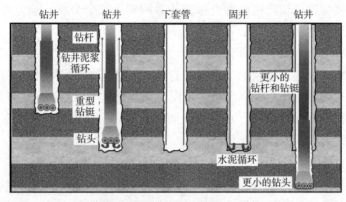

图 4.2　钻井与固井注水泥的步骤

(如易坍塌地层)时，可通过钻完该层后下套管固井的方法解决问题。

(3)保护高压储层。

当钻遇高压储层时，容易发生井喷等事故，需要通过增加钻井液密度来平衡地层压力。在钻完高压储层后，必须进行下套管固井，以保护高压储层。

4.1.1.2　水泥浆及其性能与固井的关系

油井水泥(Well Cement)是由硅酸盐水泥特殊加工而成的用于油井和气井固井的专用水泥。其主要成分和水化作用已在第 2.3.1 节详细介绍，此处不再赘述。

由于油井水泥要适应不同井深(从几百米到几千米)，地层温度和压力的变化范围很大，井下情况各不相同，并且固井施工所用时间也不一样。因此，单一种类的油井水泥无法满足各种工程需求。根据不同的工艺要求，需要选择不同类型的油井水泥。目前国际上通用的油井水泥分类标准由美国石油学会(American Petroleum Institute，简称 API)提出。

美国石油学会 API 将油井水泥分为 9 个级别，即 A、B、C、D、E、F、G、H、J 级。其中 A、B、C 级为基质水泥，D、E、F 级水泥在烧制时允许添加调节剂(如缓凝剂等)，G、H 级水泥中允许加入石膏，J 级水泥必须符合 J 级标准。表 4.1 中列出了各种级别 API 油井水泥的常规成分和细度范围。

表 4.1　API 油井水泥常规成分及细度

API 级别	ASTM 标号	通常潜在晶相(质量分数)/%				常规细度/cm² · g⁻¹
		C_3S	$\beta - C_2S$	C_3A	C_4AF	
A	Ⅰ	45	27	11	8	2700
B	Ⅱ	44	31	5	13	2900
C	Ⅲ	53	19	11	9	4000
D		28	49	4	12	1500
E		38	43	4	9	1500
G	(Ⅱ)	50	30	5	12	1800
H	(Ⅱ)	50	30	5	12	1600

API 标准的水泥适用范围如表 4.2 所示。

表 4.2 API 标准的水泥适用范围

API 级别	适用深度范围/m	适用温度范围/℃	类型 普通	类型 抗硫酸盐型 中	类型 抗硫酸盐型 高	备注
A	0 ~ 1830	<76.7	·	—	—	普通水泥，无特殊性能要求
B	0 ~ 1830	<76.7	—	·	·	中热水泥，分中、高抗硫酸盐型
C	0 ~ 1830	<76.7	·	·	·	早强水泥，分普通型和中、高抗硫酸盐型
D	1830 ~ 3050	76 ~ 127	—	·	·	用于中温中压条件，分中、高抗硫酸盐型
E	3050 ~ 4270	76 ~ 143	—	·	·	基质水泥加缓凝剂，高温、高压条件，分中、高抗硫酸盐型
F	3050 ~ 4880	110 ~ 160	—	·	·	基质水泥加缓凝剂，超高温、超高压条件，分中、高抗硫酸盐型
G	0 ~ 2440	0 ~ 93	—	·	·	基质水泥，分中、高抗硫酸盐型
H	0 ~ 2440	0 ~ 93	—	·	·	基质水泥，分中、高抗硫酸盐型
J	3660 ~ 4880	49 ~ 160	—	—	—	普通型，超高温

对固井工程有较大影响的水泥浆参数包括：密度、稠化时间、初凝时间、失水量、凝结时间、水泥石的强度和抗蚀性等。为使水泥浆能够流动，需要加入的水量应达到水泥质量的 45%~50%，同时调节初始水泥浆的密度为 $1.80 \sim 1.90 \mathrm{g \cdot cm^{-3}}$。根据 API 标准，在 15 ~ 30min 内，水泥强度应小于 30BC(水泥稠度单位)。

良好的稠化情况是在现场整个施工过程中，水泥浆的稠度在 50BC 以下。未经处理的水泥浆 30min 时失水量通常为 100mL。另外，一般希望固井结束后候凝约 8h 水泥浆才开始凝结成水泥石。待其抗压强度达 2.3MPa 以上时可开始下一次开钻操作。对于射孔的层段，水泥石的抗压强度应大于 13.8MPa。

在通过调整水泥的化学成分不能完全满足固井工程要求时，需要添加水泥浆外加剂(如加重剂、减轻剂、缓凝剂、促凝剂、减阻剂、降失水剂、防漏失剂等)进行调节。

4.1.1.3 固井过程中的储层保护技术

固井作业中，在钻井液和水泥浆有效液柱压力与储层孔隙压力之间产生的压差作用下，水泥浆通过井壁破坏的泥饼进入储层，对储层产生损害。水泥浆对储层的损害程度取决于其组分、失水量、钻井液泥饼质量、外泥饼消除情况、压差以及固井过程中是否发生漏失等因素。

提高固井质量是固井作业中保护储层主要措施之一。为确保固井质量，可采取以下主要技术措施：改善水泥浆的性能，合理控制压差进行固井，提高顶替效率，防止水泥浆失重引起环空窜流。

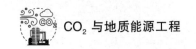

4.1.1.4 低碳水泥技术

在碳达峰、碳中和背景下，水泥等建材行业面临巨大挑战，因为其能耗高、排放量大、产能过剩。低碳水泥技术可以通过以下方式实现。

1）原料替代技术

利用某些天然矿物或化工行业产生的工业废料，如电石渣、造纸污泥、脱硫石膏、冶金渣尾矿等（主要成分包含氧化钙、氧化硅等）替代水泥生产中使用的传统石灰石原料。这样可以避免生料中的石灰石成分在分解炉分解时排放 CO_2。

2）燃料替代技术

摒弃高碳排放的煤炭和石油等燃料，改用生物质燃料、氢能或电能等低碳排放的燃料。常用替代燃料的碳排放强度比煤炭的低 20%~25%，而使用氢能甚至可以实现 CO_2 零排放。

3）熟料替代技术

对各种混合材进行深加工，与熟料混合制作混凝土。使用混合材可以部分替代熟料，有利于减少 CO_2 排放。然而，过度使用混合材可能对建筑物的安全性产生潜在影响。

4）其他技术

在水泥行业中，燃料和电力部分约占 CO_2 排放总量的 40%，因此提高能量利用率是减排的重点。另外，水泥窑烟气出口的 CO_2 可以进行收集并压缩成液体形式，进行碳捕集和地质封存（Carbon Capture and Storage，简称 CCS 技术）。有关 CCS 技术的相关知识将在第 9 章中进行详细介绍。

4.1.2 完井工程

4.1.2.1 完井工程概述

完井工程包括钻开生产层、确定油气层和井眼之间的连通方式（即完井井底结构），并确定相应的完井井口装置和技术措施。

完井井底结构可以分为封闭式井底、敞开式井底、混合式井底和防砂完井四类，需要根据不同的油气层条件选择适当的类型。

此外，完井作业有时还包括下放油管、安装油管头和采油树，接着进行替喷和诱导油流，使油气进入井眼，以便进行采油生产。

4.1.2.2 完井方式

1）直井完井方式

目前国内外最常见的直井完井方法（Vertical Completion Technology）有套管或尾管射孔完井、裸眼完井、割缝衬管完井、砾石充填完井、防砂筛管完井等。

由于现有的各种完井方法都有其各自的适用条件和局限性，因此了解各种完井方法的特点十分重要。图 4.3 展示了几种常见直井完井方式，包括射孔完井、裸眼完井、割缝衬管完井、裸眼砾石充填完井、套管砾石充填完井和复合型完井。表 4.3 列出了各种完井方式适用的地质条件。

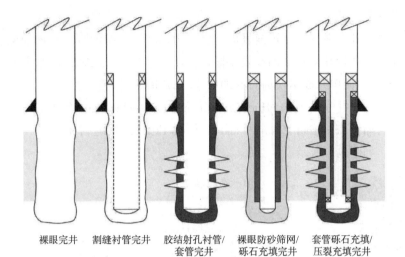

裸眼完井　　割缝衬管完井　　胶结射孔衬管/　　裸眼防砂筛网/　　套管砾石充填/
　　　　　　　　　　　　　套管完井　　　砾石充填完井　　压裂充填完井

图 4.3　常见的直井完井方式

表 4.3　不同类型完井方式的地质适用条件

完井方法	适用的地质条件
射孔完井	(1)砂岩储层、碳酸盐岩裂缝型储层； (2)有气顶、底水，或有含水夹层、易塌夹层等井壁不稳定的储层，要求实施分隔层段的储层； (3)各分层存在压力、岩性等差异，要求实施分层测试、分层采油、分层注水、分层处理的储层； (4)要求实施大规模水力压裂、酸化等增产作业的低渗透储层
裸眼完井	(1)岩性坚硬致密，井壁稳定不坍塌的砂岩或碳酸盐岩储层； (2)无气顶、底水，无含水夹层及易塌夹层的储层； (3)单一厚储层，或压力、岩性基本一致的多层储层； (4)不准备实施分隔层段、选择性处理的储层
割缝衬管完井	(1)岩性胶结疏松，出砂严重的中、粗砂砾储层； (2)无气顶、底水，无含水夹层及易塌夹层的储层； (3)单一厚储层，或压力、岩性基本一致的多层储层； (4)不准备实施分隔层段、选择性处理的储层
裸眼砾石充填完井	(1)岩性胶结疏松，出砂严重的中、粗、细、粉粒砂岩储层； (2)无气顶、底水，无含水夹层及易塌夹层的储层； (3)单一厚储层，或压力、岩性基本一致的多层储层； (4)不准备实施分隔层段、选择性处理和增产措施的储层
套管砾石充填完井	(1)岩性胶结疏松，出砂严重的中、粗、细、粉粒砂岩储层； (2)有气顶、底水，或有含水夹层、易塌夹层等井壁不稳定的储层，要求实施分隔层段的储层； (3)各分层存在压力、岩性差异，要求实施选择性处理的储层
复合型完井	(1)岩性坚硬致密，井壁稳定不坍塌的砂岩或碳酸盐岩储层； (2)裸眼井段内无含水夹层及易塌夹层的储层； (3)单一厚储层，或压力、岩性基本一致的多层储层； (4)不准备实施分隔层段、选择性处理的储层； (5)有气顶，或储层顶界附近有高压水层，但无底水的储层

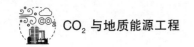

2）水平井完井方式

近年来，国内外水平井技术迅速发展，已成为提高裂缝型油藏、稠油油藏、低渗透油藏和底水油藏单井产量和采收率的有效手段。根据统计结果，已完钻的水平井的单井产量是直井的 2～5 倍，而单井成本仅为直井的 1.5～2.0 倍。

目前常见的水平井完井方法（Horizontal Completion Technology）有裸眼完井、割缝衬管完井、带管外封隔器（External Casing Packer，简称 ECP）的割缝衬管完井、射孔完井及砾石充填完井等，如图 4.4 所示。

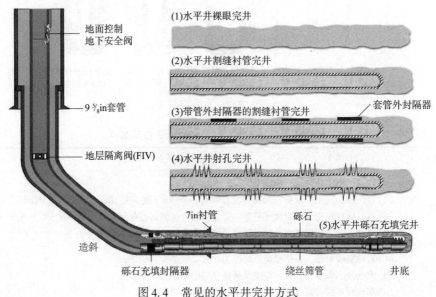

图 4.4　常见的水平井完井方式

水平井裸眼完井主要适用于碳酸盐岩坚硬地层和不坍塌致密地层，尤其是含一些垂直裂缝的地层。

水平井割缝衬管完井方法可防止地层在裸眼完井时坍塌。该完井方法简单，既可以预防井塌，也可以将水平井段分成若干段进行小型措施，在当前水平井中应用较普遍。

管外封隔器（ECP）完井方法通过使用管外封隔器实施层间封隔，可以按层段进行操作。

射孔完井首先将技术套管下过直井段，注水泥封固，然后在水平段下尾管，再次注水泥封固，尾管靠悬挂器挂在技术套管内，最后在尾管水平段射孔。这种完井方法可以实行分层酸化、压裂及分层注水，适用于稠油井和稀油井。

除了上述四种常见的完井方式，还有一些复杂结构的井和特殊工艺的井被开发以提高油田的油气产量。其中包括多分支水平井（Multi - lateral Well）和大位移井（Extended - reach Well）等。

4.1.3　油气井投产

4.1.3.1　投产措施

经过套管或尾管完井并射孔后，油井即可交付投产。在投产前，需要用通径规检查井筒是否畅通无阻。然后,使用套管刮削工具清除套管内壁上的水泥及炮眼毛刺,以确保下井工具正常工作及封隔器成功坐封。最后,如果井筒内有脏物存在,利用洗井液进行冲洗并带出井筒,为后续施工做好准备。洗井液应保证清洁、优质并与压井液的密度相近,同时不对油层造成伤害。

4.1.3.2 排液

在正压差射孔后,由于液柱压力高于油层压力,油井无法自喷,此时需要进行排液。常规的排液方法包括替喷排液、抽汲排液、气举排液和泡沫排液。

1)替喷排液

替喷排液的实质就是降低井内液体的相对密度,使井内液柱的回压低于油层的压力而达到诱喷的目的。

2)抽汲排液

抽汲是指使用专用工具将井内液体抽到地面,以降低液面并减小液柱对油层回压的排液方法。由于抽汲的诱流强度比替喷高,所以一般适用于喷势不大的自喷井或有自喷能力但因泥浆漏失和钻井液滤液等原因使油层受到伤害的油井。

3)气举排液

气举排液是指采用高压气体压缩机把气体压入井中,使压井液排出的诱导油流方法。气举仅准许使用氮气和天然气,不得使用空气,以防与天然气在油井里混合时遇明火发生爆炸。

4)泡沫排液

泡沫排液是利用泡沫流体进行排液的方法。泡沫流体由于其独特的结构,具有静液柱压头低、滤失量小、携砂性能好、摩阻损失小、助排能力强、对油层伤害小等特性。

4.1.3.3 下入完井管柱

下入完井管柱使生产井或注入井开始正常生产是完井工程的最后一个环节。

油井完井管柱主要包括自喷井完井管柱、有杆泵完井管柱、水力活塞泵完井管柱、电动潜油泵完井管柱、气举井完井管柱和螺杆泵完井管柱等。注水井完井管柱包括笼统注水管柱和分层注水管柱。其他类型的完井管柱包括天然气完井管柱、定向井完井管柱和水平井完井管柱。

4.1.3.4 安装油气井井口装置

油气井井口装置(Wellhead)的作用是悬挂井下油管柱、套管柱,密封油管、套管以及两层套管之间的环形空间,以控制油气井生产,是回注(注蒸汽、注气、注水、酸化、压裂、注化学剂等)和安全生产的关键设备。油气井井口装置由套管头、油管头和采油(气)树(Christmas tree)三大部分组成,如图4.5所示。

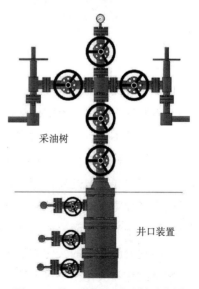

采油树

井口装置

图4.5 井口装置与采油树示意图

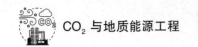

4.1.4　油气井增产措施

投产后，如果低渗储层单井产量无法达到开发的经济下限，需要采取增产措施，如压裂、酸化等，提高单井产量。

对于有效渗透率小于 $10 \times 10^{-3} \mu m^2$ 的油层，可以采用水力压裂或酸化压裂的方式进行处理。渗透率为 $10 \times 10^{-3} \sim 20 \times 10^{-3} \mu m^2$ 的油层适合进行压裂或基质酸化处理，大于 $20 \times 10^{-3} \mu m^2$ 的油层适合进行基质酸化。通常，水力压裂适用于低渗透砂岩储层，酸化压裂适用于低渗透碳酸盐岩储层，而基质酸化用于对储层进行解堵，也常在低渗透储层不适合水力压裂或酸化时使用。

4.1.4.1　酸化

酸化(Acid Treatment)分为常规酸化与压裂酸化两种，如图4.6所示。在低于地层破裂压力，不压开裂缝的情况下，将酸液挤入地层解决近井堵塞，这种酸处理称为常规酸化(Conventional Acidification)。常规酸化主要是解除井底附近地层的堵塞，使用的酸量一般不大，在 $10 \sim 30 m^3$。

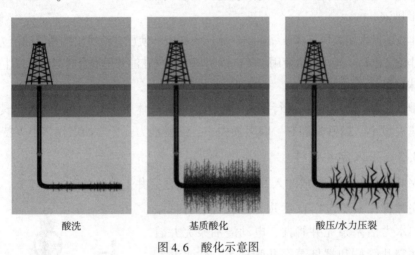

酸洗　　　　　　　　基质酸化　　　　　　酸压/水力压裂

图4.6　酸化示意图

由于常规酸化不压开裂缝，因此面容比很大、酸岩反应速度快、有效作用距离很短，只能改善井底附近很小范围的渗透性能。堵塞较深的油气井以及低渗透区的油气井，采用常规酸化往往不能有较大的增产。对于这种情况，可考虑使用酸化压裂。

酸化压裂称为酸压(Acid Fracturing)，是指在高于地层吸收能力的排量下向地层中挤入酸液，使井底压力升高，当井底压力超过地层破裂压力时，地层中原有的天然裂缝会被撑开而使其加宽，或者将地层岩石压破形成新的裂缝。继续注入大排量酸液后，酸液会在压开的裂缝中流动，面容比急速减少，酸的有效作用距离显著增加。

碳酸盐岩油气层的酸化方法主要包括盐酸酸化、乳化酸酸化、泡沫酸酸化、胶凝酸酸化、暂堵酸化和酸化压裂等方法。

砂岩油气层的酸化方法主要包括土酸酸化、盐酸－氟化氢铵酸化、胶束酸酸化、氟硼酸酸化和分层酸化等方法。

4.1.4.2 压裂

压裂(Fracturing)是指利用地面高压泵组将高黏液体以远超过油层吸收能力的排量泵入井中，随即在井底附近憋起高压；当此压力大于井壁附近的地应力及岩石的抗张强度时，井底附近地层将产生裂缝；将带有支撑剂的携砂液挤入裂缝中，支撑剂沿裂缝分布，从而在井底附近地层内形成具有一定长度、宽度和高度的高导流能力的填砂裂缝，供油气流入井内或注入水进入地层，如图 4.7 所示。由于改善了油层的导流能力，从而达到增产和增注的目的。

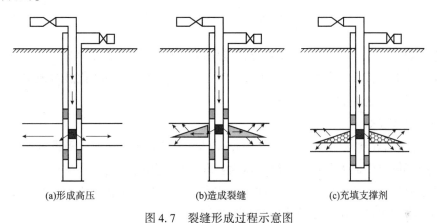

(a)形成高压　　　　　(b)造成裂缝　　　　　(c)充填支撑剂

图 4.7　裂缝形成过程示意图

根据流体种类的不同，压裂通常分为水力压裂、酸化压裂、高能气体压裂和水力喷射辅助压裂等。

1)水力压裂

水力压裂(Hydraulic Fracturing)作业通过使用水基压裂液在储层中造缝，在低渗透储层中形成支撑裂缝等高导流通道，使渗流方式由径向流动变为线性流动(椭圆流动)，增大渗流面积，并提高产量。

压裂液(Fracturing Fluid)是指由多种添加剂按一定配比形成的非均质不稳定的化学体系，是对油气层进行压裂改造时使用的工作液。图 4.8 给出了胍胶压裂液的照片。压裂液的主要作用是传递能量，使油层张开裂缝，并沿裂缝输送支撑剂(Proppant)，从而在油层中形成一条高导流能力通道，以利于油气由地层远处流向井底，达到增产目的。

图 4.8　胍胶压裂液及其
吐舌与携砂照片

自 1950 年压裂液首次用于裂缝增产以来，发生了巨大的演变。早期的压裂液是将汽油作为分散介质，加入具有一定黏度的流体，这也是出现最早的油基压裂液(Oil-based Fracturing Fluid)。后来，随着井深的增加和井温的升高，对压裂液黏度及耐温的要求增加，开始采用天然植物胶压裂液、纤维素压裂液、合成聚合物压裂液，即传统的水基压裂液。1980 年，因泡沫压裂液对地层伤害较小而得到广泛的应用。到了 1990 年，国外石油公司联合推荐了一种黏弹性流体压裂作业，即其所研发的黏弹性表面活性剂(Viscoelastic Surfactant，简称 VES)，其特点是压裂过程中依靠自身的结构黏度携带支撑剂，不需要添加交联剂、破胶剂和其他各种化学添加剂，对地层的伤害较小。1999 年，研究人员提出将清洁压裂液与泡沫压裂液相结合形成清洁泡沫压裂液，结合了清洁压裂液与泡沫压裂液的优点，具有携砂能力强、滤失低、压裂效能高、返排能力强、地层伤害小的优势。压裂液从 20 世纪 50 年代发展到目前的清洁压裂液、清洁泡沫压裂液，仍以水基压裂液体系的应用为主。

2）酸化压裂

酸化压裂(Acid Fracturing)的作业过程是将高黏度胶液(线性溶胶或交联冻胶)作为前置液对地层造缝，接着注入酸液与碳酸盐地层反应，或直接使用稠化酸对地层造缝并与地层起反应，形成一定的酸蚀宽度与裂缝长度。

3）高能气体压裂

高能气体压裂(High - Energy Gas Fracturing)是一种利用火药或火箭推进剂燃烧产生的高温、高压气体以生成多条径向裂缝，从而实现增产效果的方法。苏联把高能气体压裂称为热气化学处理，在美国也被称为脉冲压裂或多裂缝压裂。高能气体压裂的作用主要包括机械作用、水力振荡作用、高温作用和化学作用。

4）水力喷射辅助压裂

水力喷射辅助压裂(Hydra - jet Fracturing)将水力喷射射孔和压裂相结合，然后进行压裂处理。通常将压裂液通过油管柱泵入，从喷嘴流出。这个过程不需要封隔器或桥塞，因此适用于不同尺寸和结构的套管。这种方法结合连续油管和连接管使用，适用于注水泥套管到割缝衬管、裸眼甚至砾石充填完井等不同情况的作业。

4.2　CO₂ 对套管和水泥的腐蚀与防腐技术

4.2.1　CO₂ 对套管的腐蚀

4.2.1.1　CO₂ 腐蚀套管的机理与影响因素

套管腐蚀除了受地质因素(如围岩压力、泥岩膨胀和蠕变、现代地壳运动、地震和滑坡/油层出砂、地面下层及油层压实、盐岩蠕变、断层活动等)和人工施工(如注水、高压注水和非平衡注水、酸化压裂、固井质量、射孔产生裂缝、套管质量不合格等)等常规影响外，向地层中注入 CO₂ 时也会产生套管腐蚀(Casing Corrosion)，如图 4.9 所示。

当注入的 CO₂ 与地层水和套管接触时，会与套管中的 Fe 或 Fe²⁺ 发生反应从而腐蚀管体，上述腐蚀机理已在第 2.4 节进行了详细介绍，此处不再赘述。

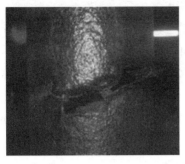

图 4.9 $9\frac{5}{8}$ in 套管(左)和 $13\frac{3}{8}$ in 套管(右)的腐蚀裂纹和凹坑

第 2.4 节还介绍了温度和压力对 CO_2 腐蚀钢铁材料的影响规律,本节将介绍套管中流体流速、油水比、H_2S 以及腐蚀产物膜($FeCO_3$ 和 Fe_3C)的力学性能等因素对 CO_2 腐蚀钢材的影响情况。

1)流体流速的影响

流速以及流体状态(平流、湍流等)的不同,会导致不同形式的腐蚀。在无膜且油水比例较低的情况下,随着流速的增加,腐蚀速率会增大。当介质中含油量增加时,腐蚀速率随着流速的增加而趋于平缓。同时当腐蚀产物膜形成后,流速对腐蚀速率的影响并不明显。然而,如果介质或机械力使膜发生局部破坏,此时流速的增加将极大地提高腐蚀速率,导致严重的局部腐蚀。

2)油水比的影响

通过形成乳液,油和水的混合可能导致不同结果。当形成"油包水"乳液时,水被包裹在油中,使得钢的表面发生油化(即金属表面被几何覆盖),水润湿受阻或大大降低,从而降低腐蚀速率。相反,形成"水包油"时,油对润湿性的影响较小,腐蚀会持续发生。一般认为,当含水量达到 30%~40% 时,会发生从"油包水"向"水包油"的转变,这与油的品质和种类有很大关系。

在原油中,具有缓蚀作用的物质主要包括含有长链羟基、羰基、醚基、苯基结构的杂原子(如 N、S、O、P)化合物和长链卤代化合物。

3)H_2S 的影响

在世界石油工业中,H_2S 腐蚀也是一种常见的腐蚀类型。H_2S 的溶解度为 CO_2 的三倍,少量的 H_2S 也会明显影响 CO_2 的腐蚀程度。

H_2S 的作用表现为以下三种形式。

①当 H_2S 含量小于 $7×10^{-5}MPa$ 时,CO_2 为主要的腐蚀介质,当温度高于 60℃ 时,腐蚀速率取决于 $FeCO_3$ 的保护性能,基本与 H_2S 无关。

②当 H_2S 含量大于 $7×10^{-5}$ 且 $p_{CO_2}/p_{H_2S}>200$ 时,材料表面会形成一层致密的 H_2S 膜,该膜的形成与系统温度和 pH 值相关,导致腐蚀速率降低。

③当 $p_{CO_2}/p_{H_2S}<200$ 时,腐蚀以 H_2S 为主导,一般会在材料表面优先形成一层 FeS 膜,该膜的形成会阻碍保护性良好的 $FeCO_3$ 的形成,最终的腐蚀速率取决于两种膜的稳定性。

4）腐蚀产物膜(FeCO₃和Fe₃C)力学性能的影响

在高温高压多相流介质环境中，腐蚀产物膜会遭受到金属基体的变形作用、不同状态下液流的剪切作用以及固体颗粒的冲击作用三种化学——力学作用。

当腐蚀产物膜致密且附着力强时，能够有效保护金属基体，从而降低腐蚀速率。然而，当腐蚀产物膜疏松、附着力差且不连续时，腐蚀速率增加，腐蚀状态变得复杂。因此，腐蚀产物膜的力学性能不仅决定膜对外界力学作用的抗力，也决定对金属基体免遭化学腐蚀作用的保护能力。

4.2.1.2　CO₂ 腐蚀套管的预测与防护方法

近年来，研究学者们正尝试利用大数据和人工智能方法，建立一套通用有效的腐蚀预测系统，将试验所得理论、数据成果转换成为指导生产的模型准则，从而服务于实际生产，阻止或降低腐蚀所造成的巨大损失。

目前针对CO₂ 腐蚀所进行的控制和防护主要集中在材料选择、环境条件控制、涂层保护(如有机涂层、Ni－P 镀层等)、电化学保护和缓蚀剂等方面。

特别是缓蚀剂(Corrosion Inhibitor)，在改善腐蚀产物膜结构等方面具有重要作用，能够有效地控制腐蚀速率，并延长材料的使用寿命。常用的商业缓蚀剂配方通常包含以下一种或多种成分：季铵盐(在油田语境中称为季胺盐)、脂肪酸、脂肪胺/二胺、咪唑啉以及含氧、硫或磷的化合物，如图4.10 所示。

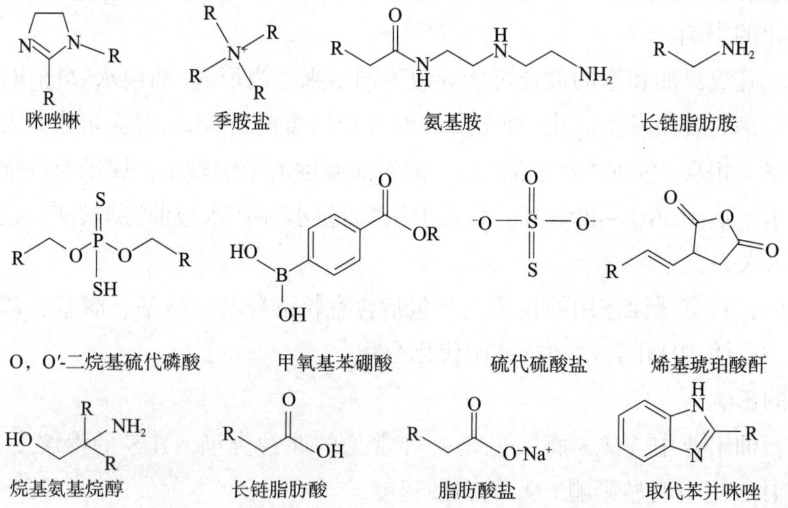

图 4.10　适用于 CO₂ 环境的缓蚀剂的一般结构

常见的极性功能基团被认为是促进吸附过程的主要因素。以典型的长链咪唑啉类分子为例，图4.11 展示了缓蚀剂在CO₂ 环境中的作用。缓蚀剂分子的结构特性，如功能基团、烷基链、杂原子、苯环和π键共轭等，对整体吸附和保护性能有相当大的影响。在水溶性CO₂ 环境中，缓蚀剂分子可以在酸性条件下发生质子化反应。

另外，由于许多合成有机缓蚀剂具有毒性，近年来研究学者们也在不断开发无毒且可生物降解的绿色缓蚀剂。

4.2.2　CO_2 对固井水泥的腐蚀

4.2.2.1　CO_2 腐蚀固井水泥的机理与影响因素

油井水泥的水化产物的主要成分包括水化硅酸钙(C—S—H)、氢氧化钙[Ca(OH)$_2$]、钙矾石(AFt)以及单硫型水化硫铝酸钙(AFm)等。此外,硬化水泥石中还会包含少量的未水化水泥颗粒(C$_2$S、C$_3$S)。其中,C—S—H 占 60% ~ 70%,Ca(OH)$_2$ 占 15% ~ 20%。因此,水泥水化后形成

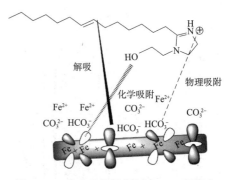

图 4.11　咪唑啉基抑制剂在 CO_2 环境中钢材上的吸附和抑制机理示意图

的水泥石主要组分为 C—S—H 和 Ca(OH)$_2$。Ca(OH)$_2$ 在水泥石中以晶体和饱和水溶液状态存在,使水泥石呈碱性,其 pH 值通常在 12.5 ~ 13。

CO_2 在水中溶解生成碳酸(H_2CO_3),当湿相 CO_2 与水泥石接触后,会发生一系列化学反应,导致水泥石腐蚀。这些反应方程已在第 2.3.2 节中详细介绍,此处不再赘述。

CO_2 腐蚀水泥的机制包括动力学反应机制与传质机制。随着酸性物质的传递和腐蚀反应的进行,整个腐蚀过程表现出多种作用。其中,动力学反应机制主要表现为碳化作用,传质机制表现为淋滤脱钙作用,中性化作用同时包含两种机制。这些具体作用综合起来形成了整体的腐蚀作用。

1)碳化作用

当油井水泥石与溶解 CO_2 的腐蚀流体接触后,水泥孔隙液中的钙离子(Ca^{2+})与氢离子(H^+)和碳酸氢根离子(HCO_3^-)首先生成碳酸钙($CaCO_3$),如图 4.12 所示。随着不同组分的碳化反应,形成了不同形态的碳酸钙。氢氧化钙[Ca(OH)$_2$]发生碳化反应生成方解石,部分水化硅酸钙(C—S—H)反应生成文石与球霞石。这些形成的碳酸钙填充了水泥石的孔隙,降低了水泥石的孔隙度,提高了腐蚀早期水泥石强度。

同时,在腐蚀的过程中会迅速形成膨胀性腐蚀产物 $CaCO_3$,导致水泥石内部出现隆起。这种隆起的膨胀作用一方面使水泥石表面凸起,并逐渐出现连通至表面的裂纹,这会导致凸起部分的破裂,使其与水泥石本体脱离。另一方面,还会对 Ca(OH)$_2$ 消耗区产生挤压作用,导致其出现微裂纹,如图 4.13 所示。

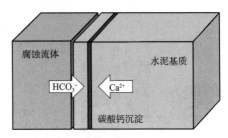

图 4.12　CO_2 腐蚀水泥过程中的碳化作用示意图

2)中性化作用(溶蚀作用)

当地层流体与水泥基体接触后,其中 CO_2 溶解形成的碳酸会降低最初水泥与流体界面的 pH 值。水泥基体中孔隙流体的初始 pH 值为 12 ~ 13,而随着 pH 值为 3.11 的腐蚀流体中氢离子向水泥内部扩散,水泥孔隙中流体的 pH 值下降,如图 4.14 所示。在碱性环境下稳定存在的水泥水化产物(C—S—H)逐渐失稳并转变为碳酸钙($CaCO_3$),水泥基质中的氢

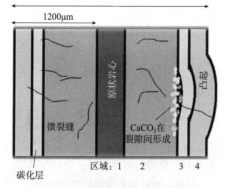

图 4.13 CO₂ 腐蚀水泥区域内
微裂缝形成示意图

氧化钙[Ca(OH)₂]被溶解并释放出钙离子(Ca²⁺)和氢氧根离子(OH⁻),缓冲流体的酸度。水化硅酸钙组分的钙硅比逐渐降低,在反应的最后阶段无定型二氧化硅(SiO₂·H₂O)增多,破坏了水泥的整体胶结性能,致使水泥的强度降低,渗透率增大。

当中性化到一定程度时,碳化作用生成的碳酸钙(CaCO₃)会在高浓度氢离子(H⁺)下反应分解成碳酸氢钙[Ca(HCO₃)₂]。

3)淋滤脱钙作用

淋滤脱钙作用指在腐蚀流体与水泥表面接触时,孔隙液与腐蚀流体之间存在钙离子(Ca²⁺)浓度差,导致水泥孔隙中的钙离子发生淋滤作用,由浓度高的孔隙区域向浓度低的水泥外部方向扩散,如图 4.15 所示。由于钙离子是水泥成分中含量最高的组分,所以钙离子的淋滤作用对水泥石影响最大,导致氢氧化钙[Ca(OH)₂]和水化硅酸钙(C—S—H)以及碳化作用产生的碳酸钙(CaCO₃)溶解,促进 CO₂ 对水泥石的腐蚀。

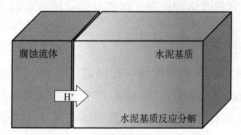

图 4.14 CO₂ 腐蚀水泥过程中的
中性化作用示意图

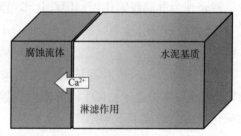

图 4.15 CO₂ 腐蚀水泥过程中的
淋滤脱钙作用示意图

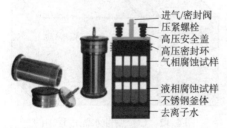

图 4.16 水泥陈化罐实物及
陈化罐内部结构示意图

为了研究不同环境下 CO₂ 对水泥的腐蚀情况,通常会使用图 4.16 所示的高温高压水泥陈化罐进行老化实验,并结合力学测试设备、扫描电镜、能谱分析等方法对水泥化学和结构性能的变化进行分析。

水泥石的腐蚀深度随温度、CO₂ 分压和腐蚀时间的增加而增加,可以依据腐蚀深度分别与温度、CO₂ 分压及腐蚀时间之间存在的函数关系建立腐蚀深度计算模型:

$$h = a\ln t + bT + c\sqrt{p} + d \tag{4.1}$$

式中,h 为腐蚀深度,mm;t 为腐蚀时间,d;T 为腐蚀温度,℃;p 为 CO₂ 分压,MPa;a、b、c、d 为常数,可以通过实验数据线性回归分析得到。

水溶液中如果含无机盐，如硫酸根（SO$_4^{2-}$）、镁离子（Mg^{2+}）、氯离子（Cl$^-$）、硫离子（S^{2-}）等，会加剧对油井水泥的腐蚀。另外，对于组成不同的水泥浆，水泥石腐蚀深度、强度降低率及渗透率增量会不同。

4.2.2.2　CO$_2$引起的固井水泥附近可能泄漏路径

在活跃的CO$_2$注入井和/或废弃井上可能存在多个潜在的泄漏通道，如图4.17所示。这些通道包括：①管柱腐蚀；②封装器周围泄漏；③套管腐蚀；④套管外部与水泥之间泄漏；⑤环空中水泥的退化（水泥破裂）；⑥水泥与地层之间的环空区域泄漏；⑦水泥封堵；⑧水泥与套管内部之间泄漏。因此，应特别注意需要评估预计用于CO$_2$注入的现有井的完整性。

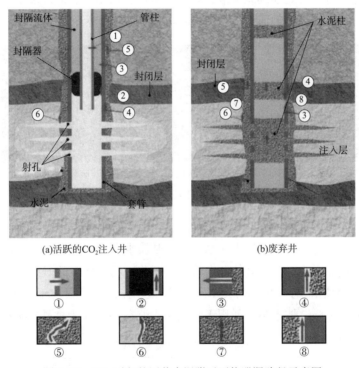

(a)活跃的CO$_2$注入井　　　　(b)废弃井

图4.17　CO$_2$引起的固井水泥附近可能泄漏路径示意图

4.2.2.3　CO$_2$腐蚀固井水泥的预防方法

根据国内油气田的实际情况，合理的防腐蚀技术措施如下。

(1)在井温低于110℃的地层，可以在水泥中掺加活性硅灰或提高水泥浆密度（在地层压力允许的条件下）。例如，外掺5%~8%的硅灰能有效地降低CO$_2$的腐蚀程度。

(2)在高温（>110℃）井段，可以外掺10%~15%的石英砂和少量的膨润土。这样既可以适当控制强度倒缩，又能有效抑制CO$_2$腐蚀。但是，如果石英砂掺量过高（例如35%），反而会加速腐蚀。

(3)掺入胶乳和纳米液硅等填充颗粒可以减小水泥石的孔隙度和渗透率，使水泥石更加致密，增强油井水泥石抗CO$_2$腐蚀能力。胶粒析出，在水化产物表面连接成膜，阻碍

CO₂ 的渗透和扩散，从而增强抗腐蚀性能。纳米液硅中的纳米硅与氢氧化钙反应，减少易被腐蚀物(氢氧化钙)的含量，提高水泥石的抗 CO₂ 腐蚀能力。

4.3 CO₂ 压裂技术

4.3.1 CO₂ 压裂概述

常规水基压裂通常要求压裂液具有高黏度，以确保支撑剂在其压开的裂缝中均匀分布，并且尽可能减少滤失。为了提高黏度和减少滤失，通常会在压裂液中添加增稠剂和交联剂。然而，这些措施可能导致压裂液在地层中残留、在储层表面形成滤饼堵塞孔隙，或者导致不完全破胶等问题，进而对地层造成不可避免的伤害，如图4.18所示。

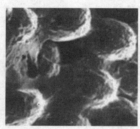

(a)清水压裂液后的支撑剂状态　(b)胍胶压裂液后的支撑剂状态　(c)增能流体压裂液后的支撑剂状态

图4.18　不同类型压裂体系压裂后的支撑剂状态

近年来，随着对页岩油气、低渗透/致密油气等非常规储层的勘探和开发，传统的水基压裂面临一系列问题，如基质黏土吸水膨胀、基质水锁、用水量大、水污染和清理时间长等，这些问题降低了储层改造后的开采效果。因此，越来越多的研究和实际应用开始采用 CO₂ 等干法压裂技术(有时也称为无水压裂)。表4.4总结了目前干法压裂技术的情况。CO₂ 压裂(CO₂ Fracturing)技术是指使用无水无伤害液态 CO₂ 作为携砂液进行压裂的技术。

表4.4　干法压裂技术对比表

体系	N₂ 增能、CO₂ 增能	CO₂、N₂	LPG	N₂/CO₂ 泡沫	油基液体
优点	增压助排、可操作性好	破岩效果好、造缝性强、伤害低	返排快速彻底、投产快	造缝性好、成本适中	配伍性好、携砂性能好
缺点	减少用水量有限	携砂性能差、施工难度极高	成本高、存在安全隐患、施工难度高	起泡条件复杂	成本高、存在安全隐患
是否用于页岩气	是	是	是	否	否

4.3.1.1 CO₂ 压裂技术发展历程

从1980年，美国和加拿大开始采用以液态 CO₂ 为基础的压裂液体系进行储层改造，并经历了三个发展阶段。

1）液态 CO$_2$ 加砂干法压裂技术

液态 CO$_2$ 加砂干法压裂使用 100% 液态 CO$_2$ 作为携砂液。到 1982 年，美国 FracMaster 公司已经成功进行了超过 40 次液态 CO$_2$ 加砂干法压裂。其中，60% 成功应用于气井，25% 成功应用于油井，15% 没有商用价值。随后，加拿大广泛应用并发展了这种压裂方法，在 1982 年至 1998 年间，在 1400 多口油气井中成功采用了此方法，增产效果超过 50%。

然而，由于液态 CO$_2$ 自身黏度很低，携砂能力差、摩擦压降大且液体很容易滤失到地层中，所以液态 CO$_2$ 用量大，整个压裂施工成本高。

2）液态 CO$_2$/N$_2$ 干法压裂技术

液态 CO$_2$/N$_2$ 干法压裂是在液态 CO$_2$ 携砂液中通入 N$_2$ 进行压裂的一种工艺措施。与纯液态 CO$_2$ 的加砂压裂相比，液态 CO$_2$/N$_2$ 压裂不仅减少了液态 CO$_2$ 的使用量，还改善了滤失性能，并降低了泵注压力，进一步降低了单井干法压裂作业成本。从 1994 年开始，美国成功实施了 1000 多口井的液态 CO$_2$/N$_2$ 干法压裂，其中井深超过 3000m，井底温度介于 10~110℃。

3）液态 CO$_2$ 泡沫干法压裂技术

液态 CO$_2$ 泡沫干法压裂技术（CO$_2$ – Foam Fracturing）通过在液态 CO$_2$ 中加入一种能完全溶解的氢氟醚类起泡剂（如全氟丁烷甲氧醚 C$_4$F$_9$OCH$_3$），通过调节 N$_2$ 的掺入比例，使整个体系形成一种稳定性好、黏度高的泡沫流体，并以此作为携砂液的一种压裂方法。液态 CO$_2$ 泡沫干法压裂技术既能增加压裂液的黏度，又能保持干法压裂的无伤害特性。在 1999 年至 2003 年间，成功进行了 350 多次液态 CO$_2$ 泡沫干法压裂处理工作，最大应用深度为 1000~1200m。这种液态 CO$_2$ 泡沫干法压裂技术主要适用于对压裂液敏感、低压和欠饱和状态的干气井。

4.3.1.2 CO$_2$ 压裂技术特点

CO$_2$ 压裂技术的特点如下。

（1）CO$_2$ 压裂是一种无水压裂技术，能降低进入油气层的液体量，同时利用 CO$_2$ 增能助排特性提高排液速度和返排率，从而减少液体对油气层的伤害，提高产量。

（2）CO$_2$ 压裂时混合液具有高黏度和良好携砂性能，有利于增加施工排量和砂比。

（3）CO$_2$ 溶解形成酸性液，能够有效抑制黏土膨胀。

（4）超临界 CO$_2$ 具有较高的密度和很强的溶剂化能力，能够溶解近井地带的重油组分和其他有机物，减小油气在近井地带的流动阻力，进一步提高压裂增产的效果。

（5）超临界 CO$_2$ 具有较高的扩散系数和接近于零的表面张力，渗透能力强，容易渗入储层中的孔隙和微裂缝，形成大量微裂缝网络，提高油气采收率。

（6）超临界 CO$_2$ 的吸附能力比甲烷的强，可以高效置换煤层和页岩层中的甲烷气体，提高气井产量，并将 CO$_2$ 封存于地下，减少温室气体排放。

（7）超临界 CO$_2$ 压裂流体是一种清洁环保的压裂流体，压裂施工完成后不需要返排，缩短作业时间，降低成本，达到高效经济的目的。

（8）超临界 CO₂ 配合连续油管进行喷射压裂能实现一次下放管柱进行多层作业，有效避免了射孔时的压实效应，并且不需要机械密封。

（9）超临界 CO₂ 的黏度较低，能有效减小流动摩阻，使得喷射压裂设备获得更多的水力能量，有助于破岩。

4.3.2 CO₂ 压裂增产原理

4.3.2.1 CO₂ 压裂起裂机理

超临界 CO₂ 的超低黏度特性使其在岩体微孔或微裂缝中具有较高的穿透能力，促使裂缝以较低的起裂压力开启，形成更细更长的裂隙。

王迎港等通过图 2.23 中的高温高压岩石力学试验系统对鄂尔多斯盆地延长组砂岩和高黏土含量的储层页岩进行 CO₂ 压裂试验。CO₂ 在岩石基质中的渗滤速度显著高于清水，导致钻孔周围孔隙压力快速升高，增大井壁周向应力并降低岩石起裂压力。页岩渗透性相对于砂岩更低，压裂液滤渗程度受到其渗透性的影响，导致页岩钻孔周围孔隙压力更低，起裂压力高于砂岩试样的，如图 4.19 所示。

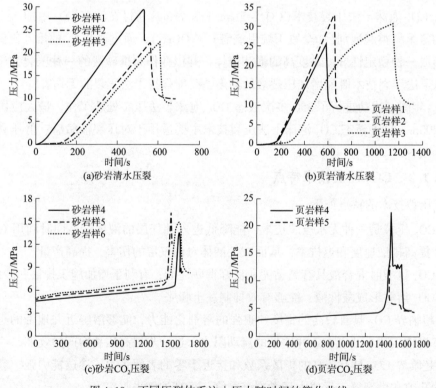

图 4.19　不同压裂体系注入压力随时间的简化曲线

刘卫彬发现超临界 CO₂ 能够有效降低松辽盆地青山口组页岩的破裂压力，如图 4.20 所示。建议在前期小排量注入超临界 CO₂ 进行预压裂，这可以降低压裂破岩难度，促使页岩地层起裂，并改善储层的非均质性，增加纵向穿层能力，形成更加复杂的缝网。

图 4.21 所示为压裂砂岩与页岩后形成的裂缝形态，所有裂缝大致沿着最大主应力方向扩展，形成单一对称主裂缝。由于岩石非均质性和各向异性，裂缝面并不是平直地沿着中心线扩展，而是会发生一定程度的偏转。尤其是富含层理的砂岩样品，裂缝更加平滑，因受软弱层理的影响会产生垂直于主裂缝的剪切裂缝，如图 4.21(a) 所示。而对于页岩试样，裂缝扩展过程中会受到薄弱大孔隙方向影响，导致裂缝与中心线呈一定角度的偏转，如图 4.21 (b) 所示。

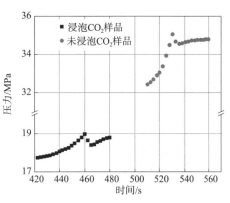

图 4.20 超临界 CO_2 复合压裂与水力压裂的破裂压力对比

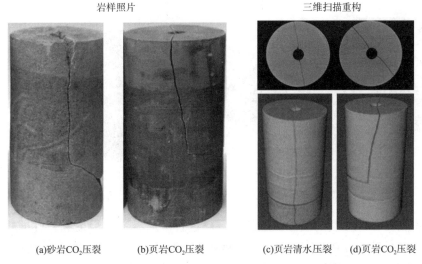

(a)砂岩CO_2压裂　(b)页岩CO_2压裂　(c)页岩清水压裂　(d)页岩CO_2压裂

图 4.21 不同压裂体系在不同岩样中压裂后的照片和三维扫描重构对比

4.3.2.2 CO_2 压裂裂缝扩展机理

CO_2 在裂缝扩展尖端具有特殊的热物理特性，使得其体积瞬间膨胀，温度急剧下降，从而促进裂纹尖端的延展。同时，CO_2 的高压缩性保证了足够的压缩势能，能够克服地应力，实现持续稳定的裂缝延伸。

图 4.21(c) 和(d) 分别为清水压裂和 CO_2 压裂页岩样品的 CT 扫描重构图。由图 4.21 可以看出，相对于清水压裂产生的平滑裂缝，CO_2 致裂导致的裂缝扩展方向的偏转更为明显，甚至于出现没有贯通试样的主裂缝。此外，沿钻孔的对称性同样低于清水压裂的。CO_2 致裂局部裂缝形态复杂，在钻孔附件和试样端部应力集中区域诱导产生两个以上的贯穿主裂缝，使裂缝整体分布呈现出"X"形、"Y"形或"H"形的断裂形态，同时，在主裂缝扩展的末端附近还会分布大量的次生裂缝。

超临界 CO_2 压裂裂缝扩展受多个因素影响，主要有 CO_2 相变和岩石弱面结构等，但具体机理尚不明确。通过观察图 4.22 中 CO_2 和清水压裂页岩后形成的裂缝表面三维形貌图可以发现，除了形成不规则的主裂缝外，CO_2 压裂裂缝表面的平整度低于清水压裂的。低黏度 CO_2 在裂缝尖端滞后效应远低于清水的，这有利于裂缝尖端沿着试样内部缺陷、薄弱区域扩展，从而形成粗糙的裂隙表面。

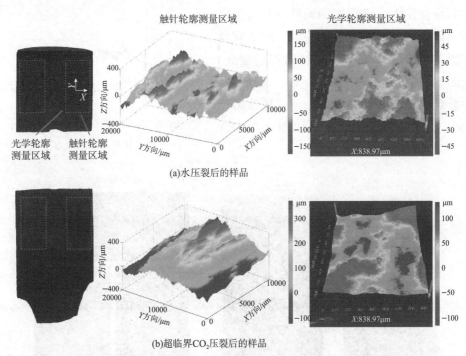

图 4.22　不同压裂体系在不同岩样中压裂后的三维形貌对比

对于超临界 CO_2 压裂的裂缝扩展特征，已进行了大量不同尺度和岩性的物理模型研究，然而，超临界 CO_2 压裂裂缝扩展特征的数值模拟研究仍然非常有限。此外，对超临界 CO_2 压裂裂缝扩展机理研究，还需要开发新型实验装置，并建立能模拟多个影响因素的超临界 CO_2 压裂裂缝扩展三维模型，以深入研究其扩展机理和规律。

4.3.2.3　CO_2 压裂裂缝导流机理

超临界 CO_2 可以形成可沟通的天然裂缝，并通过剪切滑移作用和高壁面粗糙度形成自支撑。因此，超临界 CO_2 压裂的裂缝导流能力可以分为多级裂缝导流能力和自支撑裂缝导流能力。

1）多级裂缝导流能力

多级裂缝是压裂过程中形成的有主次之分、裂缝宽度逐级减小的裂缝组合。这些裂缝相互交叉，交叉角度越大，支撑剂进入的困难越大。而且，这些裂缝的宽度较小，自身的携砂能力也较差，支撑剂无法填充到裂缝的远端。因此，多级裂缝导流能力主要依靠主裂缝提供，导流能力较小，有效性有限。

2）自支撑裂缝导流能力

自支撑裂缝导流能力一直是体积压裂和超临界 CO_2 压裂的关键研究领域。自支撑裂缝能够解决支撑剂无法到达裂缝尖端的问题，并为裂缝提供导流能力。

超临界 CO_2 压裂裂缝的自支撑机理包括储层剪切滑移(类似于清水压裂)和 CO_2 与水混合形成的微酸溶液腐蚀(类似于酸蚀裂缝)等。然而，现有的实验装置和数值模拟方法无法完全满足对超临界 CO_2 裂缝导流能力测试的要求，因此具体的形成机理尚未统一认识，这也导致了很多工艺问题无法解决。

另外，超临界 CO_2 压裂液的返排清理时间短，并且可以回收和循环使用。快速返排过程有助于清除储层中的残余水，进一步减少储层的渗透性损害。

4.3.2.4 CO_2 压裂携砂机理

由于 CO_2 的自身黏度相比于支撑剂较低，当 CO_2 未增黏时，其在裂缝中的携砂能力主要取决于其排量，但此时无论如何调整压裂参数(如支撑剂浓度、压裂液排量)，携砂效果都较差。

CO_2 压裂液的增黏对于实现高效携砂至关重要。图 4.23 展示了通过数值模拟方法计算得到的 CO_2 黏度从 $0.1mPa·s$ 增黏到 $2.5mPa·s$ 时支撑剂在裂缝中的运移情况。当 CO_2 黏度增加至 $2.5mPa·s$ 时，携砂效果显著提高。此外，当 CO_2 黏度较低时，减小支撑剂的密度和粒径也可以提高携砂效果。

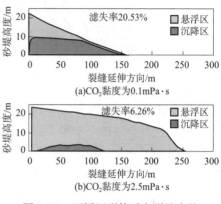

图 4.23 不同压裂体系在裂缝中的支撑剂携带机理

4.3.2.5 CO_2 压裂协同增油机理

CO_2 具有很好的原油溶解能力和扩散能力，渗透到储层中可以促进原油流动，提高采收率。关于 CO_2 提高油气采收率方面的机理将在第 5 章和第 6 章介绍，此处不再赘述。

目前，逐渐在老油田、低渗/超低渗油气藏以及致密油气藏中，提出了 CO_2 压裂与提高油气采收率和地质封存一体化技术。该技术在将 CO_2 压裂与驱油相结合有效动用剩余储量的同时，还能将 CO_2 永久封存在储层中。

4.3.3 CO_2 压裂工艺流程

4.3.3.1 CO_2 干法压裂工艺流程

相比其他压裂改造技术，CO_2 干法压裂(CO_2 Waterless Fractruing)具有以下技术特点：①无水相、无残渣，不会对储层造成伤害；②能有效溶解近井地带的重油组分和其他有机物，提高渗透率；③具有增能作用，压力释放后，液态 CO_2 气化膨胀，可实现快速排液投产；④具有高效置换储层中吸附态甲烷的能力，可提高页岩气或煤层气的产量；⑤压裂成本相对较低，对胶凝剂等添加剂的需求较少。除了混砂设备、增压设备和监控系统是专用设备外，其他设备与常规压裂相同。

CO_2 干法压裂的流程示意如图 4.24 所示。根据液态 CO_2 的物理特性和 CO_2 干法压裂工艺的基本要求，在工艺流程的制定上，将 CO_2 干法压裂的施工工艺设计为四个子流程，按施工顺序排列，包括系统增压、循环预冷、施工作业和系统放空。

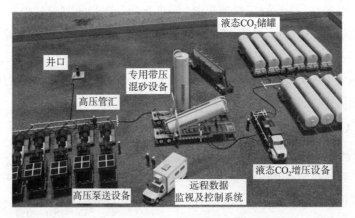

图 4.24　CO_2 干法压裂示意图

CO_2 干法压裂施工流程与常规压裂流程相同，包括地面管线试压、泵送前置液、泵送携砂液和泵送顶替液四个步骤。在 CO_2 干法压裂中，通常采用套管压裂以增加排量，在泵送前置液过程中加入增稠剂。当储层形成足够长度和宽度的裂缝后，在专用带压混砂设备中向液态 CO_2 中加入支撑剂，使液态 CO_2 携带支撑剂进入储层裂缝，用支撑剂支撑形成的裂缝，并保持储层裂缝的高导流能力。

4.3.3.2　超临界 CO_2 连续油管喷射压裂工艺流程

对于压裂规模较小的压裂可采用超临界 CO_2 连续油管喷射压裂工艺（Coiled Tubing Jet Fracturing with Supercritical CO_2），该方法可应用于稠油油藏、低渗透油藏、页岩油气藏、致密油气藏、煤层气藏等非常规油气藏。

与常规压裂液连续油管水力喷射压裂相比，采用超临界 CO_2 连续油管喷射压裂有以下优势：首先，利用连续油管进行喷射压裂时，无须井筒泄压便可上提或下放管柱，简化了操作流程，降低了作业成本；其次，由于超临界 CO_2 射流的破岩门限压力低，利用超临界 CO_2 流体进行喷射压裂，可以在连续油管的承压条件下完成射孔和压裂作业。最重要的是，超临界 CO_2 压裂施工后无须返排，降低了成本，并进一步发挥了连续油管技术高效和经济的特点。

超临界 CO_2 连续油管喷射压裂的流程示意图如图 4.25 所示，基本流程如下。

在压裂施工前，将 CO_2 存储在高压容器中，以保持其处于液态状态，温度为 $-15 \sim 10℃$，压力为 $4 \sim 8MPa$。首先进行喷砂射孔操作，将液态 CO_2 泵送到密封件和混合器中，并与 $60 \sim 80$ 目的磨料混合。然后，混合流体通过连续油管泵入井筒。当流体通过射孔工具的喷嘴泵送时，形成超临界 CO_2 磨料射流，用于对套管和地层进行射孔，此过程持续 $5 \sim 10min$。

完成喷射射孔后，不再添加磨料到 CO_2 中，而是持续泵送纯 CO_2 以将磨料从井口排出，避免管柱埋砂。然后，持续泵送大量的纯 CO_2 进入地层。当井下压力超过地层压裂压

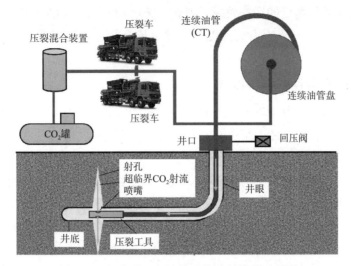

图 4.25　超临界 CO$_2$ 连续油管喷射压裂示意图

力时，将支撑剂混入 CO$_2$ 中，通过连续油管将其带至井底。支撑剂也可以通过环空和连续油管同时泵送，以减少连续油管的磨损和压力降低。当支撑剂输送到正确位置后，继续泵送纯 CO$_2$ 以将未进入裂缝且留在井筒和井底的支撑剂排出，从而避免砾石堆积。

若需要进行下一阶段的压裂作业，可以将连续油管和射孔工具移至下一个目标地层进行第二阶段的压裂。通过多次操作，可以实现多级压裂。

压裂后，可以封井 5 ~ 10d 进行闷井操作，以使 CO$_2$ 充分置换页岩气藏和煤层气藏中的吸附态甲烷，或使 CO$_2$ 与原油充分反应，降低原油黏度，然后直接生产油气，避免喷吹，从而大幅度提高产量和采收率。如生产任务紧急，则可在压裂后缓慢释放井下压力，然后直接转入生产阶段。

此外需要注意的是，超临界 CO$_2$ 压裂与液态 CO$_2$ 压裂的区别除了体现在超临界 CO$_2$ 压裂具有沟通微裂缝和降低破裂压力的优势之外，还体现在施工工艺上。在压裂过程中施工压力均比较高(>7.38MPa)，CO$_2$ 的相态取决于 CO$_2$ 的温度，此时需要合理设计 CO$_2$ 在井口时的温度，以保证 CO$_2$ 到达井底时达到超临界状态，有时甚至需要在井口增加加热设备以达到此效果。

4.3.4　CO$_2$ 压裂效果影响因素

CO$_2$ 压裂受多种因素影响，如 CO$_2$ 相态、CO$_2$ 压力和温度、流体黏度、支撑剂类型、支撑剂大小、支撑剂密度、压裂液排量、压裂液滤失性等。

由于目前对压裂效果的评估指标尚不完善，裂缝的大小和长度等指标与后续油气开采效果之间的联系还不清楚。目前，大部分研究还是基于特定的目标，如支撑剂的运移形式、裂缝的扩展情况等。

4.3.5　CO$_2$ 压裂液增稠剂

CO$_2$ 压裂液的黏度较低，在压裂过程中的携砂性能大幅下降，裂缝的导流能力也会随

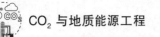

之降低，从而会影响压裂后的增产效果。因此，无水 CO_2 压裂液的增黏极其重要。目前国内外常用的 CO_2 增稠剂可分为表面活性剂、碳氢聚合物、含氟聚合物、硅氧烷聚合物四大类。

4.3.5.1　表面活性剂类增稠剂

表面活性剂类增稠剂分子的一端具有亲 CO_2 基团，有助于其在 CO_2 中溶解；另一端引入极性和路易斯碱特性的基团，可以相互作用形成胶束结构，通过这些缠绕的胶束形成网络结构，起到增稠作用。

常见的表面活性剂类增稠剂有三丁基氟化锡（图 4.26）、半氟化三烷基氟化锡、氟化聚氨酯、含脲基小分子化合物、二烷基磺基琥珀酸等阴离子型表面活性剂。

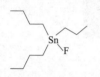

图 4.26　三丁基氟化锡
分子结构式

表面活性剂通过形成的反胶束网络，相互缠绕并形成复杂的空间结构，束缚 CO_2 分子的运动，从而增稠 CO_2。表面活性剂类增稠剂分子中的氟烷基、氟醚以及羰基等官能团可以增强其亲 CO_2 性能，促使其更好地溶解于 CO_2 中。与此同时，增稠剂分子中的烃类、极性或离子基团有助于增强分子间的缔合作用，形成复杂的空间网状结构，束缚 CO_2 分子，使得体系的黏度增加。

4.3.5.2　碳氢聚合物类增稠剂

由于 CO_2 是非极性分子，按照相似相溶原理，CO_2 增稠剂中通常含烷基非极性基团和极性基团，引入烷基非极性基团（如醚基、酯基等亲 CO_2 基团）可以增强增稠剂在 CO_2 中的溶解能力，而极性基团之间的相互作用可以促进其在 CO_2 中形成大分子网络结构，起到增稠的作用。

常见的碳氢聚合物类增稠剂有聚（1 – 癸烯）（P – 1 – D）、对聚乙烯乙醚（PVEE）、聚异丁基乙烯醚（Pisco – BVE）、聚乙酸乙烯酯（PVAC）等，其化学分子结构式如图 4.27 所示。

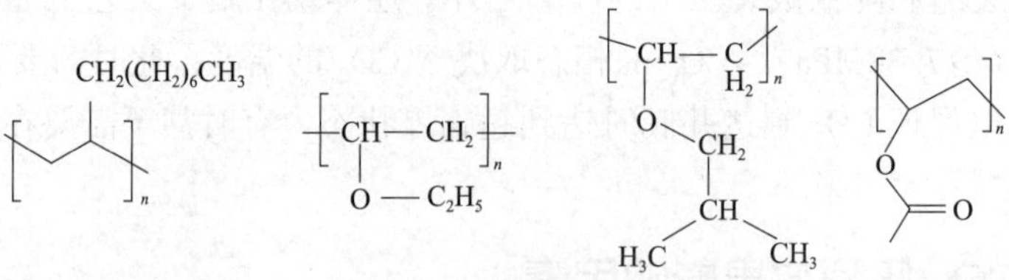

（a）P-1-D　　　　（b）PVEE　　　　（c）Pisco-BVE　　　（d）PVAC

图 4.27　几种烃类聚合物分子结构式

碳氢聚合物的溶解能力较差，需要较高的溶解压力。聚合物支链的长度影响其空间结构，具有支化结构聚合物比直链聚合物更易溶于 CO_2，但对增稠能力的影响不大。碳氢聚合物的醚基与 CO_2 之间发生路易斯碱与路易斯酸间的相互作用，形成弱束缚结构。尽管这种结构有助于聚合物在 CO_2 中的溶解，但仅通过提高聚合物浓度增加黏度的效果有限。

4.3.5.3　含氟聚合物类增稠剂

经过氟化改性，烷烃类化合物在 CO_2 中的溶解能力明显增强，同时也提高了在 CO_2 中的增稠效果。含氟类的聚合物依靠氟碳单元在 CO_2 中拥有极好的溶解能力，且引入适当的疏 CO_2 能团可以进一步提高聚合物的增稠能力。

常见的表面活性剂类增稠剂包括聚 1 – 1 – 二氢全氟辛烯丙烯酸酯（PFOA）、氟化丙烯酸酯与苯乙烯共聚物（PolyFAST）、聚十七氟丙烯酸癸酯与苯乙烯共聚物（HFDA）等，如图 4.28 所示。氟化丙烯酸酯类聚合物是目前在 CO_2 中溶解性最好的聚合物，而苯乙烯基团可以通过 $\pi – \pi$ 键的堆积叠加在 CO_2 中达到较好的增稠效果。

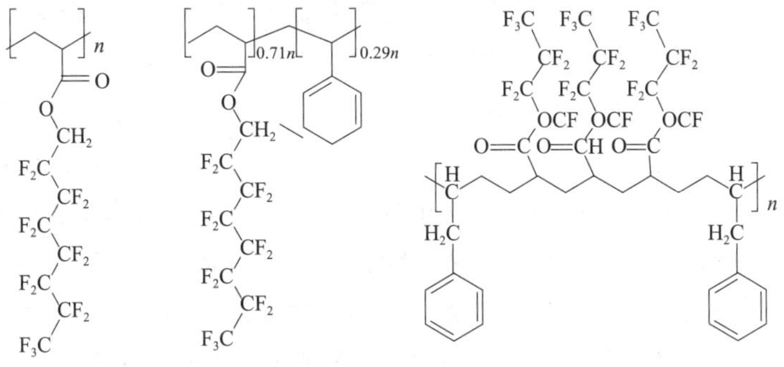

(a)PFOA   (b)PolyFAST   (c)HFDA

图 4.28   几种含氟聚合物分子结构式

含氟聚合物类增稠剂虽然具有良好的增稠性能，但合成成本较高，容易在生物体中积累，并对环境产生较大危害，不符合绿色发展要求，因此不适合在油田推广使用。

4.3.5.4   硅氧烷聚合物类增稠剂

与其他类型的增稠剂相比，硅氧烷聚合物与 CO_2 的极性相近，同时对环境友好，因而受到广泛关注。

常见的硅氧烷聚合物类增稠剂包括聚二甲基硅氧烷（PDMS）、氨丙基三乙氧基硅烷、甲基三乙氧基硅烷与四甲基氢氧化铵合成的硅酮三元共聚物、甲基倍半硅氧烷与乙酸乙烯酯的接枝共聚物等。

目前，CO_2 压裂液增稠剂的增黏效果与溶解性能仍有很大的提升空间，需要进一步从分子结构、官能团角度研究增稠剂的溶解机制以及增稠机理，对比分析不同种类聚合物的溶解与增稠特征，并利用适当的分子模拟技术和大数据分析手段，为增稠剂分子设计提供理论基础，进而指导研制价格低廉、环境友好的 CO_2 增稠剂。

4.3.6   与 CO_2 有关的压裂技术问题与挑战

目前，国内 CO_2 压裂技术尚处于初步阶段，虽然具有明显优势，但尚未大规模应用。文献分析表明，该技术还面临液态 CO_2 摩阻高、黏度低、悬砂能力差、滤失量大、相态变化复杂、增产机理基础性研究不足以及 CO_2 压裂专用设备研究滞后等问题，均影响 CO_2 压裂规模化应用。

总体而言，目前 CO_2 压裂技术仅适用于低渗透气井。随着对 CO_2 压裂技术基础理论和应用设备研究的不断深入，该技术将成为改造低渗透、低压、高水敏油层最经济有效的方法。

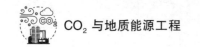
4.4　与 CO₂ 相关的其他压裂技术

4.4.1　CO₂ 泡沫压裂技术

CO₂ 泡沫压裂是以 CO₂ 泡沫压裂液为主体命名的压裂方式。CO₂ 泡沫压裂液是由液态 CO₂、水、冻胶(如有机锆交联冻胶)和各种化学添加剂(如发泡剂、稳泡剂、黏土稳定剂、破胶剂、助排剂、杀菌剂、温度稳定剂等)组成的液 – 液两相混合体系。

图 4.29 给出了 CO₂ 泡沫压裂时井筒与地层系统的示意图。在向井下注入过程中，随温度的升高，达到 31℃临界温度以后，液态 CO₂ 开始气化，产生了以 CO₂ 为内相，含高分子聚合物的水基压裂液为外相的气液两相分散体系。泡沫两相体系的形成显著增加了流体的黏度。同时，通过起泡剂和高分子聚合物的作用，大大增加了泡沫流体的稳定性。泡沫结构的存在使得泡沫压裂液具备低滤失、低密度和易返排的特性。因此，CO₂ 泡沫压裂液流体具备了压裂液的必要条件，并且相比传统的水基压裂液具有许多优势。只需对现有压裂设备和作业进行一些改进，便可以施工。

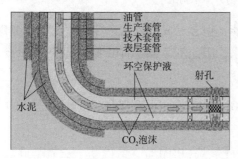

图 4.29　CO₂ 泡沫压裂时井筒与
地层系统示意图

在 20 世纪 80 年代，美国和加拿大进行了 CO₂ 泡沫压裂实验研究。1986 年，德国成功地将 CO₂ 压裂技术应用于气藏，使产量增加了近 12 倍。美国曾在 Wasatch 和 Cotton Valley 的致密砂岩气藏中使用这项技术，并发现 CO₂ 压裂比传统水基压裂效果更好。2002 年，伯灵顿公司成功地将 CO₂ 泡沫压裂技术应用于路易斯页岩储层，并取得了重大突破。从 2008 年到 2011 年，加拿大的蒙特尼页岩气田对 1364 口井进行了压裂，其中 737 口(54%)使用了气体和泡沫，并显著减少了当地水资源的压力。目前，CO₂ 泡沫压裂技术在美国、加拿大、沙特阿拉伯和我国等国家已经相对成熟。

4.4.1.1　CO₂ 泡沫压裂液体系

目前，国内外使用的 CO₂ 泡沫压裂液种类包括线性聚合物泡沫压裂液、硼交联聚合物泡沫压裂液、锆交联聚合物泡沫压裂液。

1)线性聚合物泡沫压裂液

线性聚合物泡沫压裂液是在水基泡沫体系(由水、气体和起泡剂组成)中引入了线性聚合物作为泡沫的稳定剂。这种泡沫不仅具备常规水基泡沫液强携砂能力、低滤失和快速返排的优点，而且其泡沫寿命更长、黏度更高，携砂能力更强，适用于各类井的压裂处理。

2)硼交联聚合物泡沫压裂液

硼交联聚合物泡沫压裂液在水基泡沫体系中引入了硼交联聚合物凝胶作为泡沫的稳定剂。可以解决混砂车到泡沫发生器这一段距离液体携砂能力不足的问题，然而由于 CO₂ 溶于水会生成碳酸，呈酸性，使得碱性交联的硼交联聚合物泡沫压裂液失效。室内实验结果表明，这种压裂液在 CO_2 中剪切 60min 以后，黏度不及水基压裂液。

3）锆交联聚合物泡沫压裂液

锆交联聚合物泡沫压裂液在水基泡沫体系中引入了锆交联聚合物凝胶作为泡沫的稳定剂。其优点是有机锆交联的泡沫压裂液呈酸性，与 CO_2 配伍性好。然而缺点是锆交联的冻胶较脆，不如硼交联冻胶具有良好的黏弹性。总的来说，这是一种比较理想的泡沫压裂液配方。

4.4.1.2 CO_2 泡沫压裂增产原理

第 1.3 节详细介绍了 CO_2 泡沫的性能，CO_2 泡沫作为压裂液不仅可以减少常规水基压裂液的用液量，还能够对地层进行有效的储层改造，从而实现增产的效果。

1）CO_2 泡沫压裂起裂机理

与气态和液态 CO_2 相比，CO_2 泡沫具有独特的泡沫结构。受到气泡密集程度和气泡相互干扰的作用，CO_2 泡沫的黏度显著高于两相中的任何一相。在液相中适当添加一些高分子聚合物可以显著增加黏度。CO_2 泡沫压裂液的高黏度有利于有效压开地层，并形成较宽的裂缝。

2）CO_2 泡沫压裂裂缝扩展机理

由于泡沫具有独特的结构，使得 CO_2 泡沫具有很低的滤失量。如果加入高分子聚合物，还具有造壁的性能，更有利于控制滤失，使得 CO_2 泡沫压裂液的滤失系数远远低于其他类型压裂液。CO_2 泡沫压裂液的滤失量少，几乎全部液体可用于造缝，有利于实现裂缝的深穿透和广延伸。

CO_2 泡沫具有较高的黏弹性。在压裂过程中，这种流变学特性有助于裂缝在储层内延伸，有效控制裂缝缝高，并使得支撑剂能够有效地支撑在裂缝内，从而减少无效支撑裂缝的产生，实现最大限度改造储层。

3）CO_2 泡沫压裂裂缝导流机理

由于 CO_2 是可压缩的，具有储存高压压缩能量的能力。当施工结束开始排液时，裂缝或孔隙中的泡沫会因为压力的降低而迅速膨胀，释放出巨大的附加能量，从而推动压裂液快速返排。在返排过程中，泡沫中的气泡充分膨胀，泡沫质量迅速提高（图 4.30），大幅度降低井筒水柱压力，增加了地层与井筒之间的压差。由于排液速度较快，可以带走固体颗粒和残渣，彻底清除裂缝壁面的地层孔隙，保证流道畅通。

泡沫压裂液对储层伤害小，主要是由于泡沫体系没有残渣和弱酸性介质的作用，从而大幅降低了对支撑裂缝导流能力和基质矿物的伤害。CO_2 泡沫压裂液一般仅含 35%～50% 的液相，因此大大减少了液相进入地层造成的水锁和水敏伤害。另外，由于滤失系数低，能够渗入地层的液相更少。同时，泡沫密度小，静水压低，不会因压差过大而将液相挤入产层。由于 CO_2 在水中的溶解度较高，当 CO_2 与水溶液结合时会形成碳酸，减小了黏土和铁等对地层渗透率的伤害，并显著提高了裂缝导流能力。

CO_2 泡沫压裂液具有低的界面张力，为清水的 20%～30%，这降低了压裂液在返排过程中的毛细管力，增强了助排能力。

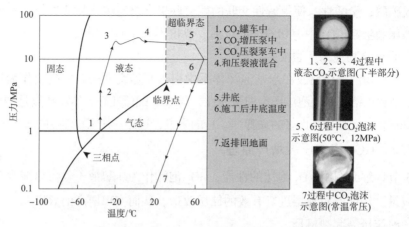

图 4.30　CO₂ 泡沫压裂施工过程中 CO₂ 相态变化及外观示意图

4）CO₂ 泡沫压裂携砂机理

研究人员对 CO₂ 泡沫在裂缝模型中的悬浮支撑剂性能进行了大量实验和数值模拟研究。与液态和气态 CO₂ 相比，CO₂ 泡沫流体具有更好的悬浮性能。Tong 等研究了 20～40 目陶粒支撑剂在泡沫质量分数分别为 70% 和 80% 的 CO₂ 泡沫中的悬浮效果，实验结果如图 4.31 所示。其他实验参数保持一致，剪切速度为 $42s^{-1}$，流速为 $1.39cm \cdot s^{-1}$，支撑剂体积分数为 2.5%，支撑剂加量为 $0.072g \cdot cm^{-3}$。可以看出，CO₂ 泡沫具有良好的悬砂性能，并且其效果与流体流速、黏度、压力、温度、支撑剂浓度和泡沫质量等参数密切相关。

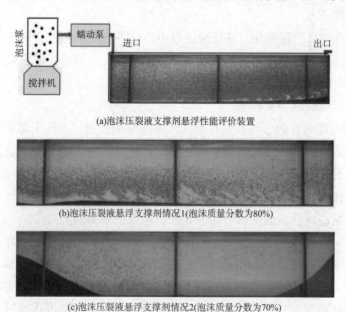

图 4.31　CO₂ 泡沫压裂液悬浮支撑剂评价装置与实验结果

4.4.1.3　CO₂ 泡沫压裂工艺流程

与常规水力压裂不同，CO₂ 泡沫压裂施工是两套独立流程，一套用来泵注液态 CO₂，另一套用来泵注纯水基压裂液。这两套流程在井口汇合后再向地层泵注,其流程如图4.32所示。CO_2 泡沫压裂施工的准备阶段与常规压裂相似,首先进行通井/洗井,然后下入压裂管柱,连接井口与地面管线,准备试压。CO_2 泡沫压裂在试压阶段与常规压裂有所不同,需要将 CO_2 注入 CO_2 泵注流程,降低管线温度,检查系统密闭性,并确保 CO_2 在地面施工过程中处于液态。随后再进行压裂施工作业,施工过程中需要用 N_2 对 CO_2 储罐加压,以保持 CO_2 处于液态,施工结束后关井,并放喷排液。

图4.32 CO_2 泡沫压裂现场施工图

4.4.2 CO_2 响应型清洁压裂液技术

为了避免压裂后储层受到胍胶压裂液破胶不彻底带来的伤害问题,近年来清洁压裂液体系备受关注。清洁压裂液是由黏弹性表面活性剂分子形成动态网络状结构的溶液体系,也称作黏弹性表面活性剂压裂液(VES)。这种液体具有简单的分子结构、良好的溶解性和易于破坏胶体等特点。其主要由小分子表面活性剂构成,通过范德华力和弱静电作用力形成层状或者囊泡状的自聚集体(图4.33),从而形成三维空间网状结构,具有一定的支撑剂悬浮能力。但是在破胶过程中仍存在表面活性剂结构未完全破坏等问题。

为应对以上问题,研究人员研发了 CO_2 响应型清洁压裂液体系。吴雪鹏等以硬脂酸与 N,N-二甲氨基丙胺为原料、氟化钠为催化剂,通过双分子亲核取代反应制备了一种具有 CO_2 响应的表面活性剂 EA。将其与反离子水杨酸钠复配,可以制备出具有 CO_2 和 pH 值响应增黏的水溶液体系。在通入 N_2 或高温条件下,该溶液体系中的蠕虫状聚集体可以形成和转变,实现清洁压裂液体系的循环利用。

4.5 CO_2 酸化技术

4.5.1 CO_2 的酸化作用

纯 CO_2 与地层矿物只发生物理作用。CO_2 溶入水中时可形成碳酸溶液,导致地层呈酸

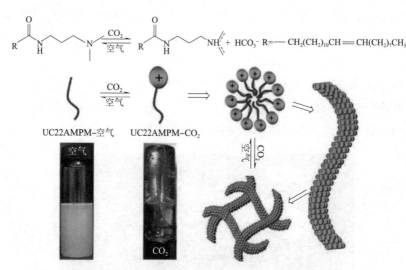

图 4.33　CO₂ 响应型表面活性剂的自聚集机理示意图

性，与地层矿物(主要是方解石和白云岩)发生物理化学作用，同时使黏土颗粒收缩，减少黏土颗粒的运移。

在碳酸盐岩油藏中，生成的碳酸会与碳酸盐岩反应，溶蚀部分岩心基质，提高近井地带的渗透率，使储层流体更容易流向井底。第 4.1.4.1 节介绍了几种常规的基质酸化的作用机理，此处不再赘述。

Zhu 等开发了一种储层内自生 CO₂ 的溶液体系，该体系包括无机酸、无机碱以及其他助剂(如发泡剂、缓蚀剂、稳定剂等)。在地层交替注入时，该溶液体系可在孔隙中反应生成 CO₂ 和大量热量，对储层基质孔隙和原油具有一定解堵作用，提高近井地层渗透率，并且具有良好的流度控制能力和驱油效果。

4.5.2　CO₂ 预处理酸化技术

常规酸化时使用的酸液(如盐酸、土酸等)也会与原油发生反应，形成油渣和油包水或水包油型乳状物。此外，残酸中存在的硅粉物质(如氟硅酸粉状凝胶)在原油中会形成乳胶或固态淤泥等。这些反应和作用通常会通过物理捕集(如油渣)或贾敏效应(如乳状液)对储层产生污染与伤害，降低导流能力，影响酸化效果。

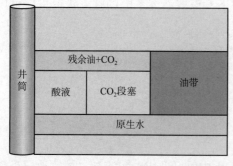

图 4.34　CO₂ 预处理酸化工艺示意图

为此，研究人员提出了 CO₂ 预处理酸化技术。CO₂ 预处理酸化的工艺示意如图 4.34 所示。其目的是在酸化施工前，通过预先注入一定量的液态 CO₂，将地层中的残留油远离酸化范围，将原油和酸液隔离，减少后续酸化中残留酸与原油的反应，以避免产生油渣、乳状物和氟硅酸盐凝胶等。CO₂ 预处理酸化技术在胜利油田探井试油和正式开发中已经证明具有显著的酸化增产效果。

Gidley 等提出了在 CO_2 预处理酸化作业中，同时向地层中提前注入二甲苯和 CO_2 的方法。这是因为二甲苯对原油具有很好的溶解能力，极易穿透高含油饱和度的油层，降低原油的相对渗透率。随后，泵入足够量的 CO_2 可以使原油从井筒附近完全驱替，使其远离酸化范围。最后，注入酸液时，由于此时液流通道的流动阻力很小，酸液可以轻松地穿透充满 CO_2 的油层，并避免酸液向油层底部穿透至水层，主要作用于油层。该技术已成功应用于美国墨西哥湾、路易斯安那州等油田，取得了良好的酸化增产效果。

思考题

1. 完井工程的含义是什么？包括哪些步骤？目的是什么？

2. 简述完井方式与方法优选的步骤。

3. 如何选定与设计油管和生产套管尺寸？

4. 注固井水泥有哪些方式？需考虑的因素有哪些？

5. 固井的目的是什么？固井可以实现的目标有哪些？

6. 对固井工程有较大影响的水泥浆性能有哪些？

7. 水泥浆对储层的损害程度取决于哪些因素？提高固井质量可采取的主要技术措施有哪些？

8. 低碳水泥技术可以通过哪些方式实现？

9. 直井完井方法有哪些？水平井完井方法有哪些？

10. 常规排液方法有哪些？分别有什么特点？

11. 油井井口装置的组成部分以及作用是什么？

12. CO_2 腐蚀水泥过程表现出哪些作用？

13. CO_2 引起的固井水泥附近可能泄漏的路径有哪些？

14. CO_2 腐蚀固井水泥的预防方法有哪些？

15. CO_2 压裂技术的特点有哪些？

5 CO₂与油田开发工程

原油目前仍是全球最主要且最重要的地质能源,它不仅影响着各国能源安全与经济发展,还与大家的日常生活息息相关。原油主要埋存在地层深处的狭小孔隙中。当油田发现以后,需要尽快将原油开采出来,否则储量将沉睡在地下,无法利用。油田开发的目标是尽快动用并最大限度地利用发现的储量。单纯依靠油藏能量进行自喷采油或注水补充能量进行开发时,仍有大量的原油剩余在地层中。我国主要采用聚合物驱来提高注入水的黏度,进而改善水油之间流度差异,提高水驱开发效果。国外主要采用 CO₂ 混相驱来降低原油黏度和界面张力来提高驱油效果。近年来,随着"双碳"目标的提出,我国在油田注 CO₂ 开发应用方面进行了大量科学研究与矿场应用。本章将主要介绍油田开发工程基础知识,CO₂ 驱油藏工程设计原理,注 CO₂ 提高原油采收率与波及改善技术等,使读者了解当前油田注 CO₂ 提高采收率的技术原理以及存在的问题和挑战。

5.1 油田开发工程基础知识

5.1.1 油田勘探开发程序

油田勘探开发程序是油田从勘探到投入开发这一过程经历的具体阶段。就油田勘探开发的整体而言,油田勘探开发程序包括三个阶段,即区域勘探(预探)阶段、工业勘探(详探)阶段和油田正式投入开发阶段。

5.1.1.1 区域勘探(预探)阶段

区域勘探(预探)是指在一个地区(指盆地、坳陷或凹陷)开展的油气田勘探工作。区域勘探阶段内的工作可分为普查和详查。

普查主要对盆地(或坳陷)进行整体调查,也是区域勘探的主体,具有战略性。详查则进一步在普查确定的有利地区展开调查工作。

5.1.1.2 工业勘探(详探)阶段

工业勘探是在区域勘探所选择的有利含油构造上进行的钻探工作,其主要任务是寻找和查明油气田,并计算探明储量。工业勘探过程可分为构造预探和油田详探两个阶段。

1)构造预探

构造预探是在详查所指出的有利含油构造上进行地震详查和钻探井。图 5.1 展示了某构造在构造预探阶段的构造图。通过地震详查后发现,该区域可能是一个含有油气的背斜构造,构造轴向被切割,左右块间存在一个断层。因此,在该构造上钻了一口探井以验证其工业开采价值。通过对详探资料井的录井、取心、钻杆测试、测井解释等资料进行分析，证实该构造确实含油气。然而，此时仍有许多未知问题，如油气的储量、该区块油气是否具有商业开采价值、油田的几何形状、含油气面积以及内部构造等。因此，此时对其进行经济高效开发的生产规模等仍无法判断，需要进行进一步详探。

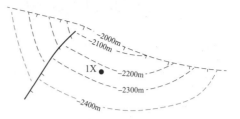

图 5.1　构造预探阶段构造图

2）油田详探

油田详探是在有利含油构造上，通过加密钻探和加密地震测网密度等的方式进一步进行勘探工作。该阶段的主要任务是查明油气田，确定油气藏特征和含油气边界，圈定含油气面积，提高储量探明程度。

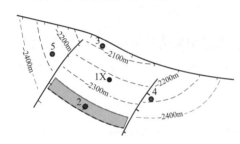

图 5.2　油田详探阶段构造与井位图

为了对该构造进行更准确的油藏评价，在构造上又钻了 4 口评价井，如图 5.2 所示。其中 3、4、5 号井钻遇含油区，而 2 号井则钻遇了水区。且在 4 号井附近又发现另一个断层。此阶段能够为后续油藏工程设计提供更加详细的地质基础资料，包括构造圈闭类型、大小和形态、含油层厚度、流体物性参数以及地层温度和压力系统等。然而，此时仍存在一些地质上的问题尚未解决，如左右两断块的地质情况和油水接触面的位置等仍无法确定。

5.1.1.3　油田正式投入开发阶段

经过初步的储量评价和油田开发可行性分析后，即可转入油田正式投入开发阶段。在这个阶段，油藏工程师首先需要根据工业勘探阶段获得的油藏描述，按照储量、驱动能量、储层岩石与流体等特征的差异编写油田开发方案。

1）部署基础井网

在正式投入开发时，需要部署基础井网。基础井网是为了开发主力油层而首先设计的基本生产井和注水井，也是开发区的第一套正式开发井网。图 5.3 给出了根据油田开发方案钻的新井位置。在设计基础井网时，可以先假设左右两断块的油水接触面位置与中间断块相同，即都位于同一条等高线上。采用数值模拟等方法对各种开发方案进行模拟计算，通过比较技术指标和经济指标确定最佳开发方案，包括开发层系划分、井网类型和井网密度、开采方式以及采油速度等。

当然，在油田开发的早期，从生产井中获取的信息有限，不能完整描述油田的地质情况。随着基础井网的不断建立，生产井的数量越来越多，获取的地质资料也越来越多，油藏工程师们对油气藏的认识也更加准确。因此，基础井网既能合理开

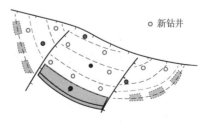

○ 新钻井

图 5.3　建立基础井网阶段构造与井位图

发主力油层，又能勘探开发其他油层。

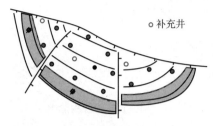

图 5.4 完善井网阶段构造与井位图

2）完善井网

随着开发的深入进行，油藏工程师们有必要在新的油藏认识上对开发方案进行相应调整，如图 5.4 所示。根据大部分生产井的实际生产资料显示，该构造的含油面积并没有原先估算的那么大，并且左右两断块的含油面积并不够准确，右断块与中心断块之间的断层位置也存在一定的偏差。因此，对开发方案进行了调整，在构造的较高部位和中心生产区域钻了一些补充井，以提高生产能力。

5.1.2 油藏开发评价

5.1.2.1 油藏类型

1）油藏的定义

油藏（Oil Reservoir）是指单一圈闭中具有同一压力系统的油气聚集场所。圈闭（Trap）是一种地质上的概念，也是能够阻止油气继续运移并使油气聚集起来形成油气藏的地质场所。

2）油藏的类型

根据圈闭的类型，油藏可以分为构造油藏（包括背斜油藏、断层油藏、扇形油藏）、地层油藏和岩性油藏。图 5.5 展示了两种典型的构造油藏。在图 5.5（a）所示的背斜构造油藏中，由于重力分异作用，气体聚集在背斜的顶部，油居中呈环带状分布，水则位于最下方。在静水条件下，油气和油水之间的界面都是水平的，并且含气和含油边界都与背斜储集层顶面的构造等高线平行。一些油气藏还存在明显的油水过渡带。油气藏内具有统一的压力系统，油气聚集受到背斜圈闭的严格控制，超出圈闭范围即不含油。

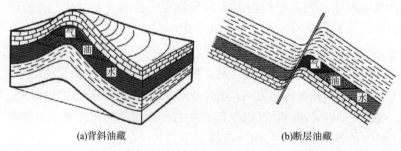

(a)背斜油藏　　　　　　　　(b)断层油藏

图 5.5 常见的构造油藏示意图

根据地层中储存流体的不同类型，油藏可以分为饱和油藏和未饱和油藏。饱和油藏的原始地层压力小于或等于泡点压力，未饱和油藏的原始地层压力大于泡点压力。

根据地层中流体储存空间的不同类型，油藏可分为孔隙型油藏、裂缝型油藏和裂缝 - 孔隙 - 溶洞型油藏。

油田（Oilfield）是指地质上受局部构造、地层或岩性因素控制的位于一定范围内多个油藏的总和。

5.1.2.2 油藏储量评价

1)油藏储量估算

油藏储量的类型有很多,在评价阶段的储量通常指原始原油地质储量(Original Oil In Place,简称 OOIP),也是指原始条件下油藏内所包含油、气的量。通常采用容积法进行计算:

$$N = V_p S_{oi} \rho_{osc} / B_{oi} \tag{5.1}$$

式中,N 为原始原油地质储量,t;S_{oi} 为原始含油饱和度,小数;ρ_{osc} 为地面原油的密度,t·m^{-3};B_{oi} 为原始原油地层体积系数,m^3(地下)·m^{-3}(地面);S_{oi}、ρ_{osc} 和 B_{oi} 可以根据资料井取油样进行高温高压流体性能分析获得。

V_p 为地层中的孔隙体积,m^3,其计算公式为:

$$V_p = Ah\phi \tag{5.2}$$

式中,A 为油藏面积,m^2,在图 5.5 中的油、气、水接触面位置确定后,可在构造图上圈定含油面积;h 为油层有效厚度,m;ϕ 为孔隙度,小数,通常通过资料井取心获得油层有效厚度和孔隙度。

因此,式(5.1)中油藏的储量计算也可表示成:

$$N = Ah\phi S_{oi} \rho_{osc} / B_{oi} \tag{5.3}$$

2)油藏采收率测算

储量的估算是测算不同开发阶段下原油采收率的基础。原油采收率(Recovery Efficiency)是指某一阶段累计采油量占原始原油地质储量的比值,符号为 E_R 或 R,也是衡量油田不同开发方式开采效果和水平最重要的一项综合指标。原油采收率 E_R 的测算方程如下:

$$E_R = \frac{N_p}{N} \tag{5.4}$$

式中,N_p 为累计产量,t,指的是被注入流体波及范围内采出的油量,其数值根据现场累计计量生产井的产量即可得到。

为了分析采收率的内涵,累计产量可表示为地层孔隙内含油饱和度变化引起的原油质量变化:

$$N_p = A_s h_s \phi S_{oi} \rho_{osc} / B_{oi} - A_s h_s \phi S_{or} \rho_{osc} / B_{oi} \tag{5.5}$$

$$N_p = A_s h_s \phi (S_{oi} - S_{or}) \rho_{osc} / B_{oi} \tag{5.6}$$

式中,A_s 为注入流体波及的面积,m^2;h_s 为注入流体波及的平均有效厚度,m;S_{or} 为残余油饱和度,小数。将式(5.6)代入式(5.4)中,得到:

$$E_R = \frac{N_p}{N} = \frac{A_s h_s \phi (S_{oi} - S_{or}) \rho_{osc} / B_{oi}}{Ah\phi S_{oi} \rho_{osc} / B_{oi}} \tag{5.7}$$

整理方程,得到:

$$E_R = \frac{A_s h_s}{Ah} \cdot \frac{S_{oi} - S_{or}}{S_{oi}} = E_D \cdot E_V \tag{5.8}$$

从理论上来说,采收率取决于驱油效率 E_D 和波及系数 E_V。对于一个典型的水驱油藏来说,如果油藏的原始含油饱和度 S_{oi} 为 0.60,水驱后注入水波及区内的残余油饱和度 S_{or} 为 0.30,那么注入水驱油效率为:

$$E_D = \frac{S_{oi} - S_{or}}{S_{oi}} = \frac{0.60 - 0.30}{0.60} = 50\% \tag{5.9}$$

如果油藏相对比较均质，注水的波及系数 E_V 可以达到 0.7，那么水驱采收率为：

$$E_R = E_D \cdot E_V = 0.7 \times 0.5 = 0.35 = 35\% \tag{5.10}$$

水驱后油藏采收率为 35%，也就是说，注水采出了油藏原油的超 1/3，还有大量的（近 2/3）原油仍然留在地层中，用注水的方法不能采出。

5.1.2.3 油藏的驱动方式评价

当油田正式投入开发后，原油会从地层中流入井底，并在井筒中上升一定高度，甚至自喷采出。产生上述现象的本质原因在于油藏内部具有一定的能量，这些能量在原油开采时会成为储层流体流动的动力来源。

在原始油藏状态下，油藏内部的能量主要来源于流体和岩石的弹性能、原油中溶解气的析出膨胀能、边底水的压能和弹性能、气顶气的膨胀压能、流体重力能。

驱动方式（Drive Type）是指在某种驱动能量下的驱动过程，主要开发指标包括油藏压力、产油量和生产气油比等。驱动方式对于油田开发具有重要意义，将决定油田开采的最终采收率。Wheaton 统计了不同驱动方式下油藏采收率的变化范围，如表 5.1 所示。通常而言，油藏的弹性能非常有限，仅能开采 2%~10% 的原始原油地质储量，对于溶解气驱，由于在多孔介质中同时存在油 – 气 – 水三相渗流，流动阻力非常大，采收率仅为 25%~35%。利用天然能量如气顶和边底水的膨胀能等也可获得较高的采收率。当天然能量不足时，通过人工注水补充地层能量通常可以获得更高的采收率。

表 5.1　不同驱动方式下的油藏采收率　　　　　　　　　　　　　　　　%

驱动方式	采收率范围	平均采收率
弹性驱	2 ~ 10	6
溶解气驱	25 ~ 35	30
气顶气驱	20 ~ 40	30
边底水驱	20 ~ 40	30
人工水驱	40 ~ 60	50

5.1.3　油藏开发方式

根据油藏开发过程中天然能量的不断衰减以及人工能量的不断补充，油藏的开发方式主要包括一次采油、二次采油和三次采油三个阶段，如图 5.6 所示。

5.1.3.1　一次采油（衰竭式开采）

当油藏经过衰竭开采后，天然能量逐渐减少，油井产量会快速递减，这个阶段被称为一次采油（Primary Oil Recovery）。

在进行一次采油前，地层中沉睡了亿万年的石油受到上覆地层的重压作用，积聚了大量弹性能量。当油层通过油井与地面连通后，井口处于低压环境，而井底处于高压环境，由于这种压差作用，上覆地层就像挤海绵一样将石油从油层内部挤到井筒中，并举升到地面。随

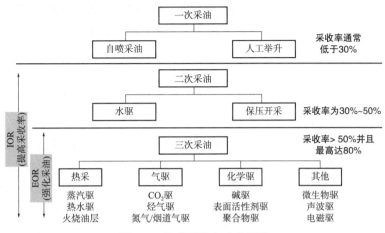

图5.6　油藏开发方式总框架

着原油和天然气的产出，地层孔隙中流体的体积不断增加，弹性能量也逐渐释放。最终，当弹性能量不足以将流体举升至井口时，地层中的新的压力平衡逐渐建立起来，流体停止流动。这种采油方法只能获得少量的原油，采收率仅为15%左右，无法充分开发油藏潜力。

5.1.3.2　二次采油（补充能量开采）

注水和注气开发能向地层中补充能量，使油气被进一步驱替出来的有效方法，这个阶段被称为二次采油（Secondary Oil Recovery）。二次采油主要通过注入流体增加油藏压力，驱使剩余石油向井口流动。常见的二次采油技术包括水驱和气驱。水驱（Water Flooding）是指通过注入水来替代原油位置，增强油藏内部压力，从而驱使原油向井口移动，如图5.7所示。气驱（Gas Flooding）是指注入气体（如天然气等非外界气体）以提高油藏内部压力，从而推动原油流向井口。

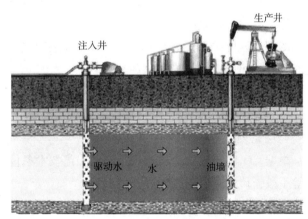

然而，在注水开发过程中，经常会出现注水压力高、含水率上升快、产能低等一系列问题。此外，由于地层存在非均质性，注入流体往往沿着阻力最小的途径流向油井，导致处于阻力相对较大的区域中的石油无法被驱替出来。因此，二次

图5.7　水驱典型工艺流程示意图

采油方法提高原油采收率的能力有限，采收率仅能达到25%~40%。

5.1.3.3　三次采油（强化开采）

在二次采油之后，如果储层中仍有大量无法被开采的石油，需要进行三次采油（Tertiary Oil Recovery），即通过使用化学物质改善油、气、水和岩石相互之间的性能，以开采出更多的石油，因此又称为强化采油（Enhanced Oil Recovery，简称EOR）方法。广义上说，

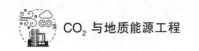

二次采油和三次采油方法合称为提高采收率(Improved Oil Recovery，简称 IOR)方法，如图 5.6 所示。但在国内的很多场合，提高采收率主要指三次采油方法。

三次采油技术的发展经历了三个阶段。

第一阶段：20 世纪 50 年代到 60 年代中期，主要以热力采油技术中的蒸汽吞吐采油技术为主。热力采油技术通过向地层中注入热量(如蒸汽)，一方面降低流体运动的阻力，另一方面提供足够的驱油动力来开采石油。

第二阶段：20 世纪 60 年代中期到 80 年代，热力采油技术仍然被使用，但化学驱油技术迅猛发展并成为主力采油技术。化学驱利用化学物质(如聚合物、表面活性剂、碱以及其复合体系)改变原油和岩石之间的相互作用，降低原油和注入流体之间的流度差异，促进流动。

第三阶段：20 世纪 90 年代至今，混相(气)驱油技术迅速发展，烃类驱油技术是最早应用的，随后由于烃类气体成本过高而 CO_2 比较廉价，使得 CO_2 驱油技术得到广泛应用。近年来，还出现了微生物驱油、声波驱油以及电磁驱油等方法来提高采收率技术。

5.2 CO_2 驱油藏工程设计

5.2.1 CO_2 驱油藏描述

影响油藏 CO_2 驱油开发效果的关键地质因素包括单一砂体的连通性、储层非均质性以及是否存在裂缝和高渗透带。其中，砂体的连通性是油藏 CO_2 驱油开发的基础，而裂缝和高渗透带的分布则是决定 CO_2 驱油波及体积的关键因素。特别要注意砂体的连通性和裂缝之间的相互匹配关系，这对 CO_2 驱油开发效果影响更为显著。因此，在进行 CO_2 驱油藏描述时，应尽可能详细地描述这些参数。

5.2.2 CO_2 驱油藏工程设计

1)层系划分与组合

根据 CO_2 驱油藏的地质特点、开采工艺技术条件和经济效益等因素，结合油藏数值模拟等手段，确定是否需要划分开发层系。

在层系组合时，应遵循层系组合的基本原则，确保各层系之间存在良好的隔夹层，各层之间的流体性质和压力温度特性相近，并且具有一定的地质储量。

2)井网和井距设计

根据油田的合理采油速度、采收率、稳产年限和经济效益等指标要求，以精细地质模型为基础，结合油藏数值模拟方法，开展不同井网类型、注水井、注 CO_2 井以及采油井数量、井距和排列方式时的开发效果模拟对比，确定经济合理的井网方式。

在设计 CO_2 驱的井网和井距时，还应考虑以下几个因素：① 在新投产区块中进行水与 CO_2 交替注入(CO_2 – WAG 技术)驱油时，应建立对 CO_2 驱和水驱均可有效驱替的井网和井距；②合理利用已有的水驱井网系统；③考虑天然裂缝、人工压裂裂缝及水驱过程中形成的动态裂缝等对CO_2驱开发效果的影响；④考虑剩余油分布对CO_2驱储量控制和开发效果的影响；⑤考虑整体构造和局部微构造对CO_2驱开发效果的影响；⑥考虑断层、岩性、油水边界、水体等对CO_2驱开发效果和封存封闭性的影响；⑦根据注采能力和CO_2驱储量动用要求，设计合理的井网和井距。

3）开发方案设计

以精细地质模型为基础，结合油藏数值模拟方法，对不同注气时机、注入方式、注入参数（如注入能力、注入压力和注入量等）、采出参数（如油井合理流动压力等）、注采比和采油速率等条件下的开发效果进行模拟对比，优化出最佳的注采参数。

4）开发指标预测

结合油藏数值模拟方法，预测CO_2驱的产量、产水量、产CO_2量、综合含水率、注CO_2量、生产气油比、采油速度、采出程度、采收率及封存量等各项开发指标。在多项指标比选和经济评价的基础上，确定最佳的开发方案。

5.3　常规油藏注CO_2提高采收率技术

注CO_2提高油气采收率（CO_2 – EOR）的历史可以追溯到20世纪50年代。1952年，Whorton等获得了第一项关于采用CO_2采油的专利权。当时CO_2被用作原油的溶剂或用以形成碳酸水驱。早期的研究结果表明，在常规油藏压力下，CO_2不能直接与大多数原油发生混相，但CO_2能够抽提原油中的轻质组分。20世纪70年代，CO_2驱技术有了显著的发展，美国和苏联等进行了大量CO_2驱工业性试验，并取得了明显的经济效益，采收率可提高15%~25%。

随着更多的CO_2气藏的发现和原油价格的上升，20世纪80年代，CO_2驱技术在美国迅速发展。CO_2驱的室内实验技术越来越完善，矿场试验规模也不断扩大，CO_2驱项目逐渐增多，同时其他产油国家对CO_2驱的兴趣也日益增加。仅在1986年，美国有8个区块进行CO_2驱试验，世界上其他国家也有十几个CO_2驱项目。20世纪90年代，CO_2驱技术逐渐成熟，根据1994年油气杂志的统计结果，全世界有137个商业性的气体混相驱项目，其中55%采用烃类气体，42%采用CO_2，其他气体混相驱只占3%。

我国CO_2驱技术起步较晚，20世纪60年代中期，大庆油田开始进行CO_2驱的室内实验和小规模的矿场试验，随后胜利油田也进行了CO_2驱的室内研究。由于我国天然CO_2资源比较匮乏，迄今为止还没发现较大规模的CO_2气藏，因此我国在CO_2驱方面的技术相对滞后。但是随着小型CO_2气藏的发现，CO_2的单井吞吐措施项目越来越多，并取得了明显的效果。此外，已经证明对于水驱效果不好的低渗透油藏以及小断块油藏，CO_2驱可以取得很好的效果。近年来，随着我国"双碳"目标的提出，向油藏中注CO_2以提高采收率的技术再次迎来发展机遇。图5.8给出了CO_2地质封存与提高采收率的示意图。将CO_2注入油藏中不仅可以开采原油，还可以将CO_2封存在油藏中，减少CO_2在大气中的排放。

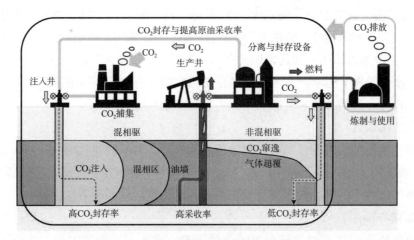

图 5.8　CO$_2$ 地质封存与提高采收率示意图

5.3.1　注 CO$_2$ 提高原油采收率原理

当原油中溶有 CO$_2$ 时，会导致原油的黏度降低和体积膨胀，从而改善油水流度并提高流动能力。此外，CO$_2$ 还能够萃取和汽化原油中的轻质烃，形成溶解气。CO$_2$ 驱技术的关键在于 CO$_2$ 饱和压力增加，这会导致原油密度增加，甚至改善油藏的性质。

1）轻烃萃取和汽化

由于 CO$_2$ 是非极性的，而原油中的轻烃为非极性或弱极性的，在 CO$_2$ 与原油多次接触混相的过程中，根据相似相溶原理，二者可以很好的混溶，如图 5.9 所示。在 CO$_2$ 驱油实验中，最初驱出的油是透明的，其密度比初始密度低，成分为轻质组分，后续驱出的油的密度逐渐增大。显然，首先被萃取的是原油中的轻烃，然后才是重组分。

2）分子扩散作用

CO$_2$ 驱通过使 CO$_2$ 分子溶解于原油，改变原油特性来提高原油采收率。由于地层基岩构造的复杂性，向地层注入 CO$_2$ 后通常需依靠 CO$_2$ 的分子扩散作用使其溶于原油和地层水，并最终达到平衡稳定的状态，如图 5.10 所示。分子扩散过程相当缓慢，因此，在地层温度和压力下，需要充足的时间使 CO$_2$ 和原油充分混合，以最大限度地降低原油黏度，增加原油体积，从而提高驱油效率。

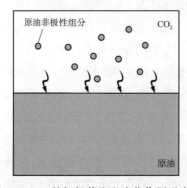

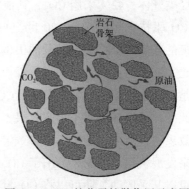

图 5.9　CO$_2$ 的轻烃萃取和汽化作用示意图　　　图 5.10　CO$_2$ 的分子扩散作用示意图

3）原油体积膨胀

大量 CO_2 溶解于原油中，使原油体积发生膨胀，如图 5.11 所示。原油的分子量以及 CO_2 在原油中的溶解量决定原油体积膨胀比例。原油的体积膨胀不仅增加了弹性能量，而且使被地层水和岩石表面束缚的残余油产生膨胀并部分脱离束缚，进而变为可动油，从而提高驱油效率。

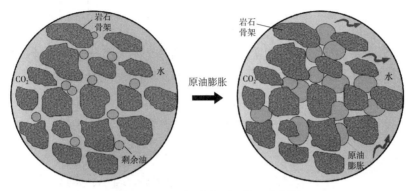

图 5.11　CO_2 的膨胀原油体积示意图

4）降低原油黏度

当原油中溶解有 CO_2 时，原油的黏度明显降低，降黏率取决于温度、压力以及原油初始黏度。一般来说，原油的初始黏度越高，碳酸化后的降黏率越大，甚至可以高达 95%。在相同的温度条件下，当压力低于饱和压力时，CO_2 的溶解度会随着压力的增加而增加，降黏效果也随之增强。但当压力超过饱和压力后，继续增加压力将导致原油黏度增加，降黏效果减弱。因此，在一定的温度和压力范围内，CO_2 可以降低原油的黏度，改善原油的流动能力，并且相对渗透率也会有所增加。

另外，对于某些稠油油藏，在地层压力低于泡点压力时，由于黏滞力大于重力，溶解气会从原油中逸出并以微小气泡分散在油中，形成泡沫油。泡沫油流的存在能显著降低地层中稠油的黏度，使得原本难以流动的稠油恢复流动，被气体驱替出来。

5）改善油水流度比

原油溶解 CO_2 后其黏度降低，而水溶解 CO_2 后黏度会有所增加，使得水流度增加 2~3 倍，因此原油更容易流动，使得油和水的流度更加接近，原油和水的流度比降低，CO_2 驱油时的波及系数增加，波及体积扩大，原油采收率提高。

6）降低界面张力

随着 CO_2 的注入，CO_2 溶解于原油中，CO_2 和原油的极性差异缩小，导致油藏中流体间界面张力不断减小，残余油饱和度也随之降低。在注入过程中，大量的 CO_2 与原油相互混溶，使油水界面张力和残余油饱和度降低，原油驱替阻力减小，从而可以提高采收率。

7）提高岩石渗透率

CO_2 溶于原油和水，有如下反应：

$$CO_2 + H_2O \rightleftharpoons H_2CO_3 \tag{5.11}$$

$$H_2CO_3 + CaCO_3 \Longrightarrow Ca(HCO_3)_2 \qquad (5.12)$$

CO_2 与水作用生成碳酸，在油藏中碳酸分子与碳酸盐矿物发生反应(图 5.12)，生成易溶于水的碳酸氢盐，从而提高注入井周围油层岩石的渗透率，使得储层渗透率可以提高 5%~15%。CO_2 注入还能对黏土膨胀起到一定程度的抑制作用。此外，在油藏条件下 CO_2 会发生气化，持续注 CO_2 会对孔隙中的堵塞物进行冲刷，在一定程度上能疏通地层的堵塞。

8)溶解气驱作用

原油中溶解大量的 CO_2 时能形成溶解气驱。由于 CO_2 的溶解使得原油体积发生膨胀，占据更多的储层孔隙空间，从而增加了油层压力。随着油层压力的增加，原油中能够溶解更多的 CO_2。当地层原油产出时，随着油层压力的降低，溶解的 CO_2 从原油中不断逸出，释放弹性能量，形成溶解气驱作用，进而提高驱油效率，如图 5.13 所示。

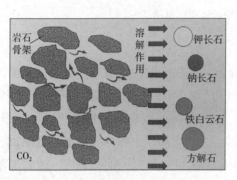

图 5.12　CO_2 的溶解膨胀原油体积示意图

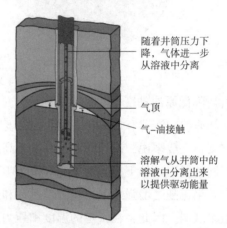

图 5.13　CO_2 驱过程中的溶解气驱动示意图

9)混相效应

最小混相压力(MMP)是指 CO_2 与原油能够相互混溶的最低压力。油藏温度越高，MMP 越高。原油中 C_5 以上组分分子量越大，MMP 也越大。混相后，CO_2 与原油之间的相界面消失，此时的理论驱油效率可达 100%。

5.3.2　注 CO_2 提高原油采收率技术类型

当选择利用注气开发油田时，与其他气体相比，CO_2 具有以下主要优点：能够大量溶解在原油中，降低原油黏度和界面张力，并使原油发生膨胀。此外，在高压下，CO_2 的密度较高，这有助于减缓驱替过程中的指进现象，从而提高驱油效率并改善开发效果。

CO_2 驱的典型工艺流程示意图如图 5.14 所示。首先注入纯度相当高的 CO_2 段塞与原油接触，在油气多次接触的过程中，原油中的中间组分会进入 CO_2 相中。当 CO_2 中的中间组分足够多时，CO_2 与原油能发生混相，形成一个混相带，使得油 - 气界面张力为零。通常情况下，这个纯 CO_2 段塞的尺寸为 0.21 PV(注入的孔隙体积倍数)。

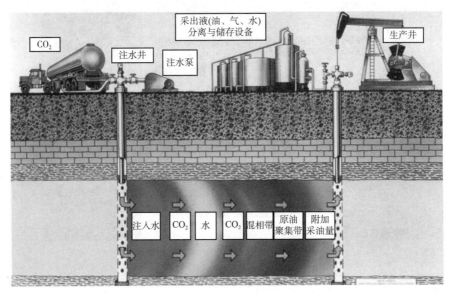

图 5.14　CO_2 驱典型工艺流程示意图

然而，由于 CO_2 和原油的密度和黏度存在较大差异，黏性指进效应和重力分离效应可能导致 CO_2 在生产井中过早突破，这会降低混相程度和 CO_2 的波及系数。因此，在注入 CO_2 段塞后，通常会注入一个段塞的水（或泡沫等流体）以改善 CO_2 驱的波及系数。在 CO_2 驱时，生产井的响应会存在一个明显的富集油带，这是 CO_2 – 原油混相驱效果的一个显著标志。当 CO_2 突破后，地面分离器和净化器可以将产出的 CO_2 重新利用，并注入地层中。

根据注入 CO_2 时的作用机理和实施方法的不同，目前注 CO_2 提高采收率技术主要包括 CO_2 混相驱、CO_2 非混相驱、CO_2 吞吐、碳酸水驱以及层内自生 CO_2 驱技术等。

5.3.3　CO₂混相驱

CO_2 混相驱（CO_2 Miscible Flooding）是指由于 CO_2 对原油的萃取和汽化作用，形成了 CO_2 – 富气相，最终 CO_2 与原油之间的界面消失，形成混相的驱替方式。通常情况下，CO_2 混相驱过程中，从注入端到采出端会依次形成 CO_2 带、混相前缘带和原始油带，如图 5.15（a）所示。

在油藏温度和压力条件下，CO_2 和大多数原油不能实现一次接触混相。在油层中，注入的 CO_2 会与油藏原油反复多次接触，发生分子扩散作用和原油组分进行传质，最终消除多相状态，达到混相效果，这被称为多级接触混相（动态混相）。这种接触混相的过程会使原油 – CO_2 界面张力趋近于零，理论上的驱油效率可以达到 100%，因此，CO_2 混相驱引起了广泛的关注。

CO_2 混相驱的提高采收率机理主要有以下三个方面。

（1）当压力足够高时，CO_2 抽提原油中轻质组分后，CO_2 与原油混相，从而降低或消除毛管压力，提高驱油效果。

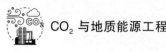

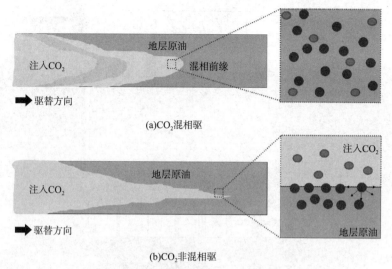

(a)CO$_2$混相驱

(b)CO$_2$非混相驱

图 5.15　CO$_2$混相驱和非混相驱示意图

（2）CO$_2$在地层油中具有较高的溶解能力，有助于地层油的黏度降低和体积膨胀，充分发挥地层油的弹性膨胀能，推动流体向井底流动。

（3）油气相互作用的结果可以减少原油的界面张力。对于原油 – CO$_2$系统，由于 CO$_2$的饱和蒸汽压很小，在原油中的溶解度大于甲烷在原油中的溶解度，因此原油 – CO$_2$系统的界面张力会随着压力增加而快速下降。

实际上，由于储层的非均质性、不利流度比、重力舌进和黏性指进等多因素作用，混相驱的驱油效果会受到一定程度影响，但仍然明显高于水驱。CO$_2$混相驱主要适用于水驱效果差的低渗透油藏、深层轻质油藏以及水淹后的砂岩油藏。

5.3.4　CO$_2$非混相驱

CO$_2$非混相驱（CO$_2$ Immiscible Flooding）是指油气两相界面始终存在，依靠注入气推动原油向生产井移动的驱替方式。在非混相驱中，CO$_2$溶入原油后，使原油体积膨胀，并降低原油黏度，改善水油流度比，并通过溶解气驱和弱酸性改善井周围油层渗透率，从而达到增产目的，如图 5.15（b）所示。

重油的相对分子量很高，CO$_2$与原油的混相压力比油藏压力高得多，因此通过注 CO$_2$提高原油采收率须依赖非混相驱。CO$_2$非混相驱适用于重油或高黏油油藏、压力衰竭的低渗透油藏以及高倾角和高渗透率油藏。目前在我国实施的 CO$_2$驱项目中，CO$_2$非混相驱占据了较大的比例。

由于 CO$_2$与原油之间的流度差异非常大，CO$_2$非混相驱的提高采收率幅度通常较小。例如，大庆油田 CO$_2$非混相驱的采收率仅占总原始石油地质储量（OOIP）的 4.7%。相比之下，CO$_2$混相驱采收率通常比非混相驱的采收率高 2~5 倍，国外实施的 CO$_2$混相驱的提高采收率幅度一般在 7%~20% OOIP；国内的 CO$_2$混相驱提高采收率在 9.9%~17.2% OOIP。

5.3.4.1　CO₂非混相驱的注入方式

在 CO_2 非混相驱过程中，CO_2 可以从顶部注入，也可以从底部注入。当从油藏顶部注入 CO_2 后，气体推动原油向圈闭两边的生产井移动。

顶部注入 CO_2 适用于有典型圈闭形态的油藏，在重力分异作用下，气、油、水自上而下分布。从油藏底部注入 CO_2 是利用气体上行的特点，驱替孔隙中的剩余油。

底部注入 CO_2 驱油方式适用于高黏度的重质油藏、压力衰竭的低渗透油藏以及高倾角和垂向渗透率高的油藏。

5.3.4.2　CO₂非混相驱的助混方式

由于 CO_2 混相驱采收率比非混相驱的采收率高很多，近年来研究人员也在不断探索降低最小混相压力的方法，例如，采用前置轻烃段塞方法、液化石油气富化 CO_2 注入气方法以及采用助混剂等方法，以获得更高的采收率。然而，由于助混剂使用量较大，采用这些天然助混剂在经济上常受到限制。目前常见的助混剂包括含氟类助混剂、全乙酰葡萄糖酯类助混剂和带有强氢键作用的多支链酯类助混剂等。

1）氟类助混剂

由于氟原子与 CO_2 之间有强烈的相互作用，含氟材料通常在 CO_2 中具有优良的溶解性。然而，由于含氟材料成本高、环境污染大，阻碍了其广泛工业化使用。

2）全乙酰葡萄糖酯类助混剂

醚键和酯基等官能团对 CO_2 具有很强的亲和性，已被用于设计非氟的亲 CO_2 助混材料。酯基分子（CH_3COOCH_3）的溶度参数接近于烷烃，其中的乙酰氧基（OAc 基团）是目前较具实际应用价值的亲 CO_2 基团之一，其溶度参数为 $13.88(cal \cdot cm^{-3})^{1/2}$，介于原油 $[13 \sim 15(cal \cdot cm^{-3})^{1/2}]$ 与 CO_2 $[6.96(cal \cdot cm^{-3})^{1/2}]$ 之间。因此，既能保证分子的油溶性，又能保证分子的两亲性，从而降低界面张力。

全乙酰葡萄糖酯类助混剂一端为亲 CO_2 端（全乙酰葡萄糖），一端为亲油端（脂肪烃）。当助混剂分子分布在 CO_2 与原油的界面之上时，亲 CO_2 端与 CO_2 相之间相互作用，亲油端与原油相之间相互作用，如图 5.16 所示。助混剂在 CO_2 与原油的界面上排布，所受到两个相对其施加的不对称力极低，理论上可以使界面张力降低。

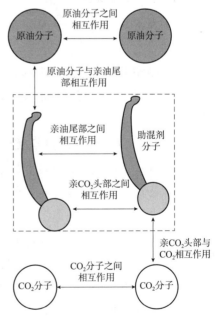

图 5.16　助混剂与原油和 CO_2 之间的相互作用示意图

3）带有强氢键作用的多支链酯类助混剂

多支链酯类助混剂分子中的羟基具有形成强氢键的能力，可渗透和分散进入胶质和沥青质片状分子之间，部分拆散平面重叠堆砌而成的聚集体，形成片状分子无规则堆砌，结构变松散，有序程度降低，并减小空间延伸度。同时，在聚集体中包含的胶质和沥青质分子数量也减少，从而降低原油的内聚力，起到降黏作用；而另一端的多分支烷烃链则可以使分子结构支化，进一步加强分散作用。

5.3.4.3 CO₂非混相驱的窜逸方式

由于储层非均质性和油气流动性差异，CO_2容易发生气窜，导致注气驱油的过程提前结束，如图 5.17 所示。因此，通常需要采用 CO_2 驱波及改善技术，如水气交替注入技术、CO_2 泡沫驱技术等。关于这些内容将在第 5.5 节中进行详细介绍，此处不再赘述。

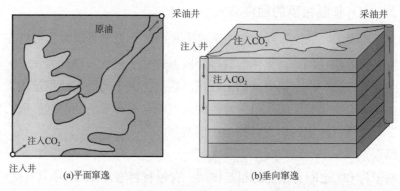

图 5.17　CO₂非混相驱窜逸方式示意图

5.3.4.4 CO₂近混相驱

CO_2 近混相驱（CO_2 Near – Miscible Flooding）是指在凝析和蒸发的双重作用下，油气两相的界面张力能够达到一个较低点，从而使采收率能够达到 95% 或更高，然而，气液两相并未严格地达到物理化学意义上的混相。其实质是在实际的驱替过程中，注入流体与原位原油之间的界面张力没有完全消失，或者受到水的影响，导致储层驱替前缘处的界面张力不全为零。

5.3.4.5 CO₂混相驱和非混相驱的筛选标准

适用于 CO_2 驱的油藏筛选标准如下。

（1）油藏具有良好的密封性，盖层对 CO_2 的吸附能力非常弱，断层和岩墙具有良好的遮挡。

（2）层内非均质性较小，层间渗透率差异较小，没有高渗透漏失层（Thief Zone）。

（3）油藏连通性较好，注采井网较完善。

（4）原油中的重质组分较少，特别是胶质和沥青质含量较低。

（5）如果含水油井的地层水中 Ca^{2+}、Mg^{2+} 和 Al^{3+} 等离子的浓度偏高，则不宜进行混相和非混相驱替。

（6）井况较好，不存在可能导致管外窜漏的故障问题。

（7）需要较少的井筒作业措施。

表 5.2 给出了 CO_2 混相驱和非混相驱的油藏筛选标准。

表 5.2 CO₂混相驱和非混相驱的油藏筛选标准

筛选参数	CO₂ 混相驱	CO₂ 非混相驱
地层岩性	砂岩或碳酸盐岩	不关键
原油黏度(地层条件)/mPa·s	1.5 ~ 10	>600
API°/°API	22 ~ 36	>12
含油饱和度/%	20 ~ 55	30 ~ 70
原油组分	$C_3 \sim C_{12}$含量高	不关键
深度/m	>800	>600

5.3.5 CO₂吞吐

CO₂吞吐(CO₂ Huff – N – Puff)是指将CO₂注入生产井,经关井与井筒附近原油发生作用后,再次开井生产的增产工艺,有时也被称作循环溶剂注入(Cyclic Solvent Injection,简称 CSI),也是一种使用CO₂作为溶剂的增油工艺。

CO₂吞吐是一种针对单口生产井提高产能的方法,不依赖井与井之间地层中的流动性,操作简单、投资成本较低,并能在短时间内提高油井产量。这种技术已成功应用于常规轻质油和重质油多年。在油价较低时,也具有广泛的应用前景。

实践表明,CO₂吞吐通常适用于无法部署注采井网的小断块油藏、裂缝性油藏和大底水油藏。近年来,研究人员和石油工程师们对将这项技术应用于致密油和非常规油气储层产生了极大的兴趣,相关内容将在第5.4节进行详细介绍,此处不再赘述。

5.3.5.1 CO₂吞吐工艺流程

CO₂吞吐过程的示意图如图5.18所示。CO₂吞吐工艺主要包括CO₂注入阶段("吞")、关井、闷井阶段和生产阶段("吐")三个阶段。

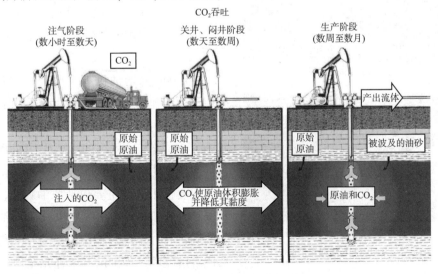

图 5.18 CO₂吞吐工艺示意图

1）注气阶段

通过卡车携带气罐（一般为 20t/车）或输气管线将 CO_2 运至井口，以一定注入速度将 CO_2 注入目的层，注气时间持续数小时至数天。在 CO_2 注入阶段的早期，注入的气体无法完全溶解，部分 CO_2 绕过原油，这有助于活性 CO_2 渗透到储层深处。可移动的水被清除至井口附近区域，因而在生产阶段中油相相对渗透率较高。注入阶段结束时，CO_2 被分散到储层中，储层压力显著增加。

2）关井、闷井阶段

注入气体后，生产井关井，并进行闷井操作，持续数天至数周，使其与原油充分接触，确保更多的 CO_2 扩散至地层中。此阶段原油体积膨胀并释放出较轻的碳氢化合物。

3）生产阶段

重新开井生产，由于原油体积膨胀和黏度降低等因素，产量逐渐增加。当地层压力降低至 CO_2 在原油饱和压力以下时，CO_2 作为溶解气驱动原油，将闷井阶段波及的原油驱替至井底，并开采出来。

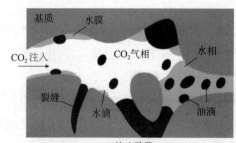

(a)注入阶段

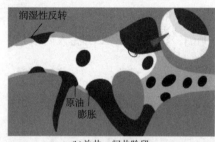

(b)关井、闷井阶段

(c)生产阶段

图 5.19　CO_2 吞吐原理示意图

上述步骤通常会根据经济效益最优的周期重复多次，往往在第二或第三个周期结束时产量达到最大值，这是因为 CO_2 在地层中的扩散和渗透具有一定的延迟效应。因此，在施工前应该通过数值模拟等手段进行方案参数设计与初步论证，以确定 CO_2 吞吐的周期注入量、吞吐轮次和闷井时间等参数。

5.3.5.2　CO_2 吞吐增产机理

CO_2 吞吐本质上也是一种非混相驱方式，多种增产机理共同影响着 CO_2 吞吐提高油藏采收率的效果。其中，储层性质、地层流体性质以及油藏的开发方式在这一过程中占据主导作用。

CO_2 吞吐的增油机理主要为溶解降黏、膨胀原油、酸化解堵、轻质烃萃取和气化、降低油水界面张力和溶解气驱等，如图 5.19 所示。其中，CO_2 注入过程中的主要作用机理包括改善油水流度比、降低原油黏度；关井闷井过程中的主要作用机理主要包括原油膨胀、轻质烃萃取和气化、CO_2 酸化解堵以及降低油水界面张力等；开井生产过程中的主要作用机理包括形成溶解气驱，为油层开采补充能量。

5.3.5.3　CO₂吞吐技术特点

与其他增油技术相比，CO₂吞吐技术具有许多优点。在油价低迷时期，其主要优势包括几乎无须投资新设备。该工艺还具有以下吸引力。

(1)项目寿命相对较短，因此经济效益更好。

(2)相比于 CO₂驱替，使用 CO₂量较少。

(3)对于致密区域或井间连通性差的情况，这可能是唯一可行的增量采收工艺。

(4)相比于蒸汽吞吐，CO₂吞吐成本更低，周期较短，可以进行更多次数的吞吐操作。

5.3.6　碳酸水驱

1965 年，大庆油田首次进行碳酸水注入试验，为我国探索 CO₂驱油技术拉开序幕。碳酸水注入(Carbonated Water Injection，简称 CWI)是一种有前景的强化采收技术，通过将 CO₂溶解在盐水中，注入地下油藏进行驱替，同时 CO₂会从水相向油相传质，实现驱油作用，有时也被称为碳酸水驱。

目前研究主要认为，碳酸水驱的提高采收率机制主要包括：残余油相发生溶胀、使孤立油滴重新相连、提高波及效率、改善原油物性(如降低原油黏度，减少原油与水之间的界面张力)以及改变固体 – 流体之间的润湿性等。这些因素有助于提高原油采收率。

碳酸水驱有两种注入方式：直接注入碳酸水的二次采油方法和先注水再注入碳酸水的三次采油方法。与 CO₂驱技术相比，碳酸水驱消除了 CO₂与原油之间的密度和黏度差异，降低了流度比，减少了重力覆盖和气体指进。因此，碳酸水驱具有更好的波及效率和稳定的驱前缘。在水淹油藏中，碳酸水驱还可以减轻高含水饱和度带来的不利影响，即消除水的屏蔽效应。

此外，碳酸水驱在 CO₂封存方面也有极大的潜力。由于 CO₂溶解在水和残余原油中，并非以游离的气相存在，因此为更安全的 CO₂封存提供了一种方法。在碳酸水驱驱替后，可以安全且永久地将 40%~50% 的注入 CO₂封存在地质储层中。

然而，碳酸水驱技术也面临一些挑战，包括 CO₂在水中的溶解度低，碳酸水制备困难，以及致密油藏中水的注入性较低等问题。尽管文献中已经报道了各种与碳酸水驱相关的研究和工程实践，但其中涉及的复杂机制尚未完全明确。

5.3.7　层内生成 CO₂驱油

在 20 世纪末，Kh Kh Gumersky 等首次提出层内生成 CO₂技术(In Situ CO₂ Generation)引起了全球油田开发界的广泛关注，该技术结合了 CO₂气驱的优点，同时避免了直接注入 CO₂气体的需要，可以通过注入化学药剂，在油藏内部发生化学反应产生 CO₂。

5.3.7.1　层内生成 CO₂驱油工艺方式

层内生成 CO₂体系包括单液法和双液法反应体系。

在单液法反应体系中，受温度升高的影响，体系会自行分解产生气体，例如，尿素的

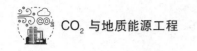
水解过程如下：

$$NH_2CONH_2 + H_2O \longrightarrow NH_2COONH_4 \qquad (5.13)$$

$$NH_2COONH_4 \longrightarrow 2NH_3 + CO_2 \qquad (5.14)$$

碳酸氢铵的水解过程如下：

$$2NH_4HCO_3 \longrightarrow (NH_4)_2CO_3 + CO_2 + H_2O \qquad (5.15)$$

$$NH_4HCO_3 \longrightarrow NH_3 + CO_2 + H_2O \qquad (5.16)$$

$$(NH_4)_2CO_3 \longrightarrow 2NH_3 + CO_2 + H_2O \qquad (5.17)$$

双液法反应体系通过相互发生化学反应而生成气体。双液法使用的药剂也各不相同，其中生气剂通常为碳酸盐及碳酸氢盐，释气剂为有机酸及无机酸（如强酸、弱酸等）。这两种药剂在地层中被交替注入，如图 5.20 所示。为了控制反应速度，可以在不同体系段塞中添加隔离段塞。隔离段塞可以是地层水、聚合物溶液以及聚合物凝胶等。

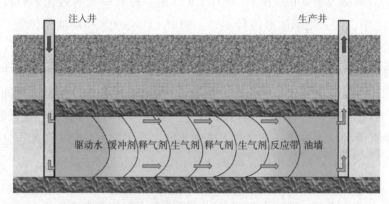

图 5.20　层内生成 CO$_2$ 驱油双液法注入工艺示意图

5.3.7.2　层内生成 CO$_2$ 驱油机理

层内生成 CO$_2$ 技术除了拥有常规气驱机理外，还具有独特的增油机理，如热解堵、注水井降压增注、与碱协调作用以及表面活性剂的作用等。实验研究和现场应用已经验证了该技术在增油方面的良好效果。

1）热解堵作用

层内生成 CO$_2$ 体系反应时会释放热量，当注入量较大时，释放的热量显著，可以使近井地带的地层温度升高，从而发挥热解堵作用。此外，原油黏度与温度密切相关，温度升高会降低原油的黏度，因此，地层温度的升高可以降低原油的黏度，使原油更易于流动。

2）注水井降压增注

由于层内生成 CO$_2$ 体系中包含酸性释气剂，而地层中含部分可被酸溶解的物质，如土壤以及碳酸盐等，当体系注入地层后，会与这些物质发生化学反应，生成可溶于水的物质，扩大了渗流通道，从而减小流体的流动阻力，达到降压增注的效果。此外，体系反应生成的 CO$_2$ 还具有溶解降黏的作用，可以有效改善水油流度比。

3）与碱的协同作用

对于单液型层内生成 CO$_2$ 体系而言，药剂在地层中反应释放 CO$_2$ 后生成的氨盐溶解在水中，使地层水呈碱性，从而具有一定的碱驱效果。而在双液型层内生成 CO_2 体系中，由于体系中的生气剂呈碱性，与单液法具有类似的作用，但所使用的碱性物质略有不同。碱水一方面可以使岩石表面的润湿性由油湿转变为水湿；另一方面可以降低油水界面张力，提高波及效率，从而提高采收率。

4）降低界面张力

层内生成 CO_2 体系中的生气剂呈碱性，可以与原油中的某些组分发生化学反应，生成具有表面活性的物质，此外，部分层内生成 CO_2 体系中还会添加起泡剂等表面活性剂，这些表面活性剂还具有一定的驱油效果。值得一提的是，双液型体系中也会添加缓蚀剂等表面活性剂，这些缓蚀剂可以减缓释气剂对油井井筒和地面设备的腐蚀。

5）驱替作用

层内生成 CO_2 体系的驱替作用主要包括碱驱、气驱、泡沫驱以及聚合物驱的作用。其中碱驱的作用已经在与碱的协同作用中详细介绍。部分层内生成 CO_2 体系中会添加起泡剂和稳泡剂，以增强体系在非均质储层中的调剖效果。此外，体系反应生成的 CO_2 还具有重力分异作用，可以提高体系的波及效率，尤其对于具有纵向层内非均质的油藏效果较好。CO_2 在原油和水中都具有较好的溶解性，原油在吸收并溶解部分 CO_2 气体后，会使原油体积膨胀，降低黏度，改善油相流度，降低水油流度比。

5.3.7.3 层内生成 CO_2 驱油技术特点

层内生成 CO_2 驱油技术所使用的化学药剂可以是固态或液态，运输成本远远低于 CO_2 的运输成本，并且有可靠的来源。此外，这些工业药剂的成本较低。对于海上采油平台而言，注入层内生成气体的化学药剂不再需要额外的注气和储气设备，这样节省了平台空间，并且降低了施工费用。

此外，层内生成 CO_2 驱油技术还衍生出了层内生成 CO_2 泡沫驱油技术、层内生成 CO_2 吞吐增产技术以及层内生成 CO_2 复合调驱技术。

5.4 复杂油藏注 CO_2 提高采收率技术

世界范围内存在众多类型的油藏，除了常规砂岩油藏外，还有低渗透/致密油藏、断块油藏、稠油油藏、裂缝（洞）型油藏、页岩油藏等，如图 5.21所示。这些油藏均具有某种特殊性，包括复杂多孔介质、复杂油藏流体和多重油藏水动力系统等。虽然这些油藏都可以采用注 CO_2 提高采收率，但仍存在一定的特殊性。本节将对其技术原理分别进行分类介绍。

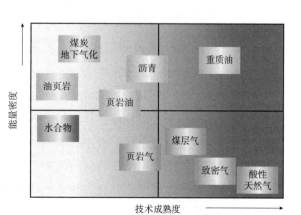

图 5.21 复杂油气资源分类示意图

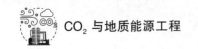

5.4.1 低渗透油藏注 CO_2 提高采收率技术

5.4.1.1 低渗透油藏的定义

低渗透油藏(Low - Permeability Oil Reservoir)通常指渗透率低于 $50 \times 10^{-3} \mu m^2$ 的油藏。对于一般中、高渗透储层，渗透率基本上不会影响原油采收率。然而，当渗透率低至某个界限(通常为 $40 \times 10^{-3} \mu m^2$)时，会明显影响采收率。渗透率越低，采收率越低。为了有效开发低渗透油田，需要采用合理的油藏开发技术，如水平井和压裂等技术手段，以提高渗透率和改善原油流动性。

不同国家和地区对低渗透油田的划分标准并不完全一致。根据储层特性和油田开发技术经济指标，美国将渗透率小于 $100 \times 10^{-3} \mu m^2$ 的油田称为低渗透油田，苏联将标准定为 $50 \times 10^{-3} \sim 100 \times 10^{-3} \mu m^2$ 以下。

我国根据实际生产特征，按照油层平均渗透率将低渗透油田进一步划分为三类。

1)一般低渗透油田

一般低渗透油田的油层平均渗透率为 $10 \times 10^{-3} \sim 50 \times 10^{-3} \mu m^2$。这类油层接近正常油田，油井能够达到工业油流标准，但产量较低。为了取得较好的开发效果和经济效益，需采取压裂措施提高生产能力。

2)特低渗透油田

特低渗透油田的油层平均渗透率为 $1 \times 10^{-3} \sim 10 \times 10^{-3} \mu m^2$。这类油层与正常油层有明显差异，一般束缚水饱和度较高，测井电阻率降低，无法满足工业油流标准。特低渗透油田必须采取较大型的压裂措施和其他相应措施，才能有效地进行工业开发，如安塞油田、大庆榆树林油田和吉林新民油田等。

3)超低渗透油田

超低渗透油田的油层平均渗透率为 $0.1 \times 10^{-3} \sim 1 \times 10^{-3} \mu m^2$。这类油层非常致密，束缚水饱和度很高，基本上没有自然产能，通常不具备工业开发价值。但如果其他方面条件有利，如油层较厚、埋藏较浅、原油性质较好等，同时采取既能提高油井产能，又能减少投资和降低成本的措施，仍然可以进行工业开发并取得一定的经济效益，如延长的川口油田等。

5.4.1.2 低渗透油藏的储层与注水开发特征

低渗透油田的储层地质特征及水驱开发特征如下。

1)孔喉细小，孔隙度和渗透率低，流体流动阻力大

低渗透储层的一个重要特征是具有较多的微孔。根据我国大量低渗透砂岩储层的压汞资料统计，认为喉道中值半径一般小于 $1.5 \mu m$。由于低渗透储层细小的孔隙结构，孔隙度和渗透率将大幅度降低。原油流动时的阻力显著增加，必须在非常大的驱动压力梯度下才能流动。在较低的压力梯度下，会出现非达西渗流特征。

2)天然裂缝较发育，水窜现象严重

低渗透砂岩油藏通常伴生不同程度的裂缝，这是与中高渗透油藏有着本质差异的另一

个重要特征。裂缝将增加储层的渗透率，减小流体的流动阻力，并增加注水井的吸水能力。然而，水很容易沿裂缝窜进，影响开发效果。

3）非均质性强，注入水波及系数低

低渗透储层的非均质性主要表现为层内非均质性和层间非均质性。在注水开发低渗透油藏时，注入水容易进入高渗透层，出现舌进现象。与此同时，低渗透层的吸水量较低，造成了垂向波及系数很低。在平面上，注入水易沿着高渗透方向流动，形成优势通道，平面波及系数很低。

4）应力敏感性强，黏土含量高，易出现储层伤害

低渗透储层具有强烈的应力敏感特性，即孔隙压力降低时，储层的渗透率会急剧下降。这个过程是不可逆的，即使压力恢复到原来的水平，渗透率也不能完全恢复。储层的渗透率越低，应力敏感性越强。此外，低渗透储层的黏土含量较高，在注入水的作用下易发生运移，堵塞孔道，还可能发生水化膨胀，进一步降低储层渗透率。因此，在注水开发时注意配伍性，保持油藏压力，防止储层伤害现象的发生，以免对开发造成产生不利影响。

5.4.1.3 低渗透油藏注CO$_2$提高采收率技术

针对低渗透油藏采用大型压裂时的弹性开发采收率低和递减快的问题，以及注水开发过程中补充能量困难等挑战，大量的机理研究和国内外矿场实践表明CO$_2$驱可以大幅度提高低渗透油藏的采收率。

低渗透油藏注CO$_2$提高采收率的最大优点是相比于注水时的压力，注入CO$_2$时的压力低很多。此外，CO$_2$可以溶解于原油中，使原油体积发生膨胀并使其黏度降低。

对于一些基质渗透率特别低的油藏，CO$_2$在油藏中的传质能力有限。因此，研究人员还提出了超低渗透油藏水平井注CO$_2$多周期吞吐技术。

由于低渗透致密油藏储层存在强非均质性和非混相驱中CO$_2$与原油间不利的流度比，低渗透致密油藏CO$_2$非混相驱过程中极易发生气窜。根据CO$_2$气窜程度，结合室内实验和矿场CO$_2$驱注采动态，针对"未见气、见气前缘、气体突破、严重气窜"这四个阶段，提出了"注采协调、水气交替、泡沫抑窜、凝胶封堵"的CO$_2$驱立体均衡动用技术，如表5.3所示。有关CO$_2$驱波及改善技术原理将在第5.5节详细介绍，此处不再赘述。

表5.3 低渗透油藏CO$_2$驱生产特征及治理措施

阶段	生产特征		治理措施
	见气特征	产油特征	
未见气	CO$_2$≤5%	无明显变化	注采协调
见气前缘	气流不连续，5% < CO$_2$≤50%	较大幅度上升	水气交替、CO$_2$增稠剂
气体突破	气流连续，50% < CO$_2$≤95%	稳定或小幅度下降	间歇注气、CO$_2$泡沫抑窜
严重气窜	气流大，CO$_2$ > 95%	迅速降低	凝胶封窜

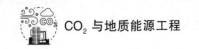

5.4.2 致密油藏注 CO₂提高采收率技术

5.4.2.1 致密油藏的定义

致密油藏(Tight Oil Reservoir)，存在广义和狭义两种概念。广义致密油是指储存在低孔隙度和低渗透率的致密储层中的石油资源，其开发方式需要使用与页岩气类似的水平井及体积压裂技术。狭义致密油则是指页岩以外的低孔隙度和低渗透率的致密储层中的石油资源，开采时同样需要水平井和体积压裂技术。因此，广义致密油的概念包括页岩储层内的石油资源，着重强调的是储层的致密性。目前国外多数机构使用的致密油均为广义致密油的概念。

致密油藏的渗透率一般低于或等于 $0.1 \times 10^{-3} \mu m^2$，孔喉结构主要为纳米级，储层的渗流能力较差。由于储集空间狭小，致密油主要以吸附或游离态赋存在生油岩中，或赋存在与生油岩互层、紧邻的致密砂岩或碳酸盐岩中。致密油没有经过大规模长距离运移。

5.4.2.2 致密油藏的储层与注水开发特征

流体致密油藏储层内的流动能力较差，流体无法及时补充。因此，国内外通常采用"水平井 + 体积压裂"的方式对致密油藏进行开发。通过体积压裂形成缝网，能极大程度地改善储层的渗流能力。

1)致密油藏衰竭式开发

在致密油藏衰竭式开发时，随着开采时间的延续，地层压力将快速下降，呈现出"三段式"产量递减特征。在经过大规模的油井体积压裂之后，初期能够保持高产。之后进入"快速递减区"，产量快速下降。然后进入"递减过渡区"，产量继续递减，但递减速度明显变小。最后进入第三阶段——"稳定递减区"，递减率基本保持不变，但产量较初期已大幅度降低，此后长时间维持低产稳产状态。尽管如此，国外在致密油开采中更多地仍然采用衰竭式开发方式，不追求长期稳产，前期进行大液量生产，以尽快收回投资。

2)致密油藏注水驱替开发

鉴于衰竭式开发的不足，借鉴常规油藏注水开发经验，技术人员提出了致密油藏的注水驱替开发方式。然而目前的注水开发试验表明，建立有效的水驱系统较为困难，常规注水开发的水驱效果较差。在经过大型体积压裂之后，致密油储层的缝网十分发育，随着注入液量的增加，注入水会快速沿着裂缝推进，对于水平井来说，存在较高的水淹风险，所以不适宜采用注水开发的方式。

3)致密油藏注水吞吐开发

针对储层的润湿性，技术人员提出了致密油藏注水吞吐开发方式。水注入后先充满高渗透孔道和裂缝等有利部位，并关井憋压。然后在毛细管力的作用下，水进入低渗透孔道中，并将原油排到高渗孔道(人工压裂缝)，部分注入水会留在低渗孔道内。闷井一段时间后，储层中油水重新分布。之后开井降压生产，使注入水和被置换出的原油一起被开采出来。

注水吞吐开发技术使得原油能够从基质孔隙进入裂缝，有利于开采，同时注水也能提高地层压力。对于异常低压致密油藏，注水首先起到提高地层能量的作用。目前吐哈油田和长庆油田在致密油区进行了相关注水吞吐试验，并取得一些开发认识。

4）致密油藏重复压裂开发

对于致密油藏，随着开采时间的推移，地层能量会逐渐降低，投产前压裂形成的人工裂缝部分会从开启状态转向闭合状态。因此，在产量下降之后，可以进行重复压裂改造。在初次压裂应力的影响下，重复压裂可以形成新的裂缝改造体积，提高油藏的可动用程度，并且还可以补充地层能量，有效提高单井产量。

5.4.2.3　致密油藏注 CO_2 提高采收率技术

针对致密油储层在注水驱替过程中遇到的水驱阻力大、建立有效驱替难度大的问题，研究人员提出了致密油藏注 CO_2 驱替的解决方案，以提高致密油的可动用性。与注水相比，在致密油藏中注入 CO_2 时的压力通常低很多，并且 CO_2 可以溶解于原油中，甚至与原油发生混相，从而提高驱油效率。此外，向致密油藏中注入 CO_2 后会与水接触，可以溶蚀部分地层中的长石和方解石，从而改善储层渗透率(尽管改善通常很小)。然而，当储层岩石中含较多的伊利石和绿泥石时，注入的 CO_2 会与溶蚀后的钙镁离子反应生成沉淀物，从而对地层产生堵塞。

然而，研究人员还发现，在致密油藏中注入 CO_2 时，部分无法混相的原油由于蜡、胶质和沥青质含量较高，无法实现混相。此外，我国大部分致密油储层沉积具有较严重的非均质性，加上注入 CO_2 时可能出现的沥青质沉积等问题，导致致密油藏注 CO_2 提高采收率效果不佳，且驱油机理仍不明确。

针对部分裂缝性致密油藏注入 CO_2 容易出现气窜等问题，研究人员还提出了致密油藏超临界 CO_2 泡沫驱技术和致密油藏注 CO_2 吞吐开发技术。

5.4.3　断块油藏注 CO_2 提高采收率技术

5.4.3.1　断块油藏的定义

断块油藏(Fault Block Oil Reservoir)是指在断块圈闭中形成的油气聚集场所。在我国东部的许多断陷盆地的油田中，断层较发育，其中断层遮挡油藏占主导地位。有的油田多数断块的含油面积在 $0.5km^2$ 左右，而有的油田绝大多数断块的含油面积在 $0.5km^2$ 以下，这些断块很小，构造和油、气、水分布也非常复杂。

断块油藏可以按含油面积划分为五个级别，分别是大断块油藏、较大断块油藏、中断块油藏、小断块油藏和碎块油藏。

（1）大断块油藏：含油面积大于 $1.0km^2$。

（2）较大断块油藏：含油面积在 $0.4 \sim 1.0km^2$。

（3）中断块油藏：含油面积在 $0.2 \sim 0.4km^2$。

（4）小断块油藏：含油面积在 $0.1 \sim 0.2km^2$。

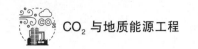

（5）碎块油藏：含油面积小于 0.1km^2。

5.4.3.2 断块油藏的储层与注水开发特征

从实际开发经验来看，多数断块油藏都与外部的天然水域相连通，形成边水油藏、底水油藏或边底水油藏。天然边底水一方面为油气藏的开发提供了有效驱动力；另一方面，随着原油和天然气的采出，油藏内部的压力逐渐被补充。

在天然边底水与油藏部分的地层压差作用下，天然水域中的水会侵入油藏中（即水侵），导致生产井见水时间早、无水采油期短，见水后油井的含水率上升快，甚至可能导致油井暴性水淹，严重影响油藏的开发效果。因此，如何限制边底水锥进，实现生产井的控水增油，对于边底水断块油藏的高效开发具有重要意义。

水平井可以克服隔断、密封断层以及横向不连续性的问题，扩大泄油面积，并且所需的生产压差小，能够实现低压差、高产量的生产，适用于断块油藏的开发。但在开发过程中，水平井的稳产期仍然较短、产量递减快且找水、稳水困难。因此，在以水平井进行高产量生产的同时，如何有效抑制水锥形成并提高原油采收率，成为复杂断块油藏开发中的重要问题。

5.4.3.3 断块油藏注 CO₂ 提高采收率技术

针对断块油藏开发中的底水锥进问题，提出断块油藏注 CO_2 提高采收率技术。这种技术可以通过以下作用实现控水增油的目的。

（1）注入气体可以运移至油水界面，增加自由气饱和度。

（2）注入气体后形成油、气、水三相区，降低水相的渗流能力。

（3）注入气体的溶解作用可降低原油黏度。

（4）注入气体的膨胀原油作用可使原油体积增加。

（5）注入酸性气体后使原油发生乳化，或与储层矿物发生反应，堵塞孔喉。

为了提高断块油藏注 CO_2 控水增油和封存的效果，近几年还提出了断块油藏注 CO_2 泡沫驱油技术、断块油藏注 CO_2/N_2 复合驱油技术、断块油藏注 CO_2/N_2 复合泡沫驱油技术、断块油藏注 CO_2 吞吐增产技术、断块油藏注 CO_2 + 凝胶复合调驱技术以及断块油藏水平井组 CO_2 协同吞吐增产技术。

5.4.4 稠油油藏注 CO₂ 提高采收率技术

5.4.4.1 稠油油藏的定义

稠油油藏（Viscous Oil Reservoir）是指地下原油黏度大于 $50\text{mPa}\cdot\text{s}$ 的油藏。稠油具有高含量的沥青质和胶质，因此具有较大的黏度。由于其密度较大，稠油也被称为重油（Heavy Oil）。

5.4.4.2 稠油油藏的储层与开发特征

作为非常规能源的重要组成部分，稠油的开采一直备受关注。不同的学者提出了多种针对稠油的开采方式，主要提高采收率机理可以分为三类：①降低原油的黏度；②萃取油中的轻质组分；③改变油、注入流体和岩石表面之间的润湿性或毛管力。

针对稠油的高黏度特征和不同油藏的构造，可以采取不同的采油工艺。稠油油藏的水驱开采技术主要包括机械降黏、井筒加热、稀释降黏、化学降黏、微生物单井吞吐以及抽稠工艺配套等方法。稠油油藏的热采技术主要包括蒸汽吞吐、蒸汽驱（图 5.22）、丛式定向井、水平井、火烧油层以及与稠油热采配套的其他工艺技术等。

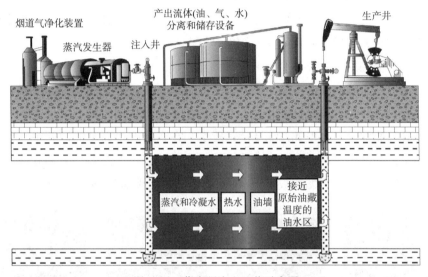

图 5.22　蒸汽驱注入工艺示意图

虽然稠油油藏热采方法在油藏条件较好时是一种最佳选择，但一半以上的稠油油藏存在厚度薄、埋深大、渗透率低和含油饱和度低等问题，不适合采用热采方法进行开采。

5.4.4.3　稠油油藏注 CO₂ 提高采收率技术

当稠油油藏采用蒸汽吞吐技术进入开发中后期阶段时，周期含水率高、开发效果差，仅靠蒸汽吞吐这一单一的开发方式已无法满足矿场的生产需求。鉴于 CO_2 在地层中具有降低原油黏度和改善油水流度比等作用，近年来提出了稠油油藏 CO_2 辅助蒸汽吞吐技术、稠油油藏 CO_2 复合蒸汽驱技术、稠油油藏多元热流体开采技术和稠油油藏 CO_2 辅助重力泄油技术等。

低能耗的冷采方式在稠油油藏也不断得到了试验，如聚合物驱、表面活性剂驱、碱水驱以及非混相 CO_2 驱等。

5.4.5　碳酸盐岩油藏注 CO₂ 提高采收率技术

5.4.5.1　碳酸盐岩油藏的定义

碳酸盐岩油藏（Carbonated Oil Reservoir）是指在碳酸盐岩圈闭中的油气聚集场所。根据岩性，碳酸盐岩储层可分为白云岩及石灰岩两大类。在大型碳酸盐岩油气田中，寒武系、奥陶系及三叠系碳酸盐岩储层多为白云岩储层，而白垩系和新近系碳酸盐岩储层的岩性主要为石灰岩。

碳酸盐岩储层发育，由原生基质孔隙及次生裂缝、溶孔、溶洞组成。基本储集类型包括孔隙型、溶洞型、裂缝型，过渡类型包括孔洞型、缝洞型、孔缝型、孔缝洞复合型。全球48%的油气藏类型为碳酸盐岩油藏。根据202个大型碳酸盐岩气田的统计数据，溶蚀作用、白云岩化作用及构造作用是最主要的成岩作用。

5.4.5.2 碳酸盐岩油藏的储层与开发特征

根据形态，碳酸盐岩油藏的储集空间可分为缝、洞和孔三类。这三种储集空间的储集和渗流条件存在很大差异，其中宽度不同的裂缝及与之连通的溶洞是这类油藏有效的储集和渗流空间，基质的原生孔隙不具备储集和渗流条件。

目前国内外对于缝洞型碳酸盐岩油藏的开发方式是先进行天然能量衰竭式开采，待天然能量不足后再进行注水补充能量开发。在油田注水开采后期，经过多轮次注水，储层的油水界面上升，驱油效果变差如图5.23(a)所示。在底水能量充足的油井中，底水会上升形成锥进现象，导致很多油井含水率非常高，最终关井停产。然而，大部分油仍残留在油井地下溶洞的溢出口上部，无法被采出，形成所谓的"阁楼油"，如图5.23(b)所示。

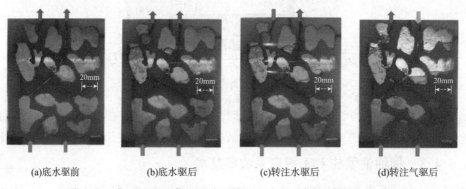

(a)底水驱前　　(b)底水驱后　　(c)转注水驱后　　(d)转注气驱后

图5.23　典型缝洞油藏细观溶洞模型注水和注气开采效果对比图

研究发现，缝洞型碳酸盐岩油藏即使利用水驱开发，仍然会存在大量剩余油，以"阁楼油"和"绕流油"为主，如图5.23(c)所示。利用氮气的特征，例如，密度小和原油与氮气之间的重力分异作用，可以采出部分剩余油，当氮气被注入地下油藏后，在重力的作用下往高部位运移，逐渐占据溶洞上部空间。当注入量较多时，可形成"气顶"，驱替原油下移进入油井从而被采出，如图5.23(d)所示。同时，注入氮气可以补充地层能量，减缓因地层能量下降造成的产量递减，还能抑制底水锥进，从而提高原油采收率。

5.4.5.3 碳酸盐岩油藏注 CO₂ 提高采收率技术

与氮气相比，CO_2还具有使原油体积膨胀，降低原油黏度，萃取原油中的轻质组分的作用。因此，近年来，有关碳酸盐岩油藏注CO_2提高采收率的实验研究和矿场实验也越来越多。相关技术主要包括碳酸盐岩油藏注CO_2驱油技术、碳酸盐岩油藏注CO_2吞吐增产技术、碳酸盐岩油藏注CO_2/氮气复合吞吐增产技术、碳酸盐岩油藏注泡沫调驱技术。

5.4.6 页岩油藏注 CO₂ 提高采收率技术

5.4.6.1 页岩油藏的定义

页岩油藏(Shale Oil Reservoir)是指在泥页岩(烃源岩)中，以微隙和裂缝为主的原油储集空间形成的油藏，属于自生自储式的特殊裂缝孔隙型连续油藏。目前，国内外发现的绝大多数泥质岩裂缝孔隙型油藏分布在以暗色泥岩和页岩为主的生油岩系中。

我国页岩油主要为陆相页岩油，根据储集特征，可以将页岩油藏划分为夹层型、混积型和页岩型。准噶尔盆地吉木萨尔凹陷属于陆相混积型页岩油，经过近 10 年的勘探开发和探索实践，页岩油总资源量约为 19.79×10^8 t。截至 2020 年底，吉木萨尔凹陷芦草沟组提交页岩油探明储量 1.53×10^8 t，原油产量为 58.87×10^8 t，国家能源局于 2020 年 1 月批准建设了中国首个国家级页岩油示范区——新疆吉木萨尔国家级陆相页岩油示范区。

页岩油与石油的用途差不多，也是天然石油的一种补充能源，但存在方式和普通石油有所不同。页岩油是通过页岩的热加工，使有机质在高温下分解后生成的产物(类似于天然石油)，但含较多的不饱和烃类及一些含有氮(N)、硫(S)、氧(O)等非烃类有机化合物。

5.4.6.2 页岩油藏的储层与开发特征

页岩储层的特点是孔隙度极低，无法直接通过自然渗流实现油气的产出。因此，开采页岩油需要采用其他技术手段。

在页岩油开采中，压裂是关键环节。通过在水平井段注入高压液体，使岩石产生裂缝，然后注入固体颗粒(如陶粒或石英砂)以撑开裂缝，提高储层的渗透性，增加油气的渗流通道，提高油气产量。

然而，经过井组压裂后的衰竭式开采，地层压力明显下降，导致岩层能量不足，最终稳产能力较弱，产油量迅速递减。因此，如何更高效地开发页岩油藏是目前面临的主要问题。

5.4.6.3 页岩油藏注 CO₂ 提高采收率技术

由于页岩储层普遍发育超低渗透率的纳米级孔隙，注水开发存在注入性问题，并且波及效率低。然而，CO₂ 具有良好的注入能力，在原油中的溶解性好、扩散作用显著，可有效地动用页岩纳米级孔喉储集系统中的原油。研究发现，持续注入 CO₂ 可以明显降低页岩油在孔隙表面上的吸附量，提高页岩油的自扩散系数，从而使得纳米孔隙中的页岩油得以有效动用，如图 5.24 所示。

在注入 CO₂ 的工艺参数方面，提高注入

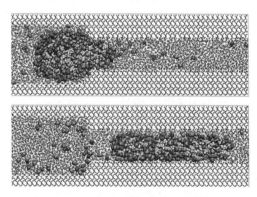

图 5.24 CO₂ 促进油滴在纳米孔隙中流动

压力会降低 CO$_2$ 与原油之间的界面张力，促进 CO$_2$ 进入纳米孔隙并驱用原油。当注入压力达到最小混相压力后，CO$_2$ 的萃取能力显著提高，能够充分接触直径大于 50nm 的孔隙中的原油，从而显著提高采出程度。足够长的闷井时间可以确保 CO$_2$ 与原油充分接触，大大降低原油黏度，并提高溶解气驱效果。

近年来，关于页岩油藏注 CO$_2$ 提高采收率的技术主要包括页岩油藏注 CO$_2$ 驱油技术、页岩油藏注 CO$_2$ 吞吐增产技术、页岩油藏注 CO$_2$/水混合流体吞吐增产技术等。

李凤霞等进行了针对江汉油田页岩样品的 CO$_2$ 吞吐实验。根据核磁共振 T_2 谱将岩心的基质孔隙划分为两类：小孔隙（$0.1\text{ms} < T_2 \leqslant 10\text{ms}$）和大孔隙（$10\text{ms} < T_2 \leqslant 10^5\text{ms}$）。在裂缝存在的情况下，CO$_2$ 对大孔隙和小孔隙中原油的动用程度会提高，并且大孔隙中原油的动用程度高于小孔隙，如图 5.25 所示。从采出程度角度分析，在经历第二轮和第三轮的吞吐之后，大孔隙中原油的采出程度提高幅度放缓，而小孔隙中原油的采出程度的提高幅度持续增长，这说明增加吞吐次数有助于 CO$_2$ 进一步动用小孔隙中的原油。

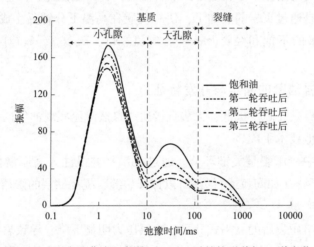

图 5.25　页岩油藏岩心每轮 CO$_2$ 吞吐后的核磁共振 T_2 谱变化

5.5　CO$_2$ 驱波及改善技术

尽管 CO$_2$ 驱具有混相压力低、驱替效率高的优点，但与原油相比存在一个严重的缺陷，即黏度和密度较小。CO$_2$ 和原油之间密度和黏度差异以及油藏的非均质性会导致 CO$_2$ 驱的过程中出现黏性指进现象和超覆现象，从而使 CO$_2$ 在生产井提前突破（气窜），降低了 CO$_2$ 的波及系数，如图 5.26 所示。因此，如何控制 CO$_2$ 驱的流度是提高 CO$_2$ 驱原油采收率的关键问题。

目前，水气交替注入（WAG）、泡沫、聚合物凝胶、增稠体系、沉淀体系以及小分子胺体系等方法逐渐被用于改善 CO$_2$ 驱的注入剖面和波及效率，进一步提高 CO$_2$ 驱的采收率。

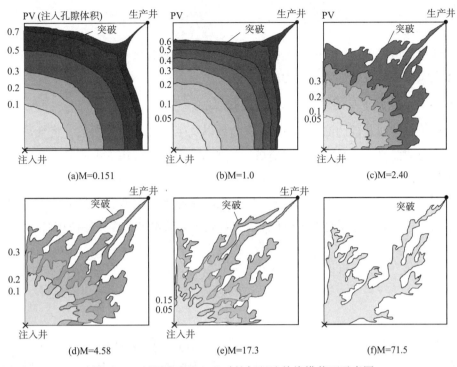

图 5.26 不同流度比(M)时的气驱油前缘横截面示意图

5.5.1 油藏注 CO$_2$开发过程中的窜逸特征

针对上述 CO$_2$分异引起的窜逸和波及效率低等问题，首先需要对窜逸规律进行分析，并对防窜体系进行室内评价和矿场应用分析。针对 CO$_2$驱的窜逸规律分析可主要从地质因素和开发因素两个方面进行。

5.5.1.1 基于地质因素的 CO$_2$窜逸特征

在驱替流体(如 CO$_2$、水等)注入过程中，驱替介质的无效流动现象可以归结到"窜流"(Channel Flow)。通常将引起油藏中高速无效运移的通道都称为"窜流通道"(Channel)，包括大(或特大型)孔道、天然和人工裂缝、特高渗透条带等。实际上"窜流"也是一个相对概念，广义上是指注入流体在油藏中的不均匀推进。

窜流类型主要有指进、非均质窜流和裂缝性窜流。

1)指进

指进(Viscous Fingering)是指由于两种流体物理性质的差异，在接触时会形成不稳定界面，驱替流体会形成特征性的指状进入被驱替流体中。其主要原因是排驱相的黏度低于被驱替相的黏度，因此也常称为"黏性指进"。

2)非均质窜流

非均质窜流(Heterogeneous Channel)是指驱替前缘沿着高渗层突进的现象。这主要是由储层渗透率的非均质性造成的，例如在正韵律油层中进行水驱油，水将沿着油层下部突

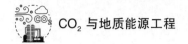

进到油区。

3）裂缝性窜流

裂缝性窜流（Fracture Channel）是指由于裂缝渗透率远远大于砂岩基质渗透率而导致的驱替流体在裂缝中具有较强流动能力的流动方式。

5.5.1.2　基于开发因素的 CO_2 窜逸特征

高云丛等根据油井日产油量、CO_2 体积分数以及生产气油比等参数，将气窜过程分为不见气前、气驱前缘到达井底、气驱突破、接近气窜、严重气窜五个阶段。

1）不见气阶段

在这个阶段，CO_2 作为驱替剂还未到达井底，仅起到补充地层能量的作用，油井的产量缓慢递减，直至最后保持稳定。CO_2 体积分数处于较低水平，变化特征相对稳定。

2）气驱前缘阶段

在这个阶段，油井的日产量明显增加，生产气油比依然为 0，CO_2 体积分数大于 5% 小于 40%。

3）气驱突破阶段

当 CO_2 气驱前缘突破到井口后，油井的日产量有较大幅度的增加，CO_2 体积分数逐渐增加。在此阶段即使改变冲次，产量也不会有明显增加，但气油比和 CO_2 体积分数会增加。因此，在这个阶段，油井应尽量保持当前工作制度不变，以延长该阶段的生产时间。

4）接近气窜阶段

当油井处于接近气窜阶段时，日产量呈现递减趋势，生产气油比和 CO_2 体积分数仍增长，气驱效果变差。在这个阶段，可以通过调小生产参数控制产出。例如，降低冲次来延长增产的有效期，或者通过改变注入方式来抑制气窜。

5）严重气窜阶段

当油井处于严重气窜阶段时，注入的 CO_2 仅起到溶解气驱作用，日产量迅速减少，生产气油比和 CO_2 体积分数都处于较高水平。在这个阶段，可通过注气井调剖封堵大孔道、进行间歇注气或者水气交替注入等方式控制气窜。

根据各阶段的不同生产气油比和 CO_2 体积分数，高云丛等总结出油井是否发生气窜的判断标准，如表 5.4 所示。

表 5.4　油井气窜判断标准

阶段	日产油量变化	生产气油比/$m^3 \cdot m^{-3}$	CO_2 体积分数/%
不见气	递减	0	≤5
气驱前缘	明显增加	0	≥5
气驱突破	高水平增加	<300	<40
接近气窜	递减	300～700	40～60
严重气窜	迅速递减	≥700	≥60

5.5.2 水气交替注入(WAG)技术

通过水气交替注入(Water – Alternating – Gas，简称为 WAG)技术抑制气窜是目前注气项目中最常用的手段。水气交替注入技术可以延缓 CO_2 的窜逸时间，并提高驱油效率。

图 5.27 为水气交替注入工艺原理示意图。在水气交替注入过程中，注入的 CO_2 具有较高的微观驱油效率，同时注入水具有较高的宏观波及体积。当注入 CO_2 与注入水相结合时，水气交替注入技术能降低气相的渗透率，改善 CO_2 和驱替相流度，从而减少气体的垂向窜流，减缓气窜的发生，显著地扩大波及体积，调整流体的注入剖面，提高 CO_2 的波及体积和驱替效率，增加原油的最终采收率。同时，还可以通过气驱波及正韵律厚油层上部水驱波及不到的油层，增加整个油层的采出程度。为了强化水气交替注入体系的 CO_2 波及效率，近年来纳米流体逐渐被用于水气交替注入体系中。

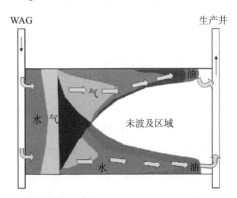

图 5.27　水气交替注入工艺示意图

为了克服水气交替注入体系的重力分异作用，Liu 等研发了一种耐酸性的微米级胶态分散凝胶，该体系在 CO_2 环境下老化 7d 仍可以保持很好的形态。与常规水气交替注入体系相比，该微米凝胶强化的水气交替注入体系的采收率能够在 CO_2 驱的基础上提高 12.4 个百分点，如图 5.28 所示。

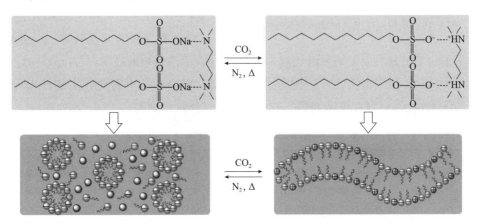

图 5.28　控制 CO_2 – 空气可切换蠕虫状胶束的化学原理示意图

目前国内外提出了许多改进 WAG 工艺的方法，包括使用纳米颗粒、聚合物溶液、聚合物凝胶、泡沫体系以及优化注入工艺来抑制重力分异作用，以进一步提高水气交替注入体系的波及效率。研究人员还通过改善水的性能(如采用低矿化度水等)提高 WAG 体系的驱油效果。在这些改进方法的研究中，均成功地使用了胺功能化的 CO_2 可切换化学物质，如 N – 芥酸酰胺丙基 – N，N – 二甲胺壬芥醇醚磺酸盐和 N，N，N′，N′ – 四甲基 – 1，3 –

丙二胺。这些化学物质与 CO$_2$ 接触后，会与溶解的碳酸发生反应，形成泡沫或胶状结构，增强 CO$_2$ 的波及系数。经实验证明，N – 二甲胺丙基芥酸酰胺在恶劣条件下仍具有良好的流动性控制和泡沫性能。

但是，水气交替注入方法存在一些不足之处。注入大量的水会导致油藏原油难与 CO$_2$ 接触，而无法达到混相，同时 CO$_2$ 在水中的溶解会增加其消耗量，降低 CO$_2$ 驱的经济吸引力，并减小低渗透率油藏的注入能力。

5.5.3 水气同注技术

WAG 工艺的注入量受到井况的限制，至少有一口井总是被相对少量的多余气体充满。为了保持充填亏空的目标压力，需要钻一口新的注入井。在优化水气交替注入的工艺方案时，还提出了水气同注(Simultaneous Water – Alternating – Gas，简称 SWAG)技术。SWAG 工艺已在丹麦大陆架的 Siri 油田实施。该工艺利用一套简单的设备产出气与注入水在井口混合成两相混合物注入井下，少数井省略了气体压缩装置。与二次采油工艺中的注水工艺相比，SWAG 工艺可以提高采收率 6 个百分点。

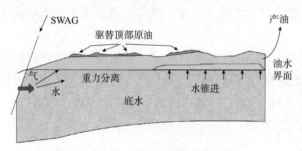

图 5.29　水气同注工艺的驱油机理示意图

图 5.29 展示了 SWAG 工艺的驱油机理示意图。其主要提高采收率机理包括：①驱替油藏顶部原油；②改善驱油效率；③降低剩余油饱和度。

表 5.5 对比了不同 CO$_2$ 注入方式的技术特点。与连续注入 CO$_2$ 驱油技术和 WAG 技术相比，SWAG 技术通常具有更高的波及效率。一些研究人员还提出了将 CO$_2$ 分散成微纳米级气泡来提高 SWAG 驱油效果的技术。

但是，SWAG 技术也面临一些技术挑战。例如，SWAG 技术需要较高的井口压力(相比于单纯注水技术)，存在腐蚀问题，并可能形成气体水合物等。

表 5.5　油藏不同 CO$_2$ 注入开采方式技术特点

注入方式	优点	缺点	影响因素
连续注入	驱油效率高、混相压力小	CO$_2$ 用量大、CO$_2$ 突破早、波及面积小	注入速度、CO$_2$ 用量、地层渗透率和饱和度
水气交替注入	提高波及系数、降低 CO$_2$ 采出量	可能造成水屏蔽和 CO$_2$ 旁通包油、腐蚀问题	非均质性、润湿性、WAG 有关参数、渗透率、流体性质等
SWAG(水和气同时但分别注入)	较高的波及面积	重力超覆，腐蚀问题	非均质性、润湿性

5.5.4　CO_2驱流度调节技术

由于CO_2的黏度远小于原油的黏度，导致在驱油过程中CO_2的流度远大于原油，这对提高原油采收率不利。基于此，提出了CO_2增稠技术，通过在CO_2气体中混合聚合物、表面活性剂、助溶剂、小分子和纳米颗粒等物质，以增加CO_2的黏度，降低其与原油的流度比，从而提高驱油效率。

CO_2驱流度调节技术(CO_2 Mobility Control)采用的聚合物主要包括氟碳基聚合物、硅氧烷基聚合物、烃基聚合物以及亲CO_2-疏CO_2共聚物等，如图5.30所示。关于其与CO_2之间的增稠作用机理已经在第4.3.5节进行了介绍，此处不再赘述。

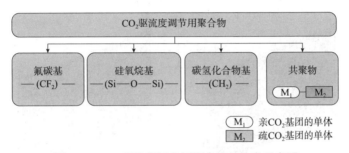

图5.30　CO_2驱流度调节用聚合物的分类示意图

图5.31展示了CO_2驱流度调节用聚合物的结构示意图。这类聚合物通过引入各种亲CO_2基团和疏CO_2基团进行官能化，提高了聚合物在CO_2中的溶解度和CO_2黏度。

CO_2增稠封窜体系主要适用于改善油藏基质中的CO_2流度，但对于裂缝等大通道中的CO_2窜逸问题，由于其不具强封堵性而受到限制。此时，可以采用与聚合物凝胶等高强度堵剂的协同作用控制CO_2窜逸。

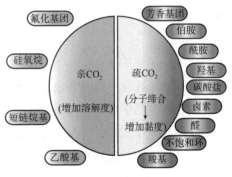

图5.31　CO_2驱流度调节用聚合物的结构示意图

5.5.5　CO_2泡沫调驱技术

在典型油藏条件下，CO_2的黏度可能只有石油的$1/50 \sim 1/10$，这使得CO_2能够穿过油层并优先通过渗透性更高的岩石层传递。为了解决这个问题，可以通过添加表面活性剂产生原位泡沫缓解。20世纪60年代，Bond和Holbrook提出了利用泡沫来控制流度以达到更好采油效果的方法，并获得了专利。

泡沫体系是一种利用氮气、天然气或CO_2等气体与起泡剂混合形成的气泡聚集体系。当气体向前推进时，会在其周围产生泡沫，泡沫能够产生一定的流动阻力，减小黏性指进的影响，并且能够在一段时间内维持稳定，并延长后续注入的流体向剩余油富集区推进的时间，并在尽可能长的时间内减少气体的锥进，从而扩大波及体积，达到提高采收率的目的，如图 5.32 所示。

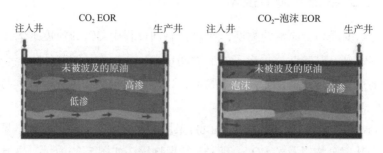

(a)泡沫使高渗透层中的CO₂转向流入低渗透层

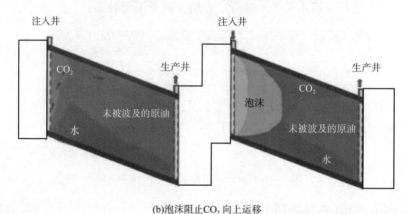

(b)泡沫阻止CO₂向上运移

图 5.32　CO₂泡沫调驱示意图

目前常用的泡沫体系包括 N_2 泡沫体系、空气泡沫体系、CO_2 水基泡沫体系、CO_2 油基泡沫体系等。选择发泡剂时要求其在油藏温度下具有较好的稳定性，且不能产生降解。同时，发泡剂在地层中的吸附损失较小，并与地层水中二价离子有较好的配伍性。泡沫液膜在油藏孔隙介质中流动时应尽量保持稳定，以实现流度控制的目的。图 5.33 展示了适用于超临界 CO_2 的发泡剂类型。此外，近年来的研究还表明纳米颗粒或微纳米级凝胶颗粒可以形成稳定的三相泡沫，以克服表面活性剂的一些缺点。

在油田现场施工工艺中，泡沫体系的注入方式有三种。第一种方法是同时注入 CO_2 和表面活性剂，即通过双油管管柱将表面活性剂溶液和 CO_2 同时注入，双油管必须下到油层深部并进行防腐处理，表面活性剂溶液与 CO_2 在井底混合形成 CO_2 泡沫。第二种方法是交替注入 CO_2 和表面活性剂溶液。在这种方式下，要防止井底发生 CO_2 和水溶液的重力分异现象，以免油层底部形成高含水的泡沫。第三种方法是在地面发泡后再注入地层中，这种方法需要较高的注入压力，适用于具有明显高渗透层或窜流通道的地层。

目前，CO_2 泡沫体系在油田中的应用主要集中在水窜控制以及改善水气交替注入波及效率等方面。在我国，CO_2 泡沫驱的现场应用案例仍比较少，需要在注入工艺和设备等领域进行技术攻关。此外，我国的油藏普遍存在较严重的非均质性，如何将 CO_2 泡沫封窜体系与其他技术相结合是当前矿场应用中面临的主要困难之一。

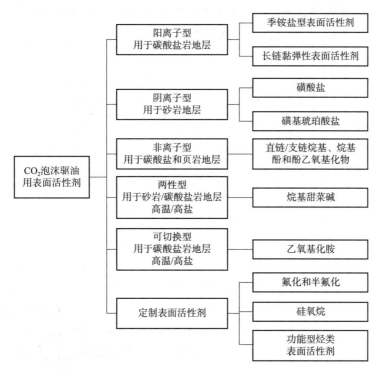

图 5.33　CO₂驱流度调节用聚合物的结构示意图

5.5.6　CO₂驱封窜技术

早期封堵气窜主要采用水气交替注入和 CO_2 泡沫技术，但其封堵强度较小，对于特低渗透储层和强非均质油藏的剩余油启动并不是非常有效。为了解决这个问题，逐渐引入了强度更大的凝胶封窜剂以抑制驱替流体的窜流，其体系主要包括以下类型。

5.5.6.1　聚合物凝胶封窜剂

聚合物凝胶封窜剂主要有以下几种。

1)弱凝胶体系

弱凝胶体系(Weak Gel)的主剂浓度及成本都非常低，成胶强度和成胶时间易于控制，但其三维网状结构相对薄弱，在流体的推进中会缓慢移动。它不仅防止气窜作用明显，而且还具备相当出色的驱油能力，能使采收率大幅度上升。

2)强凝胶体系

强凝胶体系(Bulk Gel)是 CO_2 驱油过程中的有效封窜剂，在国内外都有着广泛的应用。以一种带有甲叉基的聚丙烯酰胺成胶堵剂为例，以油井堵水剂为基础，胶体强度极高，该胶体体系可以选择性堵水。在成胶以前，其黏度并不高，注入性良好，可以实现深部注入；但成胶之后，分子链伸展，注水压力显著上升。

1987 年，将单体/有机交联凝胶体系应用于得克萨斯州和新墨西哥州的部分油田，实验表明凝胶处理后能降低岩心的 CO_2 气测渗透率至 21.8%。针对非均质油藏采用 CO_2 驱替

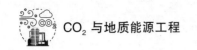

存在的气窜问题，聚丙烯酰胺－铬凝胶体系在低渗透岩心中具有较强的 CO_2 封窜性能，但在多轮次注气后凝胶体系的封堵强度明显减弱。

3）预交联凝胶颗粒

预交联凝胶颗粒（Preformed Particle Gel，简称 PPG）的吸水膨胀性及变形后在孔道中的通过性较好，遇水后易收缩、破裂、变形等，通过这种方式进行运移，当颗粒堵剂最终到达目的地后，会再次排列，起到封堵的作用。Wu 等研发了一种能在 CO_2 条件下发生膨胀的凝胶颗粒，该体系由丙烯酰胺（AM）和二甲氨基丙基甲基丙烯酰胺（DMAPMA）等单体聚合而成。在 CO_2 环境中的膨胀倍数为 10 倍，可以用于 CO_2 驱深部调驱作业。Song 等在岩心实验中考察了将自愈合凝胶颗粒用于封堵 CO_2，发现自愈合颗粒凝胶在超临界 CO_2 中具有很好的稳定性，能够对裂缝中的 CO_2 窜逸形成明显的抑制。

相比于其他 CO_2 封窜体系，聚合物凝胶体系主要应用于存在裂缝等大通道的地层。例如，Karaoguz 等报道了在土耳其 Bati Raman 油田稠油油藏利用凝胶注 CO_2 时裂缝封堵的施工情况。经过凝胶处理后，19 口生产井的产量仍然可以维持在 114t/d。为了实现长期的 CO_2 封窜效果，除了提升体系中聚合物的耐 CO_2 性能，还可以将凝胶体系与其他封窜体系相结合，以更好地适应油藏特性。据报道，有的油田尝试将凝胶与泡沫相结合，以增强泡沫体系的稳定性，进而增强 CO_2 封窜效果。因此，在应用于矿场前，需对聚合物凝胶体系的油藏适应性进行体系设计和施工参数优化。

5.5.6.2 其他类型

此外，还针对 CO_2 的化学性质，提出沉淀法油藏深部 CO_2 封窜体系和小分子胺类 CO_2 封窜体系。

1）沉淀法油藏深部 CO_2 封窜体系

沉淀法 CO_2 封窜体系主要分为化学反应沉淀体系和盐沉淀体系两种。

（1）化学反应沉淀体系。

该体系注入 CO_2 气体与其地层中含有大量游离态的钙、镁离子发生反应，生成沉淀以堵塞孔隙，从而降低地层渗透率，达到封堵地层的目的。例如，Asghari 等介绍了一种碳酸酐酶，该酶能促进 CO_2 与水的水化反应，并在钙离子（Ca^{2+}）等二价离子存在时生成碳酸钙沉淀，从而降低已被波及地层的渗透率，改善 CO_2 驱波及效率。

（2）盐沉淀体系。

首先向地层中注入高浓度盐溶液，然后再注入乙醇等有机溶剂。由于有机溶剂可以降低无机盐在地层水中的溶解度，从而促使盐溶液生成沉淀物质。相较于化学反应沉淀体系，这种方法可以更好地扩大 CO_2 气体的波及体积，提高驱油效率。

2）小分子胺类 CO_2 封窜体系

前述的封窜扩大波及体积技术多以水为载体，因为水来源广、成本低，并且能够带来较好的经济效益。然而，当在强水敏性地层中加入水基封堵材料时，注入压力升高，对设备性能要求也较高，难以实现深部封窜，最终效果差。

研究发现，乙二胺在优化非均质油藏的注气剖面方面具有重要作用。乙二胺可以与

CO$_2$反应形成高黏度堵剂，用于封堵窜流优势通道，可以提高约15%的采收率。此外，研究人员还提出了适用于裂缝性油藏条件的高强度淀粉凝胶和乙二胺的两级封窜技术。正丁胺作为封窜剂被用于非均质岩心CO$_2$气窜封堵实验中，结果表明正丁胺可以有效封堵高渗层，从而使后续注入气体启动低渗透层剩余油，提高低渗透层的采收率。对于强水敏性地层而言，采用小分子胺抑制油藏基质中的CO$_2$窜逸是一种颇具前景的研究技术。

5.6 与CO$_2$有关的提高采收率技术问题与挑战

在"双碳"背景下，以CO$_2$提高原油采收率作为一项关键的驱油技术，还具有减少CO$_2$排放，促进碳捕捉和封存的潜力。然而，目前油藏注CO$_2$提高采收率技术仍面临许多问题和挑战。

1）油藏储层物性复杂

国外以海相沉积的碳酸盐岩油藏为主，这些油藏埋深一般在1500~2000m，非均质性较弱、原油密度和黏度较低，混相压力低，一般低于10MPa。国外从CO$_2$驱的基础理论、室内实验到矿场实践已经系统配套，矿场先导试验效果明显，在部分领域已经具备工业化应用的条件。

我国以陆相沉积储层为主，非均质性较强、石蜡基原油黏度较高。目前，提高CO$_2$采收率的技术仍处于不断发展和改进的阶段。虽然一些方法已经得到应用，但仍然需要进一步的研究和实践来提高技术的效率和可行性。

2）CO$_2$的获取和供应问题

国外主要利用天然CO$_2$气藏，多数CO$_2$驱项目使用储层中产出的高纯度CO$_2$或工业来源的CO$_2$，管网发达，CO$_2$以管道运输为主。而我国天然CO$_2$气藏资源不足，且管网建设不够健全，以车辆运输为主。尽管一些工业和发电过程会产生大量的CO$_2$，但捕捉和利用这些CO$_2$仍面临挑战。此外，建立和维护CO$_2$供应链还需要有效的管理和协调。

3）CO$_2$安全封存问题

CO$_2$在地层中的长期安全封存是一个关键问题。如果泄漏或意外释放，可能对环境和人类健康造成潜在风险。因此，需要采取措施减少泄漏风险，并进行监测和应对。

4）CO$_2$腐蚀问题

CO$_2$遇水反应生成的碳酸会严重腐蚀油田的设备和管线，同时腐蚀生成的颗粒会污染地层。国外对CO$_2$腐蚀的主要影响因素、破坏机理和腐蚀防护措施等进行了广泛的研究，已经可以在工程上提供具有明显防腐效果的缓蚀剂、防护涂料、涂层和耐蚀材料等。相比之下，我国在CO$_2$腐蚀研究方面起步较晚，除在缓蚀剂的研究和应用方面有一定进展外，其他方面与国外相比仍存在较大差距。

5）经济可行性

注CO$_2$提高采收率技术的经济可行性也是一个重要问题。目前，国内外在方案设计及经济评价时往往没有综合考虑驱油与封存的成本效益。因此，需要在技术成熟度和规模化等方面突破，并寻找可持续发展的商业模式，以确保这项技术的经济可行性。

思考题

1. 油藏的定义是什么？可以分为哪些类型？

2. 油藏的开发方式主要包括哪几个阶段？分别有什么特点？

3. 注 CO_2 提高原油采收率的原理有哪些？

4. CO_2 混相驱的提高采收率机理主要有哪些方面？

5. 简述 CO_2 非混相驱。其适用于哪些油藏？为什么？

6. CO_2 驱适用于哪些油藏？

7. CO_2 吞吐分为几个阶段？简述 CO_2 吞吐的技术特点。

8. 层内生成 CO_2 技术的驱油机理有哪些？任选其中两点进行简述。

9. 简述低渗透油田的储层地质特征及水驱开发特征。

10. 简述断块油藏注 CO_2 提高采收率技术机理。

11. 在驱替过程中存在哪些窜流类型？分别有什么特点？

12. 目前油藏注 CO_2 提高采收率技术面临的主要问题有哪些？

6　CO_2 与气田开发工程

天然气比原油更加的清洁，被认为是 21 世纪能源，与其他非再生一次能源(石油，煤等)相比，燃烧时产生的碳排放更少。天然气也埋存在地层深处，需要钻井技术进行开发，相比于原油，天然气主要依靠储层与地面设施之间的压力差进行开采。当天然能量不足时，可以依靠注入外部气体(如氮气，CO_2 等)保持压差进行开采。然而，对于非常规天然气资源(如页岩气，致密气，煤层气等)由于储层孔隙更加狭小，且对天然气存在明显的吸附作用，导致天然气产量有限。CO_2 由于具有较好的竞争吸附特点，能够将甲烷从狭小孔隙中置换出来，同时也能实现碳封存，具有非常大的应用潜力。本章主要介绍气田开发工程基础知识以及常规气藏与非常规气藏注 CO_2 提高采收率技术原理与方法。

6.1　气田开发工程基础知识

6.1.1　气藏类型

气藏根据烃类混合物在储层和油罐中相态差异可分为凝析气藏和(纯)气藏，其中(纯)气藏可进一步细分为湿气藏和干气藏。

1)凝析气藏

图 6.1 展示了一个凝析气(Condensate Gas)的相态图。在凝析气的相态图中，临界点的位置取决于轻烃的含量。实际凝析气藏(Condensate Gas Reservoir)的温度位于临界温度和临界凝析温度之间。从凝析气藏中可采出凝析油和天然气。

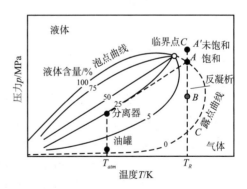

图 6.1　凝析气相态图

在原始条件下，处在 A 点的凝析气藏中，流体是单相气体，随着流体的采出，地层压力按等温过程下降。当地层压力降低到 A 点所对应的压力(露点压力)时，地层中将发生反凝析现象(Retrograde Condensation)。这时地层孔隙将饱和，有气体、凝析液和束缚水三相。当地层压力由 A 点降至 B 点时，地层中的反凝析液增加，而 B 点对应的压力是最大反凝析液量的位置。

如果地层压力以等温过程继续下降，从 B 点开始地层中将出现反凝析液的反蒸发现象。此时，地面采出的烃类混合物中将包含比高收缩原油多的轻烃组分和少量较重的烃组分。

凝析气藏的生产气油比可以高达 $12500 m^3 \cdot m^{-3}$，凝析油的地面相对密度可低于

0.7389，颜色呈浅橘色或浅稻黄色。

2）湿气藏

湿气藏（Wet Gas Reservoir）中烃类重组分的含量比凝析气的少，因此，相态图的分布范围较窄，临界点也向低温度方向移动，如图 6.2 所示。在整个压降开采期间，湿气气藏中的流体一直保持为单相气体，不发生反凝析现象。因此，只有处于两相区的地面分离器条件下，才有液体产生。这种液体称为凝析油，主要由丙烷和丁烷组成。开发湿气藏时的地面生产气油比可高达 17800m³ · m⁻³，地面凝析油呈稻草色，相对密度低于 0.7796。

3）干气藏

干气藏（Dry Gas Reservoir）中主要有甲烷和少量的乙烷，其他重烃的含量很低。典型的干气相态图，如图 6.3 所示。在地层和分离器条件下的生产过程都处在两相区之外的单相气体区，因此，烃类混合物不会产生反凝析液。

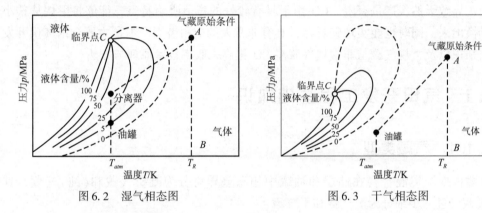

图 6.2　湿气相态图　　　图 6.3　干气相态图

6.1.2　气藏储量评价

1）（纯）气藏储量估算

天然气在原始地层条件下的体积用下面的容积法公式进行计算：

$$V_{gi} = A_g h\phi(1 - S_{wc}) \tag{6.1}$$

式中，V_{gi} 为气藏原始条件下的气体体积，m³；A_g 为气藏含气面积，m²。

当天然气采到地面时，因压力降低而膨胀。天然气的地质储量（Original Gas in Place，简称 OGIP）被定义为换算到地面标准条件时气藏所具有的天然气体积。因此，用气体的体积系数 B_{gi} 把式(6.1)计算的地下体积换算到地面条件的气藏的地质储量：

$$G = \frac{A_g h\phi(1 - S_{wc})}{B_{gi}} \tag{6.2}$$

式中，G 为气藏储量，m³；B_{gi} 为原始天然气地层体积系数，m³ · m⁻³。

原始天然气地层体积系数的计算公式如下：

$$B_{gi} = \frac{V_r}{V_{sc}} = \frac{T_i Z_i}{p_i} \cdot \frac{p_{sc}}{T_{sc} Z_{sc}} \tag{6.3}$$

式中，V_r 为油藏条件下天然气的体积，m³；V_{sc} 为地面标况下天然气的体积，m³；T_i 和 T_{sc} 分别为地层温度和地面温度，K；Z_i 和 Z_{sc} 分别为地层条件下和地面条件下的气体偏差因子,无量纲;p_i 和 p_{sc} 分别为地层压力和地面压力,MPa。

对于气田,若储量规模 $G > 10000 \times 10^8 m^3$,为特大型气田;$G = (1000 \sim 10000) \times 10^8 m^3$,为大型气田;若 $G = (100 \sim 1000) \times 10^8 m^3$,为中型气田;若 $G < 100 \times 10^8 m^3$,为小型气田。

2)凝析气藏储量估算

凝析气藏在地层条件下为单相气体,但采到地面之后气体中溶解的重质成分将凝析成液态凝析油,从而与气体分离。因此,凝析气藏除了计算天然气的地质储量外,还须计算凝析油的地质储量。

天然气的地质储量用下式计算:

$$G_c = G \cdot f_g = \frac{A_g h \phi (1 - S_{wc})}{B_{gi}} \cdot f_g \tag{6.4}$$

式中,f_g 为天然气的摩尔分数,一般通过高压物性分析实验进行测量,然后通过下式计算天然气的摩尔分数:

$$f_g = \frac{1}{1 + \frac{24056\delta_c}{M_o}} \tag{6.5}$$

式中,δ_c 为天然气的凝析油含量,$kg \cdot m^{-3}$;M_o 为凝析油的平均分子量,$kg \cdot kmol^{-1}$。
凝析油的地质储量用下式计算:

$$N_c = G_c \cdot \delta_c \tag{6.6}$$

式中,N_c 为凝析油的原始地质储量,t。

6.1.3 气藏驱动方式

气藏的驱动方式一般分为定容衰竭和水驱两类,因此,对应的气藏也可分为定容气藏和水驱气藏。

1)定容气藏

定容气藏是指无边底水驱动的气藏,也常被称为定容封闭气藏或定容消耗气藏。这类气藏通常受到岩性、断块和裂缝系统的控制。

对于正常压力系统,定容气藏的物质平衡方程和压降方程分别为:

$$G_p B_g = G(B_g - B_{gi}) \tag{6.7}$$

$$\frac{p}{Z} = \frac{p_i}{Z_i} \left(1 - \frac{G_p}{G} \right) \tag{6.8}$$

由此可以得到定容气藏的压降图(也称作生产指示曲线),如图 6.4 所示。当视地层压力 $p/Z = 0$ 时,$G_p = G$,因此,可以利用压降图的直线外推法得到定容气藏原始地质储量。

2)水驱气藏

对于一个具有天然水驱作用的气藏,随着气藏的开采和气藏压力的降低,会导致气藏内的天然气、地层束缚水和岩石的弹性膨胀,同时受到

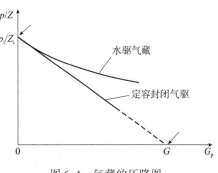

图 6.4 气藏的压降图

边水对气藏的侵入。由图6.5看出，在气藏累计产出 $(G_pB_g + W_pB_w)$ 的天然气和地层水的条件下，经历了开发时间 t，气藏的力由 p_i 下降到 p。此时，气藏被天然水侵占据的孔隙体积、被地层束缚水和岩石膨胀所占的孔隙体积，加上剩余天然气占有的孔隙体积，应当等于在 p_i 压力下气藏的原始含气体积，即气藏在地层条件下的原始地下储气量。由此，可直接写出如下物质平衡方程：

$$GB_{gi} = (G - G_p)B_g + GB_{gi}\left(\frac{c_wS_{wc} + c_f}{1 - S_{wc}}\right)\Delta p + (W_e - W_pB_w) \tag{6.9}$$

式中，c_w 和 c_f 分别为束缚水和地层岩石骨架的压缩系数，MPa^{-1}；W_e 为水侵量，m^3。

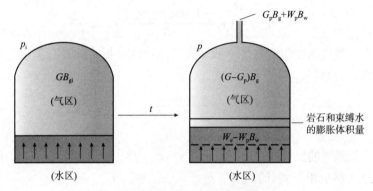

图6.5 水驱气藏的物质平衡示意图

对于正常压力系统的水驱气藏，由压力引起的束缚水和岩石骨架体积变化可以忽略不计，简化得到以下方程：

$$G = \frac{G_p - (W_e - W_pB_w)\dfrac{pT_{sc}}{p_{sc}ZT}}{1 - \dfrac{p/Z}{p_i/Z_i}} \tag{6.10}$$

整理后，得到以下方程：

$$\frac{G_pB_g + W_pB_w}{B_g - B_{gi}} = G + \frac{W_e}{B_g - B_{gi}} \tag{6.11}$$

因此，水驱气藏的物质平衡方程可以简化为直线关系式，其中直线的截距代表气藏的原始地质储量，直线的斜率则代表气藏的天然水侵系数。

6.2 常规气藏注 CO₂ 提高采收率技术

将 CO_2 注入衰竭的天然气气藏，既可以封存 CO_2，又可提高天然气的采收率(Enhanced Gas Recovery，简称 EGR)，这个过程也被称为 CO_2 驱提高天然气采收率与碳封存技术(Carbon Sequestration with Enhanced Gas Recovery，简称 CSEGR)。图6.6展示了一个典型的 CSEGR 系统，天然气藏生产的天然气主要为甲烷(CH_4)，用于燃气发电厂发电，并通过捕集发电厂或工业工厂排放的烟道气体中的 CO_2，在经过压缩后回注进气藏，从而提高地层压力并驱替地层中的剩余天然气，提高天然气产量。

如果发电厂建在气田附近，能够大大降低 CO_2 的运输距离，从而降低运输成本。对于水驱天然气气藏，通过注入 CO_2 可以保持气藏压力稳定，稳定天然气产量并抑制底水和边水的侵入。

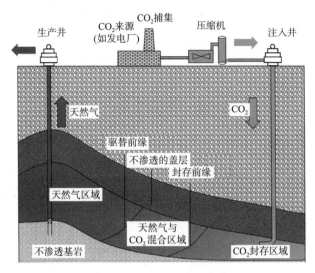

图 6.6　CSEGR 工艺示意图

6.2.1　常规气藏注 CO_2 提高采收率原理

常规气藏注入 CO_2 的提高采收率机理主要包括以下几个方面。

1）与甲烷相比，CO_2 流度小，驱替过程会更加平稳

在深储层条件下，CO_2 可能表现为具有气体黏度和液体密度的临界流体。这些性质有助于提高 CO_2 驱替天然气的体积波及效率和微观驱替效率。甲烷和 CO_2 的密度随温度和压力变化情况如图 6.7 所示。CO_2 较高的密度意味着相对于甲烷，它会向气藏下部运移，如图 6.6 所示，超临界 CO_2 封存带位于储层最底部，形成"垫气"封存，同时较轻的天然气被驱替至气藏圈闭的上部并被采出。

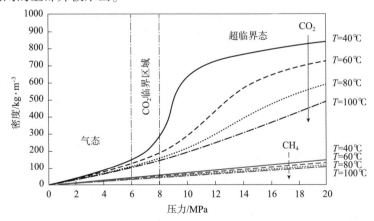

图 6.7　甲烷和 CO_2 密度随温度和压力变化曲线

甲烷和 CO$_2$ 黏度随温度和压力变化情况如图 6.8 所示，CO$_2$ 的较高黏度使得气体间不容易发生黏性指进和混合，CO$_2$ 驱替甲烷能形成稳定的驱替前缘。然而，当储层深度低于 1220m 时，甲烷和 CO$_2$ 之间的物性差异较小。在储层深度超过 1220m 后，CO$_2$ 和甲烷的密度和黏度之间的差异较大，使得这些储层适合注入 CO$_2$ 提高气藏采收率与 CO$_2$ 封存。

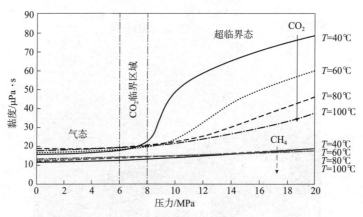

图 6.8　甲烷和 CO$_2$ 黏度随温度和压力变化曲线

2)注入 CO$_2$ 后可增加或恢复储层压力，延长气藏的生产时间

通过将 CO$_2$ 或 CO$_2$ + N$_2$ 混合气注入气藏，地层压力会升高，从而延长气藏的生产时间，提高最终采收率。另外，气藏地层压力升高可提供压力支持，阻止地层下沉和水侵。

3)气藏可作为 CO$_2$ 稳定封存的地质载体

封存 CO$_2$ 的场所包括深部盐水层、衰竭的油气藏和煤层，然而 CO$_2$ 地下封存的一个主要问题是 CO$_2$ 可能会逸出到含水层或者地面。然而，天然气气藏具有完整的地质构造和圈闭，能够阻止气体的外溢，因此是理想的封存 CO$_2$ 的地下储气库。

6.2.2　常规气藏注 CO$_2$ 提高采收率影响因素

常规气藏注入 CO$_2$ 提高采收率的影响因素主要包括油层特性和开采工艺。在开采工艺方面，包括注采井网类型、注采井组射孔位置、注气时机和注气速度等参数，均对提高气藏采收率有不同程度的影响。在注气开发常规气藏前，需要使用数值模拟方法对不同施工工艺参数进行优化。

6.3　页岩气藏注 CO$_2$ 提高采收率技术

6.3.1　页岩气藏的定义

页岩气(Shale Gas)是一种赋存于以富含机质页岩为主的储集岩系中的非常规天然气。页岩岩性多为沥青质或富含有机质的暗色、黑色泥页岩和高碳泥页岩类，岩石组成通常包括 30%~50% 的黏土矿物、15%~25% 的粉砂质(石英颗粒)和 4%~30% 的有机质。

页岩气的主要成分是甲烷(CH_4)，是一种清洁、高效的能源资源和化工原料，广泛应用于居民燃气、城市供热、发电、汽车燃料和化工生产等领域。由于页岩的主要成分为黏土矿物，所以页岩中的天然气以多种方式存在，主要有两种形式，即游离态（大量存在于页岩的孔隙和裂缝中）和吸附态（大量存在于黏土矿物、有机质、干酪根颗粒和孔隙表面上）。其中吸附态天然气的占比为总量的20%以上（Barnett页岩）到85%（Lewis页岩）。

天然气在页岩中的生成、吸附与溶解逃离过程的机理如图6.9所示。通过生物作用或热成熟作用所产生的天然气首先满足有机质和岩石颗粒表面的吸附需要，形成的页岩气主要以吸附态赋存于页岩内部。当吸附气与溶解的逃逸气达到饱和时，页岩气会解吸进入基质孔隙。随着天然气的大量生成，页岩内的压力升高，出现造隙及排出，游离态天然气进入页岩裂缝中并聚积。

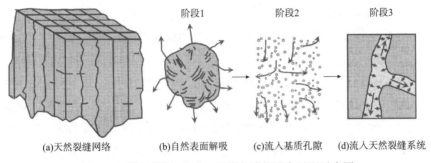

图6.9　裂缝页岩气生成、吸附与溶解逃离过程示意图

全球页岩气资源十分丰富且分布广泛，这是页岩气利用和开发受到关注的重要原因之一。据统计，截至2009年底，全球页岩气资源量约为$456.2 \times 10^{12} m^3$，占全球非常规气资源量近50%，与常规天然气资源相当，甚至还可能更大。页岩气主要分布在北美、中亚、中国、中东和北非、太平洋国家、拉美，如图6.10所示。我国拥有丰富的页岩气资源，资源量位居世界前列，页岩气具有巨大的经济价值和广阔的资源前景，目前开发尚处于起始阶段。我国正在积极推进页岩气的开发利用工作。

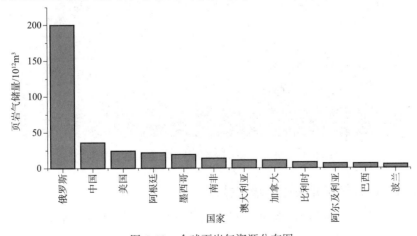

图6.10　全球页岩气资源分布图

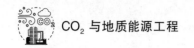

6.3.2　页岩气藏开采技术

虽然页岩中同时存在吸附态和游离态天然气,但与常规气藏相比,开发页岩气并不需要进行排水降压。在页岩气的开采过程中,随着页岩中游离态天然气的采出,压力自然下降,从而使吸附态和少量溶解相中天然气逐渐游离化,进一步提高天然气产能并实现长期稳产的目标。

然而,相对于常规天然气而言,页岩气藏的储层通常具有低孔和低渗透的物性特征,渗透率通常小于 $1 \times 10^{-3} \, \mu m^2$,最高孔隙度仅为 4%~5%,其气流阻力比常规天然气的大,因此需要采取有效的储层改造措施才能提高最终采收率。通过水平井技术和压裂增产技术,可以显著提高页岩储层中页岩气藏的开采量和经济效益。

6.3.2.1　页岩气藏开采水平井技术

随着 2002 年美国得克萨斯州 Fort Worth 盆地 Barnett 页岩产层进行的 7 口水平试验井获得巨大成功,水平井在业内迅速推广,并成为页岩气开采的主要钻完井方式。

相比于垂直井,虽然水平井的建设成本较高,但其能够更好地与页岩层中的裂缝接触,增加与储层中气体的接触面积,有效改善储层中页岩气体的流动状态,提高出气率,如图 6.11 所示。水平井在初始开采速率、控制储量和最终评价可采储量方面比垂直井高出 2~3 倍。同时,水平井减少了地面设施的要求,具有较大的开采延伸范围,能够避免受到地面不利条件的干扰。

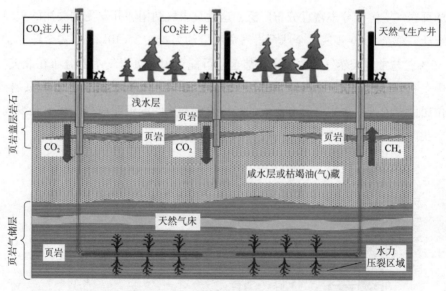

图 6.11　页岩注 CO_2 提高气体采收率工艺示意图

6.3.2.2　页岩气藏开采压裂增产技术

由于页岩气藏具有超低渗透率和低孔隙度,需要经过多级大规模水力压裂处理才能保证页岩气藏经济生产。压裂增产技术是页岩气成功开发的核心技术之一。

1）按照压裂介质分类

根据压裂介质的不同，可分为泡沫压裂和水力压裂。

（1）泡沫压裂技术。

泡沫压裂技术采用液氮或 CO_2 泡沫作为压裂剂，通常适用于埋深较浅、地层压力较低的页岩储层，具有造缝效果好、滤失性好、携砂和返排能力强、摩阻系数低、对储层伤害小等优点。然而，泡沫压裂对注入压力要求较高，产生简单的裂缝形式，难以为气体运移提供更多通道，同时成本也较高。

（2）水力压裂技术。

水力压裂技术以清水为压裂剂，常用于埋深较大、地层压力较高的储层。对支撑剂的需求较少，不需要添加表面活性剂和稳定剂，并且很少需要泵增压，因此成本较低。水力压裂能够清洗裂缝，可在一定程度上额外提高储层的渗透率。

2）按照压裂方式分类

根据压裂方式的不同，可分为水平井分段压裂、重复压裂和同步压裂等。

（1）水平井分段压裂技术。

水平井分段压裂技术是在比较长的水平井段上进行多阶段压裂作业，形成多条水力裂缝，有效加密裂缝网络以提高产气量。分段压裂可以有效降低成本，特别是与前置液钻井相结合，可以最大限度地节约时间和成本，缩短准备时间和每次泵送作业之间的停机时间。

（2）重复压裂技术。

随着时间的推移和压力的释放，一次压裂形成的由支撑剂维持的裂缝将逐渐闭合，导致页岩气产量严重降低。为恢复产能，需要对页岩储层进行再次压裂，即为重复压裂。

（3）同步压裂技术。

同步压裂一般是指两口及以上的井同时或交互作业，通过利用高压下压裂液与支撑剂在两口井之间运移距离最短的原理，来增加压裂裂缝密度和面积，从而达到增产的目的。

6.3.3　页岩气藏 CO_2 压裂增产技术

CO_2 压裂是指利用液态或超临界态的纯 CO_2 作为压裂液进行压裂的技术，如图 6.12 所示。作为一种新兴的页岩气开采技术，CO_2 压裂可以使用高压 CO_2 替代传统的水和化学品作为压裂液，并将其注入页岩岩层中，从而扩大岩石裂缝并释放出其中储存的天然气。

与传统的大型滑溜水压裂相比，页岩气藏 CO_2 压裂技术具有以下优势。

（1）CO_2 压裂对水资源需求较少，适用于我国水资源匮乏地区的页岩气开采。

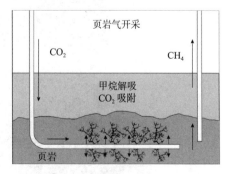

图 6.12　页岩气藏超临界 CO_2 压裂增产技术示意图

（2）CO₂ 压裂液无水，无压裂液残渣，不会对储层基质造成伤害，并且对地下水资源的污染较小，因此有更好的增产效果。

（3）使用超临界 CO₂ 进行压裂时，相较于水，超临界 CO₂ 的破裂压力较低。对于大理石，超临界 CO₂ 作用后可以使破裂压力降低 1/3，而对于页岩，则可以降低 1/2。此外，超临界 CO₂ 的表面张力为零，理论上可以进入比其分子直径大的任意裂缝和孔道，这是其他压裂液，包括液态 CO₂ 压裂液所不具备的特点。

（4）CO₂ 在页岩储层中的吸附能力是甲烷的 2 ~ 10 倍，可以置换页岩中吸附态的甲烷，提高页岩气采收率。

（5）CO₂ 压裂在不增加钻井成本的基础上实现了 CO₂ 地质封存，可以有效降低大气中的 CO₂ 含量，起到缓解气候变化的作用。

然而，CO₂ 压裂技术也面临一些挑战，如 CO₂ 的成本较高、压裂液的注入需要更高的压力等。此外，岩层中的 CO₂ 含量也会影响 CO₂ 压裂的效果。

6.3.4　页岩气藏注 CO₂ 提高采收率技术

页岩气藏注 CO₂ 提高采收率与地质封存技术的基本原理主要包括以下几点。

（1）CO₂ 分子具有较小的动力学直径和线型分子结构，因此其黏度较低，扩散系数较大，表面张力为零。相对于轻质组分而言，CO₂ 更容易进入干酪根基质的微孔空间，并且可以进入任何大于其分子的空间。在外力作用下，CO₂ 能够有效驱替微小孔隙和裂缝中的游离态甲烷。

（2）当 CO₂ 与干酪根接触时，可以从干酪根中抽取部分轻质组分。此外，在页岩纳米孔隙中，CO₂ 分子与页岩的吸附能力强于甲烷分子与页岩的吸附能力，尤其是在有机质（干酪根）中和无机质（微小黏土矿物）的表面，如图 6.13 所示。这在相同温度和压力条件下，CO₂ 的吸附量是甲烷的 2 ~ 10 倍，这意味着 CO₂ 可以将吸附态的甲烷分子变为游离态，从而提高页岩气的采收率。

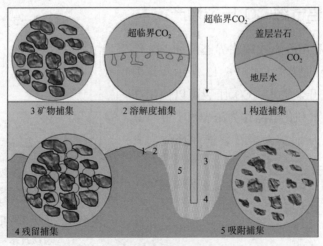

图 6.13　CO₂ 在页岩气藏中的捕集机制示意图

（3）超临界 CO_2 具有较大的流体密度和较强的溶剂化能力，可以溶解近井地带的重油组分和其他污染物，减小近井地带油气的流动阻力。

然而，页岩纳米孔内超临界 CO_2 传输能力小于游离态甲烷，且两者之间对流扩散过程很弱。超临界 CO_2 还对甲烷存在阻溶现象，表现出活塞式驱替特征。因此，在通过单井吞吐（即注超临界 CO_2 – 闷井 – 开井生产）方式提高页岩气藏采收率（图6.14）时，可能会出现以下问题。

①在注入阶段，超临界 CO_2 进入页岩纳米孔隙非常缓慢，导致注入时间长。

②在闷井阶段，超临界 CO_2 传输距离很短，主要聚集于井周或水力裂缝面附近。

③在产出阶段，纳米孔内超临界 CO_2 压力传递和扩散速度非常慢，这将阻碍纳米孔内游离态甲烷的流动。

为缩短注入时间并尽量避免单井"吞吐"对页岩纳米孔内游离态甲烷传输能力的伤害，在多级压裂水平井段中可以选择某些压裂段注入超临界 CO_2，而其他压裂段则用于生产。

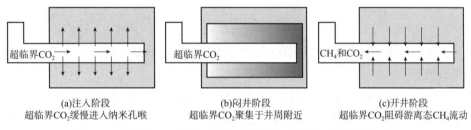

(a)注入阶段　　　　　　　　　(b)闷井阶段　　　　　　　　　(c)开井阶段
超临界CO₂缓慢进入纳米孔喉　　超临界CO₂聚集于井周附近　　超临界CO₂阻碍游离态CH₄流动

图6.14　超临界 CO_2 单井"吞吐"驱替置换页岩气不利因素示意图

目前页岩气藏 CO_2 压裂增产技术主要集中在高纯度 CO_2 利用方面，而我国 CO_2 气源短缺，因此开始尝试探索富 CO_2 工业废气在页岩气藏中进行置换和封存的可能性。此外，页岩储层中除了含有甲烷外，还存在乙烷、丙烷等烃类气体，以及 CO_2 及 N_2 等非烃类气体。虽然这些非甲烷组分的体积分数很小，但其存在会对页岩气的赋存状态产生一定的影响。因此，有关混合气体竞争吸附的研究也在不断开展。

6.4　致密气藏注 CO_2 提高采收率技术

6.4.1　致密气藏的定义

致密气（Tight Gas）是指储存在致密储层中，没有经历大规模运移而自然形成的天然气聚集。目前，国际上一般将覆压渗透率小于 $0.1 \times 10^{-3} \mu m^2$ 的储层定义为致密储层。致密气藏的储层物性较差，气井的产量往往偏低、产量递减速度较快、能量补充缓慢、开发成本高。

致密储层中的孔喉半径细小且具有复杂的孔隙结构，主要为纳米级孔隙 – 裂缝渗流系统，基质渗透率极低，使得致密储层中的气体渗流特征与中、高渗透储层中的气体渗流有很大的不同。

致密砂岩的孔喉尺寸范围通常在 $30nm \sim 2\mu m$，属于微纳米级别的孔隙。微纳米尺度孔隙中的流体流动与常规孔隙中流体的流动有很大的不同，由于孔隙之间连通的狭小喉道的限制，致密储层中气体的运移受到极大影响，从而影响致密气的产出。图6.15展示了气体在孔隙空间中的运移形式示意图，主要包括黏性流动、Knudsen扩散流动、分子扩散和表面扩散。

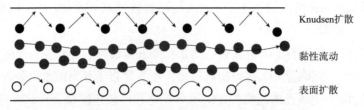

图6.15　气体在孔隙空间内的运移形式示意图

克努森数(K_n)在微纳米尺度流体力学中是一个重要参数，其可以表征微纳米尺度孔隙中气体的运移形式，即：

$$K_n = \frac{\lambda}{H} \tag{6.12}$$

式中，λ为气体分子的平均自由程(气体分子在碰撞前后迁移的平均距离)；H为流动场的特征长度。

Roy等根据K_n大小，可以将气体流动划分为不同流态：当K_n小于等于0.01时为连续流动，K_n范围在0.01~0.1为滑移流动，K_n范围在0.1~10时为过渡流，K_n大于等于10时为分子自由流动。致密气藏中K_n小于0.1，表明致密储层中的流态为滑移流动和弱连续流动。因此，与常规气藏相比，致密气藏存在达西流和非达西流双重渗流机理。

6.4.2　致密气藏开采技术

鉴于致密气藏的储层非均质性强，以及渗流能力差，导致生产气井的单井自然产能较低。通常需要通过建立人工压裂裂缝渗流通道来实现有效的开采。目前，致密气藏开采使用的主要方法是直井重复压裂技术及水平井多级压裂技术。

在致密砂岩气藏开发过程中存在一些难点。

(1)砂体构型复杂，普遍存在砂体不连续的特征。

(2)压裂改造后的裂缝特征较复杂，可能呈非正交的多缝特征，从而使其渗流规律变得更加复杂。

(3)致密气藏的可动水饱和度通常较高，并且主要是孔隙水，从而形成了较为复杂的气水两相流动。这些因素对气井的生产产生较大的影响。

6.4.3　致密气藏CO$_2$压裂增产技术

为了提高致密气藏(尤其是水敏/水锁型储层)的增产效果，CO$_2$干法加砂压裂技术不断改进，并已经实现了矿场应用。

CO$_2$干法压裂技术起源于北美，国外在液态CO$_2$干法压裂等方面的技术已趋于成熟，并形成了配套装备和工艺技术，在北美，已经应用了近2500口井，其中95%是气井，5%是油井。国内的气藏CO$_2$干法加砂压裂主要由川庆钻探与长庆油田联合攻关，自2013年完成了国内首次CO$_2$干法加砂压裂现场应用以来，已经在长庆致密气井和延长页岩气井上累计完成了14口井16层现场应用。

在低温和带压环境下，液态CO$_2$的混砂和携砂泵注效果不佳。因此，技术研发人员开发出了液态CO$_2$密闭混砂装置(图6.16)、液态CO$_2$提黏剂、CO$_2$储罐及氮气增压装置等设备。CO$_2$干法加砂压裂技术使用密闭混砂装置，在带压密闭条件下，利用罐内的输砂螺旋将支撑剂混入液态CO$_2$中，动力系统则通过安装在输砂螺旋上的液压马达提供动力，然后通过压裂泵车以较大排量注入地层，完成储层改造。

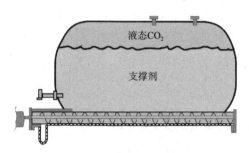

图6.16　卧式密闭混砂罐结构图

部分裂缝性致密气藏在开采初期的气井产能较高，但产量会快速递减，地层压力也会快速下降，这表明储层对应力敏感。因此，需要进行重复压裂。此外，致密气藏气井生产过程中常常伴随地层水的侵入，水淹后气井基本上没有气体产出。这些是导致致密气井产量递减的主要原因。研究人员提出了储集层干化方法，用于致密气提高采收率。干化可大幅度降低致密储集层中的含水饱和度，提高井筒附近或压裂裂缝附近的气体渗流能力。

6.4.4　致密气藏注CO$_2$提高采收率技术

由于超临界CO$_2$具有特殊的密度、黏度、扩散性等特点，因此在开发非常规油气资源(如致密气和页岩气)方面具有巨大优势。将CO$_2$注入致密气藏中既可以实现大量CO$_2$的封存，减轻温室效应，又可以提高致密气藏的采收率。

注CO$_2$提高致密气藏采收率的机理主要包括以下几点。

1)筛滤置换作用

从分子角度来看，CO$_2$是直线型分子，其分子直径小于甲烷，因此能进入相对较小的微孔隙中，而甲烷却不能。这种现象被称为筛滤置换作用。

2)竞争吸附置换作用

往储层中注入CO$_2$可以提高甲烷(CH$_4$)的解吸和扩散速率。注气能加快渗流速度，快速降低甲烷的分压，促使甲烷解吸和扩散。气体分子和岩石分子之间的作用力由色散力与诱导力构成，故形成吸附势。气体分子的电离势与极化率越高，色散力与诱导力越大，吸附势越大。CO$_2$的电离势与极化率高于甲烷，因而CO$_2$的吸附势大于甲烷。向储层中注入

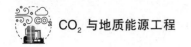

的 CO$_2$ 气体能够通过竞争吸附置换出原本吸附在基质岩块微孔隙中的甲烷。

3）压力恢复作用

CO$_2$ 的注入可以增加储层内地层压力，增大压力梯度，提高渗流速度，有效地聚集并驱动储层中的甲烷流动。同时，也可以提供压力支持，阻止地层下沉和水侵。

4）重力分异作用

CO$_2$ 相对于甲烷具有更高的密度和黏度，这些物理性质的差异在高压下被放大。当压力超过临界压力 7.38MPa 时，CO$_2$ 和甲烷之间的密度和黏度差异达到最大。由于密度差异，重力分异作用限制了气体在垂向上混合。由于驱替相的黏度高于被驱替相，形成了有利的流度比，增加了驱替的稳定性，最终实现了有效的垂向和横向驱替。

将 CO$_2$ 气体注入气藏是一项双赢的技术，既能采出大量残余气，又可以封存大量 CO$_2$，减轻温室效应。注 CO$_2$ 提高气藏采收率方案受多种因素影响，如初始生产时间、注入段长度、注入压力、注入时机、生产井压力等。此外，CO$_2$ 气源、气价、注入气和甲烷的混合等因素也会影响 CO$_2$ 方案的经济可行性。

6.5 煤层气藏注 CO$_2$ 提高采收率技术

6.5.1 煤层气藏的定义

煤层气（Coal Bed Methane，简称 CBM）是指在煤层中以甲烷（CH$_4$）为主的自生自储的非常规天然气，俗称为"瓦斯"，是一种优质清洁能源。中国作为煤炭工业大国，拥有巨大的煤层气储量。作为接替常规天然气的补充能源，煤层气对我国经济的发展和能源安全具有极其重要的意义。

煤层的孔隙结构与常规天然气藏储层不同，尽管都具有孔、洞、缝的结构，但常规天然气藏储层的孔隙结构具有较强的随机性，而煤层中的缝（裂隙）分布则呈现出很强的规律性，且其走向具有强烈的方向性（表 6.1）。

表 6.1　煤层气与其他天然气的概念对比

项目	煤层气	页岩气	天然气
界定	主要以吸附状态聚集于煤系地层中的天然气	主要以吸附和游离状态聚集于泥/页岩系中的天然气	浮力作用影响下，聚集于储层顶部的天然气
成因类型	有机质热演化成因、生物成因	有机质热演化成因、生物成因	有机质热演化成因、生物成因、原油裂解成因
天然气赋存状态	85% 以上为吸附，其余为游离和水溶	20%~85% 为吸附，其余为游离和水溶	各种圈闭的顶部高点，不考虑吸附影响因素
储层条件	双重孔隙（基质和割理系统）	低孔、低渗透特征	低渗透、中渗透、高渗透孔隙

煤的裂缝通常被称为割理，割理的发育程度与煤阶、密度以及构造作用密切相关。随着煤阶的增长，内生的割理越发育；低密度的煤越有利于割理的生长；构造作用越强烈，外割理越发育。在煤层中，割理主要被煤层水饱和。割理越发育，束缚水饱和度越低，气相相对渗透率越高。

煤层中煤层气有吸附、游离和溶解三种赋存状态，如图 6.17 所示。大部分(80%~90%)以吸附形式赋存于煤颗粒表面，少部分以游离形式存在于孔和缝之间，或溶解于煤层水中。此外，还有少量甲烷以固溶态的形式储存在煤基质上。

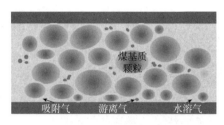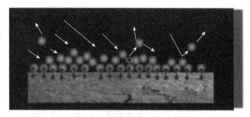

图 6.17　煤层气储集状态示意图

6.5.2　煤层气藏开采技术

煤层气藏开采技术主要包括排水降压解吸采气技术和水力压裂增产技术。

1)排水降压解吸采气

煤层气气藏与常规油气资源在地质成因和储层物性方面存在很大差异。相比于国外的煤层，我国的煤层通常具有低渗透、低压和低饱和度的特征，而煤岩裂缝较发育、弹性模量较低、泊松比较高。因此，常规排水降压解吸采气工艺对我国煤层气产能的提升作用较小。

2)水力压裂增产技术

在煤岩中应用水力压裂技术可以形成长缝，从而有效提高深层煤层气的单井产量。然而，部分水力压裂效果并不理想，这主要是由于煤岩具有较强的塑性，导致裂缝易闭合；此外，水基压裂液在压裂过程中对储层可能造成一定伤害。当压裂液进入煤岩层后，由于储层孔喉细小，受毛管力的作用，水基压裂液会进入地层并集聚，形成液相圈闭，从而降低油气渗透率，影响产能。

6.5.3　煤层气藏 CO_2 压裂增产技术

CO_2 干法压裂技术是一种利用液态 CO_2 作为压裂液进行压裂的新技术。相比水基压裂液，液态 CO_2 具有独特的物理化学性质，使得 CO_2 干法压裂技术在煤层气藏开发中具有广阔的应用前景。与传统水力压裂相比，煤层气藏的 CO_2 压裂具有以下几个优势。

(1)液态 CO_2 不含水，不会对煤层造成水敏和水锁污染，在施工前后不会对煤层造成水锁伤害。

(2)液态 CO_2 没有固体残渣，不会对煤岩储层和压裂后的裂缝造成伤害。

(3)CO_2 由气体增压形成液体，本身携带能量，对地层具有良好的增能作用。压裂后，

CO$_2$放喷时重新恢复气态，可以更快更彻底地被返排出来。

（4）CO$_2$的黏度低，流动性强，可以流入煤岩储层中的微裂缝，更容易形成分支缝和层理缝，从而能够与煤岩储层更好地沟通。

然而，目前国内外还没有复杂煤储层 CO$_2$ 干法压裂相关的施工先例。关于 CO$_2$ 的温度、排量等参数对煤岩裂缝的起裂、扩展规律以及裂缝形态复杂性的影响研究较少，因此相关规律尚未明确。柯虎庆利用室内实验和数值模拟研究了液体 CO$_2$ 作为压裂液时煤岩裂缝的扩展规律，如图 6.18 所示。研究发现，水平主应力差、CO$_2$温度和 CO$_2$排量等因素都会对裂缝起裂和扩展产生影响。

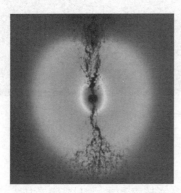

图 6.18　CO$_2$压裂煤岩时的数值模拟(左)和室内实验照片(右)

6.5.4　煤层气藏注 CO$_2$ 提高采收率技术

国内外研究成果表明，煤对 CO$_2$ 的吸附能力大于对甲烷(CH$_4$)的吸附能力，CO$_2$ 在煤表面具有很强的置换甲烷的能力，因此 CO$_2$ 提高煤层气采收率(CO$_2$ – ECBM)技术得以应用。CO$_2$ 提高煤层气采收率技术通过将 CO$_2$ 注入煤层中，利用煤对两种气体不同的吸附特性，将储存在煤层中的煤层气置换出来，如图 6.19 所示。该项技术可以大幅度提高煤层气的采收率，并同时实现大量 CO$_2$ 气体的封存。

煤层气藏注 CO$_2$ 提高煤层气采收率技术的主要原理如下。

1)增能驱动机理

增能驱动是煤层气藏注 CO$_2$ 提高煤层气采收率的核心，通过注入新的气体改变储层的压力传导特性，使扩散速率保持不变或增大，确保产量增加。注气后，储层压力梯度维持不变或增加，渗流速度加快，气体流动加快了甲烷分压的降低速度，导致更多的甲烷分子脱附解吸，从而增加游离相甲烷分子浓度和渗流速度。随着注气压力的增加，煤层中会形成新的裂隙，增加了渗透率和压力传导系数，进一步加快了渗流速度。

2)竞争吸附机理

煤是一种多孔介质，在注入气体开发时，CO$_2$ 和甲烷会出现竞争吸附现象，由于 CO$_2$ 的吸附能力更强，会取代已吸附的甲烷分子，导致甲烷发生解吸并以自由气形式渗流(图 6.20)，从而提高采收率。

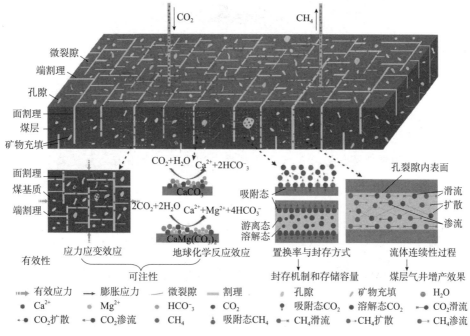

图 6.19 CO_2 提高煤层气采收率技术原理示意图

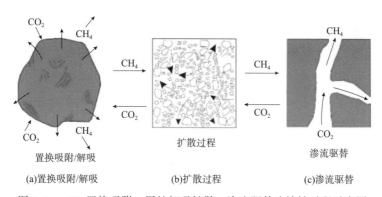

(a)置换吸附/解吸　　　　(b)扩散过程　　　　(c)渗流驱替

图 6.20 CO_2 置换吸附 – 甲烷解吸扩散 – 渗流驱替连续性过程示意图

然而，与 CO_2 提高煤层气采收率技术相关的 CO_2/甲烷竞争吸附置换过程、置换吸附 CO_2 煤层膨胀引起的渗透率衰减动态变化等问题非常复杂。这些问题对于 CO_2 注入有效性和甲烷的高效开采带来挑战，并阻碍了 CO_2 驱煤层气技术商业化的进程。此外，目前我国煤层气开发更多是"先采气后采煤"的规划模式，而利用 CO_2 提高煤层气采收率技术会导致煤层发生吸附膨胀，进而影响煤层的力学性质，如抗压强度和杨氏模量。关于这些变化对煤矿后期采煤作业方式和安全产生的影响尚不确定。

尽管面临这些挑战，全球范围内广泛分布的煤储层吸引了越来越多的学者持续研究和深化 CO_2 提高煤层气采收率与地质封存理论与技术。这显示出 CO_2 提高煤层气采收率技术作为 CCUS 技术接近商业化的前景。

思考题

1. 简述气藏类型的分类。

2. 简述气藏驱动方式的分类。

3. CO$_2$ 驱提高天然气采收率与碳封存技术的含义是什么？

4. 常规气藏注 CO$_2$ 的提高采收率机理包含哪些方面？

5. 常规气藏注 CO$_2$ 提高采收率的影响因素有哪些？

6. 页岩气藏的定义是什么？天然气在页岩中的生成、吸附与溶解逃离过程的机理是什么？

7. 页岩气藏开采压裂增产技术可以怎样分类？有哪些？

8. CO$_2$ 压裂的定义是什么？与传统的大型滑溜水压裂相比，CO$_2$ 压裂技术具有哪些优势？

9. 页岩气藏注 CO$_2$ 提高采收率与地质封存技术的基本原理包括哪些？

10. 致密气藏的定义是什么？致密砂岩气藏开发过程中存在哪些难点？

11. 注 CO$_2$ 提高致密气藏采收率的机理主要包括哪些？

12. 煤层气藏的定义是什么？煤层气与其他天然气的概念对比有什么不同？

13. 简述煤层气藏开采技术。

14. 与传统水力压裂相比，煤层气藏的 CO$_2$ 压裂具有哪些优势？

15. 煤层气藏注 CO$_2$ 提高煤层气采收率技术的主要原理有哪些？

7 CO_2 与采油采气工程

在油田和气田注 CO_2 开发过程中，注采井工况往往也影响着油气产量。在注入井附近，由于 CO_2 存在相态变化以及会与地层中的地质能源流体（如油、气、水等）和固井水泥和套管发生反应，导致开采过程中会遇到各种问题，且与注水工艺相比，注 CO_2 会存在更为明显的重力超覆现象，因此需要对其注入与生产工艺进行优化设计，并对其注入与生产状态进行实时监测。另外，对于生产井中的出砂、结垢、井筒积液等问题，CO_2 与 CO_2 泡沫也表现出一定的优势。本章主要介绍 CO_2 驱油过程中的举升工艺、分层注气工艺、井下腐蚀监测与防腐技术，以及 CO_2 和 CO_2 泡沫在采油采气工程中的应用原理与技术挑战。

7.1 采油采气工程基础知识

7.1.1 采油方法

采油方法通常是指将流到井底的原油采到地面上的各种方法，其中包括自喷采油和人工举升两大类。

7.1.1.1 自喷采油

自喷采油（Natural Flowing Production）是利用油层自身的能量将原油喷到地面的方法，也是一种简单且经济的采油方式，井筒和地面设备简单、投资少、成本低、管理方便。自喷采油的基本设备包括井口设备、井筒设备以及地面流程设施等，如图 7.1 所示。

油井的自喷能量来自油层，油层的能量主要通过油层压力衡量。原油从油层流到井底后具有的压力（称为流压，Flow Pressure）既是其流到井底后的剩余压力，同时又是垂直向上流动的动力。如果流压足够高，在平衡了相当于井深的静液柱压力和克服流动阻力之后，在井口仍然会有一定的剩余压力（称为油压），使油井能够自喷生产。

在油层压力的驱动作用下，油气从油层流到地面经过了四个基本的流动过程，如图 7.2 所示。

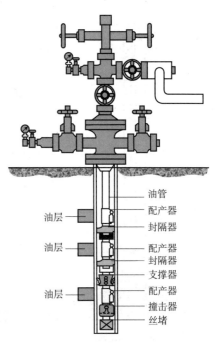

图 7.1 自喷井系统组成

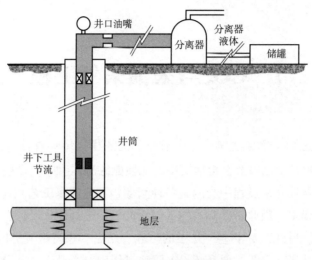

图 7.2　自喷井系统流动过程

1）油层渗流

从油层流到井底，流体是在多孔介质中渗滤，故称渗流（Flow in Porous Media）。如果井底压力高于油的饱和压力，则为单相渗流；如果井底压力低于油的饱和压力，则为多相渗流。

2）垂直管流

从井底流到井口的过程中，流体在油管中上升，在油管某个断面处的压力一般低于饱和压力，因此可能存在单相流或多相流的情况。

（1）单相垂直管流。

当油井的井口压力高于原油的饱和压力时，垂直井筒中流动的是单相的原油。单相原油在垂直井筒内流动的能量主要来自井底流压。在这个流动过程中，能量消耗主要是克服与井深相当的液柱压力以及液体从井底流到井口的过程中与垂直管壁之间的摩擦阻力。

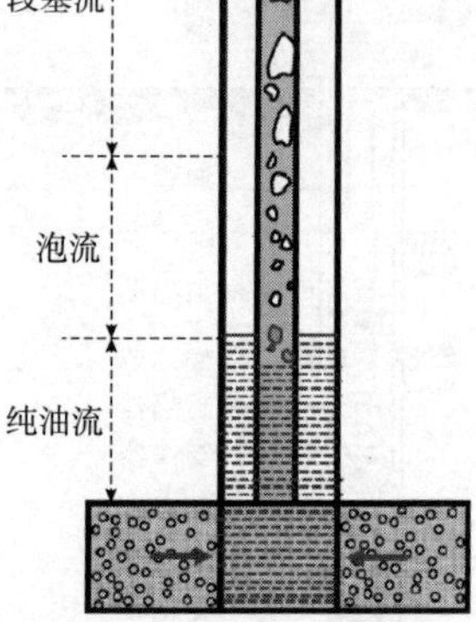

（2）多相垂直管流。

当井底流压低于饱和压力时，原油中溶解的天然气会从井底甚至地层中脱离，这时整个井筒油管内的流动变成油气两相流。从举升原油的意义上讲，井筒内多相流动的能量来源包括进入井底的气液所具有的压能、随油流进入井底的自由气以及举升过程中从油中分离出来的天然气释放的气体膨胀能。在油井中可能出现的流型自下而上依次为：纯油流、泡流、段塞流、环流和雾流，如图 7.3 所示。

实际上，在同一井筒内，很少会出现如图 7.3 所示的完整的流型变化，尤其是在自喷井内，纯油流和雾流通常不会同时存在。环流和雾流只会在混合物流速和气液比很高的情况下出现。

图 7.3　油气两相沿井筒喷出时的流型变化示意图

3）嘴流

通过油嘴的流动，一般具有较高的流速。

4）水平或倾斜管流

从井口沿着地面管线到联合站分离器这一过程中的流动，通常是多相水平或倾斜管流。

7.1.1.2　人工举升

当油层能量低至不足以实现自喷生产时，需使用一定的机械设备和工艺方法为井底的油流补充能量，以便将其采到地面，这类采油方法称为人工举升（Artificial Lift）或机械采油方法。

1）气举采油

气举采油（Gas Lift Production）是一种通过在井筒中注入高压气体与油层产出的流体混合，利用气体膨胀的原理降低井筒中混合液的密度，从而将其排出地面的举升方式，如图7.4所示。

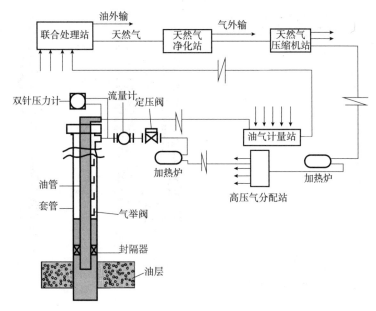

图7.4　气举采油系统示意图

气举采油需要两个通路：一个是压缩气体的注入通路；另一个是被举升液体的举出通路。常用的设备是单层管，压缩气体从油套环形空间压入，原油则从油管中被举出。

2）有杆泵采油

有杆泵采油（Rod Pumping）方法以其结构简单、适应性广、耐用且易于维护等特点而备受采油工作者的青睐。有杆泵采油方法是目前我国最主要的机械采油方法。

有杆泵采油包括游梁式抽油机深井泵采油和地面驱动螺杆泵采油两大类。这两种方法均以抽油杆为媒介，将地面机械的动力和运动传递给井下的泵。前者通过抽油杆将抽油机悬点的往复运动和动力传递给井下柱塞泵，而后者则是通过抽油杆将井口驱动头的旋转运动和动力传递给井下螺杆泵。

目前国内外的陆上油井多采用游梁式抽油机深井泵装置采油，其系统组成示意如图7.5所示。该装置主要由抽油机、抽油杆和抽油泵组成。通过油管将深井泵的泵筒放置到井内液面以下，泵筒下部装有只能向上打开的吸入阀(固定阀)。使用直径 16~25mm 的抽油杆将塞子从油管中下入泵筒。柱塞上安装只能向上打开的排出阀(游动阀)。最上面与抽油杆相连接的杆称为光杆，穿过三通和盘根盒悬挂在驴头上。通过抽油机的曲柄连杆机构，将动力机(电动机或天然气发动机)的旋转运动转化为光杆的往复运动，再通过抽油杆柱带动深井泵的柱塞进行抽油操作。

抽油泵，又称为深井泵，是有杆机械采油中一种专用设备。通常被安装在油井井筒中动液面以下一定深度处，利用抽油杆传递的动力对原油加压，并将其抽出地面。抽油泵的工作原理包括上冲程和下冲程两个过程，如图 7.6 所示。

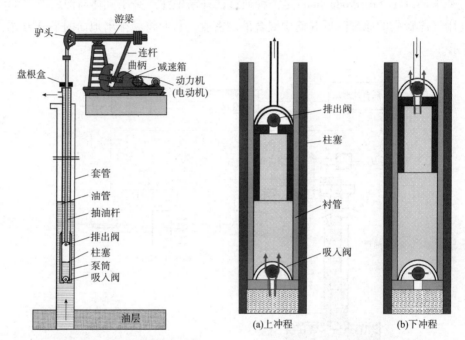

图 7.5　游梁式抽油机深井泵装置示意图　　图 7.6　抽油泵工作原理示意图

（1）上冲程。

抽油杆柱带着柱塞向上运动，如图 7.6(a)所示。活塞上的游动阀(排出阀)受到管内液柱压力的作用而关闭，泵内压力随之降低。固定阀(吸入阀)在环形空间液柱压力(沉没压力)与泵内压力(吸入压力)之差的作用下，克服重力被打开。因此，在上冲程过程中，泵内会吸入液体，而井口会排出液体。

（2）下冲程。

抽油杆柱带着柱塞向下运动，如图 7.6(b)所示。在开始时，固定阀关闭，当泵内压力增加到超过柱塞液柱压力和游动阀重力时，游动阀会被顶开，使柱塞下部的液体通过游动阀进入柱塞上部，泵内的液体会排到油管中。因此，在下冲程过程中，泵会向油管内排液。满足泵排出液体的条件是泵内压力(排出压力)高于柱塞的液柱压力。

7.1.2　注水工程

通过注水井向油层注水或注气来保持油层压力并补充地层能量，是采油历史上的一个重大技术转折。这也是目前在提高采油速度和采收率方面应用最广泛的一种开发技术。

7.1.2.1　注水井投注程序

在我国，由于水资源较充足而气源相对较少，主要采用注水开发。注水地面系统通常包括水源泵站、水处理站、注水站、配水间和注水井，这些组成了从水源到注水井的一套注水系统。一般来说，注水井从完钻到转入正常的注水之前，需要经历排液、洗井、试注、转注四个程序。

1）排液

排液的目的是清除油层内的堵塞物，在井底附近产生适当的低压带，为注水创造有利条件。

2）洗井

排液后，注水井还需要进行洗井。洗井的目的是冲洗井筒内的腐蚀物、杂质等污物，以防止油层被污物堵塞，影响注水效果。

洗井时需要注意洗井质量和进出口水量，要求达到油层微吐的要求，并严防漏失。在油层压力低于静水柱压力时，可采用混气水洗井的方法。

3）试注

试注的目的是确定能否将水注入油层，并获取油层吸水启动压力和吸水指数等资料，根据配注水量选定注入压力。如果试注效果好（与邻井同类型油层吸水能力相比较），则可以进行转注；如果效果不理想，则需要进行调整或采用酸浸、酸化、压裂等措施，直至合格为止。

4）转注

注水井通过排液、洗井、试注，可以取得准确可靠试注资料，并绘制出注水指示曲线，然后通过配水就可以转为正常的注水操作。

7.1.2.2　分层注水技术

由于油层的非均质性，各层的吸水能力各不相同。为了提高注水效率，需要根据具体情况采取不同的处理方法。可以通过测试各层的吸水能力，以了解注水开发过程中可能出现的层间矛盾。为解决层间矛盾，需要调整注入水在油层平面上的分布不均匀情况，以控制油井含水率和油田综合含水率的上升速度，从而提高油田的开发效果。因此，分层注水（Separated Layer Water Injection）是必要的。

有许多工艺方法可用于实施分层注水，比如油套管分层注水、单管分层配水和多管分层注水等。其中，单管分层配水方式是指井下只使用一根管柱，并利用封隔器将整个注水井段封隔成几个互不相通的层段，每个层段都安装配水器。注入的水经由油管进入井下，通过每个层段配水器上的水嘴控制水量，注入各个层段的地层中。

根据配水器的结构，可以将单管分层注水管柱分为固定配水管柱、活动配水管柱和偏心配水管柱。单管封隔器分层注水管柱（偏心配水管柱）如图7.7(a)所示，双管分层注水管柱如图7.7(b)所示，同心管分层注水管柱如图7.7(c)所示。

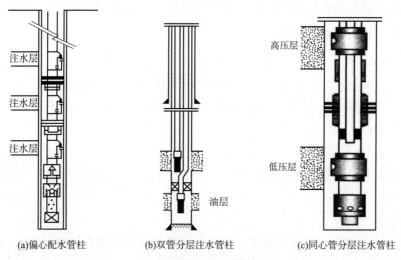

(a)偏心配水管柱　　　　(b)双管分层注水管柱　　　　(c)同心管分层注水管柱

图 7.7　抽油泵工作原理示意图

7.1.2.3　注水井调剖和生产井堵水技术

由于油层的非均质性，注水井的油层吸水剖面非常不均匀，并且这种非均质性往往随着时间的推移而加剧，导致吸水剖面更加不均匀。

注水井调剖(Injection Well Profile Modification)是指对注水井通过机械或化学方法控制高吸水层的吸水量，并相应地提高低吸水层的吸水量，从而实现注水过程中流体的均衡推进，提高油层的波及系数，改善水驱效果的技术。生产井堵水(Production Well Water Shut-off)是指通过控制水油比或控制产水，补救油水井的固井状况，降低水淹层的渗透率，以达到提高油层产油量的效果。

调剖堵水方法可以分为机械方法和化学方法两大类。机械方法主要是通过分层注水调整各层段的注水量，或在生产井下使用封隔器阻止水层的水流，从而实现调整吸水或产液剖面的目的。化学方法则主要是通过向注水井或生产井注入聚合物溶液、凝胶、颗粒、泡沫等材料，封堵高渗透的水窜通道，使后续注入的水流向未被波及的高含油带，以达到增加产量的效果。

7.2　CO₂ 驱举升工艺

与水驱和聚合物驱抽油机井类似，CO_2 驱抽油机井在气液两相工况下进行抽汲。由于 CO_2 在原油中的溶解度主要取决于系统的压力，多数 CO_2 驱机采井的沉没压力低于 CO_2 的临界压力。另外，井底温度通常高于 CO_2 的临界温度，使得 CO_2 从地层流向井底时的溶解度随着泵吸入压力的降低而急剧下降，导致 CO_2 以气泡的形式存在于原油中，影响抽油井的生产。

在抽油泵抽汲过程中，首先，在下死点开始上冲程时，由于泵腔内气体含量较高，抽汲时泵筒压力下降缓慢，固定阀不能及时打开，从而减少了泵的有效冲程。其次，由于泵筒内有气体存在，下冲程时泵腔内压力上升缓慢，游动阀不能及时打开，从而减少了排油时间。当气体的影响极端严重时，泵腔内的气体会反复压缩和膨胀。在上冲程时，泵腔压力始终大于吸入口压力；在下冲程时，泵腔压力始终小于液柱压力，导致固定阀和游动阀无法打开，形成气锁现象。

随着CO$_2$驱在我国不断进入工业化推广阶段，根据试验区的生产情况显示，当气液比高于$50m^3 \cdot m^{-3}$时，常规举升工艺表现出明显的不适应性，抽油泵的泵效下降至10%，严重时会发生气锁，造成关井停产，需要放空套管气，然后再投入生产。这导致机采井无法连续工作，生产效率大幅降低。

7.2.1 "导压孔式防气抽油泵＋串联型气液分离器"防气举升技术

为保证油井正常生产，提出了一种CO$_2$驱采油井低产高气液比防气举升技术，以满足不同气液比条件下的举升需求。该工艺由串联型气液分离装置和导压孔式防气抽油泵构成，可以根据不同的产液量和气液比范围，优选合适的防气举升工艺组合模式。

1) 串联型气液分离器

串联型气液分离器的基本分气原理是利用油气密度差，通过回流和离心作用将油气分离。对于低产油井和断续流的工况条件，宜采用基于"回流效应"的沉降式气锚；对于高产油井和连续流的工况条件，则宜采用基于离心力的螺旋形气锚。

串联型气液分离装置主要针对CO$_2$驱机采井低产高气液比的特点进行设计，通过沉降原理进行气液分离，每级气液分离装置结构主要由上接头、外管、中心管及下接头组成，上、下接头处采用扣型一致的油管螺纹链接，如图7.8所示。外管和中心管之间形成静态腔室，外管的入口位于气液分离装置上方，中心管的入口位于气液分离装置下方，这样，在抽油机的上冲程过程中，流经腔室的液体能够达到设计流速，该速度使得分离出来的气体在抽油机下冲程时通过外管的上口排到油套环空，实现分离效果。此外，当油井气液比或产液量超过单级分离装置的承受范围时，可通过油管接箍将上一级气液分离装置的下接头与下一级的上接头相连，实现多级串联，以达到更好的气液分离效果。

2) 导压孔式防气抽油泵

导压孔式防气抽油泵在常规抽油泵的基础上进行改进。相较于常规抽油泵，导压孔式防气抽油泵取消了下游动阀总成，

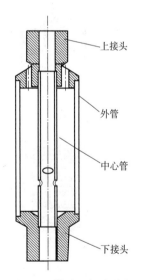

图7.8 串联型气液分离装置结构示意图

并在柱塞底部增加了泄气通道。抽油机通过抽油杆带动柱塞向上运动，经过五个阶段（图7.9）到达上死点。在上死点处，柱塞从泵筒中拉出，使得泵筒与柱塞形成的腔体与油管腔体通过导压孔连通，使泵筒内压力与油管内压力相等。在下冲程时，游动阀能够顺利打开，泵筒内的介质能够顺利排出到油管内，避免了泵筒内气体堆积引发气锁。

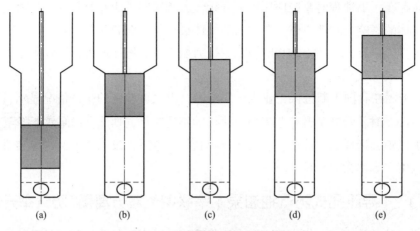

图 7.9　防气抽油泵原理示意图

　　现场试验结果表明，该防气举升工艺采用导压孔式防气抽油泵后能有效防止气锁。与串联型气液分离装置配套使用时，能显著提高抽油泵的泵效。在相近的气液比条件下，与同区块未采用该工艺的见气井相比，21 口措施见气井在泵效方面提高了 5.6 个百分点。

7.2.2　"防气射流泵 + 强制拉杆防气泵"二级防气举升技术

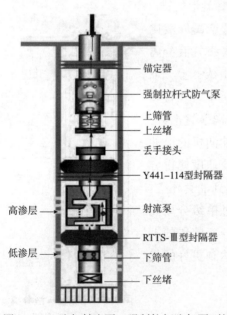

图 7.10　"防气射流泵 + 强制拉杆防气泵"的二级防气举升管柱结构示意图

　　当注 CO_2 井形成注气大通道后，CO_2 会从注气大通道迅速到达采油井，导致储层中大部分原油无法有效被驱替，从而导致油井只产生 CO_2。为了避免这种情况发生，提出了高气油比井举升新技术，采用了"防气射流泵 + 强制拉杆防气泵"的二级防气举升工艺。

　　图 7.10 给出了该工艺的管柱结构示意图，在井下的生产管柱中安装一台防气射流泵，以控制高渗透的"气窜"油层的产气量，实现对高渗透"气窜"油层的一级防气措施，以将油井的气油比控制在 $600m^3 \cdot t^{-1}$ 以内。当高渗透层和低渗透层产出的气液混合物到达强制拉杆式防气泵时，该防气泵将气油比低于 $600m^3 \cdot t^{-1}$ 的油井产出流体举升至地面，实现对油井产出流体的二级防气措施。该技术在草舍油田进行了三口试验井的现场试验，结果表明，平均泵效提高了 10.5 个百分点，平均单井日增油 2.0t。

图 7.10 标注：锚定器、强制拉杆式防气泵、上筛管、上丝堵、丢手接头、Y441-114型封隔器、高渗层、射流泵、RTTS-Ⅲ型封隔器、低渗层、下筛管、下丝堵

7.2.3　"防腐防气一体化采油管柱"防气举升技术

　　目前国内油田的 CO_2 驱采油井普遍采用"防腐防气一体化采油管柱"防气举升技术，如

图 7.11 所示。该技术通过注 CO$_2$ 缓蚀剂、内涂层油管和耐腐蚀泵等防腐措施，可以降低 CO$_2$ 对井下管柱及工具的腐蚀。尾管被置于油层以下，用于首次分离产出的 CO$_2$，以便大部分 CO$_2$ 进入套管环空。同时，在井下安装气液分离器，对进入油管的 CO$_2$ 进行二次分离，以尽可能降低进入抽油泵的 CO$_2$ 含量。

另外，在井下油管的 90～150m 处安装气举阀，并根据合理的套压设定气举阀的打开压力以实现气举控压。这样做有助于降低 CO$_2$ 缓蚀剂的浓度，并有效控制 CO$_2$ 对油套管的腐蚀速度。当套压高于气举阀设定的压力时，CO$_2$ 会经过气举阀进入油管，从而降低了油管内流体的密度，实现了携液举升，从而提高了抽油泵的举升能力。

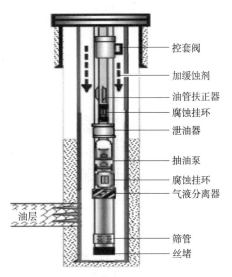

控套阀
加缓蚀剂
油管扶正器
腐蚀挂环
泄油器
抽油泵
腐蚀挂环
气液分离器
油层
筛管
丝堵

图 7.11　防腐防气一体化
采油管柱结构示意图

7.3　CO$_2$ 驱分层注气工艺

目前，CO$_2$ 驱现场试验主要采用笼统注气工艺。对于吸气剖面比较均匀的储层来说，笼统注气能够满足多段油层的有效驱替需求。图 7.12 展示了苏北油田自 2005 年以来主要试验采用的四种注气管柱，均采用笼统注气方式，包括自平衡式注气管柱、机械锚定式注气管柱、插管桥塞式注气管柱和二次压缩防返吐式注气管柱，并取得了一定的应用效果。

然而，在层间差异较大的多段储层中，由于 CO$_2$ 与原油黏度差导致的气体窜逸和流度控制问题是注 CO$_2$ 开发过程中面临的关键问题。气窜会导致注入的 CO$_2$ 形成无效循环，从而大大降低 CO$_2$ 波及体积和 CO$_2$ 驱提高采收率的幅度，同时气窜后的 CO$_2$ 还会引发严重的腐蚀问题。

第 5.5.2 节介绍了利用水与 CO$_2$ 交替注入的开采方式，该方式能够实现通过注 CO$_2$ 提高微观驱油效率和通过注水提高宏观波及系数的有机结合，从而防止黏性指进并延缓气体的早期突破。第 5.5.5 节中介绍了 CO$_2$ 泡沫封窜体系，该技术已在国外多个油藏成功应用，国内目前正处于试验阶段。

为解决笼统注气中由于储层非均质性引发的气窜问题，分层注气工艺更有助于实现储层中剩余油的均匀动用。常用的分层注气工艺包括单管分层注气工艺和同心双管分层注气工艺。

7.3.1　CO$_2$ 驱单管分层注气工艺

对于单管分层注气工艺，使用封隔器完成分注层段的分隔，每个注入层对应一个配注器，通过打开和关闭各层的配注器，实现各个注入层的轮换注气。通过调节配注器的节气嘴，可以控制井下各个分层的注入量，如图 7.13(a) 所示。

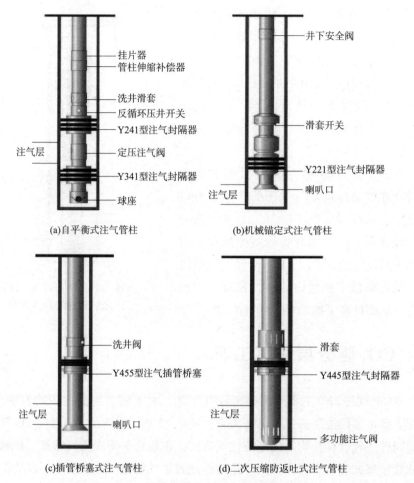

图 7.12   CO$_2$ 驱笼统注气管柱结构示意图

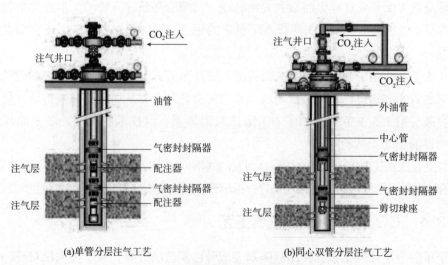

图 7.13   CO$_2$ 驱分层注气工艺原理图

目前，CO₂驱的单管分层注气工艺仍存在一些问题，主要包括：井下分层注气工具和工艺设计需要进一步优化；由于注入井中存在沥青质沉积，当分层注气气嘴尺寸较小时，易发生堵塞；CO₂井下超临界状态下的计量较困难，嘴流特性较复杂，使得分层注气测试难度较大。此外，由于CO₂注入压力较高，测试安全风险也较大。

7.3.2 CO₂驱同心双管分层注气工艺

对于同心双管分层注气工艺，通过外油管和中心管的环空对上部油层进行注气，而中心管对下部油层进行注气，如图7.13(b)所示。

CO₂驱的同心双管分层注气工艺受到老井套管尺寸的限制，当采用同心双油管进行注气时容易出现油管堵塞的问题。在后期需要进行起管作业时，使用双管工艺会面临一定的作业困难和较高的费用。目前，分层注气工艺仍处于研发和试验阶段，需要进一步研究和完善。

7.4 CO₂驱腐蚀监测与井下防腐技术

7.4.1 CO₂驱腐蚀监测技术

在国内油田中，监测油井和水井的井下腐蚀状况的常用方法包括腐蚀挂片法、电阻探针法、电感探针法等。这些方法的监测原理和特点各不相同，在表7.1中列举了常用方法的优缺点和现场适用性。这些监测方法多适用于监测井口腐蚀、井下管柱腐蚀和地面集输管线腐蚀。然而，由于每种方法有其独特的优势和限制，目前的监测技术无法完全解决管柱腐蚀的全面实时监测问题，通常只能监测到管柱全面腐蚀或井口附近的局部腐蚀情况。因此，现场通常使用较为方便的腐蚀挂片法和较为成熟的电阻探针法对管道腐蚀及管柱腐蚀进行监测。

表7.1 注CO₂采油井腐蚀监测方法对比

监测方法	优点	缺点	适用性
腐蚀挂片法	直观反映腐蚀形貌、使用简单、成本较低	无法实时监测、响应速度慢、灵敏度低	适用于现场监测
电阻探针法	不受腐蚀介质的限制，可实时直接、连续监测，灵敏、快速	灵敏度与试样横截面有关，不能测定局部、瞬时腐蚀速率，用于非均匀腐蚀场合误差较大	适用于现场实时监测，但只能监测全面腐蚀
电感探针法	适用于各种不同的介质，能够快速测量出金属的腐蚀速率，并对其变化做出快速反应	无法解决点蚀等局部腐蚀的监测问题	可用于实时腐蚀监测

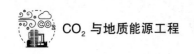

监测方法	优点	缺点	适用性
电化学噪声法	测量装置简单、不需要外来扰动，能精确地确定初始点蚀及局部腐蚀趋势	分析比较复杂	不利于现场腐蚀监测和研究
电指纹法	有很高的灵敏度和精确度，可用于高温工况，直接在管壁进行测量，不需插入，可监测复杂几何体，无须去除管道涂层	需布置传感针矩阵，较费时费力、所需耗材较多、费用高	可用于现场实时监测

7.4.2　CO₂驱井下防腐技术

考虑到 CO_2 驱的注气井和采油井多是老井，井筒按常规油井设计，套管通常使用 J55、N80、P110 组合的碳钢套管，导致由 CO_2 驱高气油比井产出的 CO_2 气体对井下管柱及工具产生腐蚀。因此，对于 CO_2 驱高气油比井，举升管柱和配套工具需要使用防腐材料，并添加缓蚀剂以保护油管和套管。

对于注入井，在封隔器以上环空中加注油基环空保护液，以消除应力腐蚀环境，避免对碳钢套管和油管的腐蚀。当注入井实施水气交替方法时，为了防止 CO_2 和水接触，必须在注气井进行水气交替前加注缓蚀剂段塞。

对于采油井，根据采油井工艺特点结合腐蚀与防腐技术的研究成果，选择局部使用耐腐蚀材料和缓蚀剂组合以防止或延缓 CO_2 对管材的腐蚀。采油井口常采用 C 级防腐采油井口，油管选用涂层或内衬油管，并对抽油杆、抽油泵、柱塞、凡尔、球座等部件进行抗 CO_2 腐蚀处理。对于不使用封隔器的井，可以在油套环空中加注缓蚀剂；而使用封隔器的井，则可以在封隔器以上的环空中加入缓蚀剂。对比了 J55、N80、3Cr 和 13Cr 等四种材料试片在 CO_2 中的腐蚀速率，发现 3Cr 和 13Cr 材料试片的腐蚀速率均小于 0.0760mm/a。综合考虑到两种管材的价格，最终选用 3Cr 管材，并对缓蚀剂的种类进行了优选。

7.5　CO₂ 在采油采气工程中的应用

7.5.1　CO₂冲砂洗井技术

当油气井出砂严重或者杂质堵塞井壁时，需要进行洗井作业。目前常用的方法是使用水作为介质(在必要时添加一些添加剂)进行洗井，但这会对水敏储层造成伤害。另外，也可以采用泡沫洗井的方法，如采用空气泡沫、氮气泡沫和 CO_2 泡沫等进行欠平衡洗井。然而，由于泡沫的生成质量难以控制，洗井效果不够理想。虽然这些方法可以延缓油气井因井筒堵塞而导致的产量下降，但没有从根本上解决砂堵问题。

在采用液态或超临界 CO_2 连续油管冲砂洗井时，地面设备与超临界 CO_2 压裂相似。井下部分需要在洗井喷嘴的前端加设阻尼器和过滤器，在高速喷嘴射流的作用下完成洗井作业，如图 7.14 所示。

因为超临界 CO_2 射流具有较低的破岩门限压力和较强的溶剂化能力，能够破碎并溶解井筒中的高分子有机物，并将其携带至地面。超临界 CO_2 的黏度低、扩散系数大，几乎没有表面张力，在洗井作业中能更好地进入微裂缝，溶解高分子有机物和杂质，从而实现更佳的清洗效果。超临界 CO_2 的密度受温度和压力变化的影响较大，在一定的井筒温度和压力条件下，通过调节井口回压，可以控制井底压力，实现过平衡、平衡和欠平衡洗井作业。

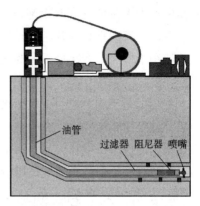

图 7.14　超临界 CO_2 喷射除砂技术原理示意图

7.5.2　CO_2 喷射除垢技术

在油气田的开采过程中，由于地层水中的矿化物含量较高，随着开采时间的延长，这些矿化物很容易在油管壁和套管壁上结垢，当垢层过厚时会导致油气井停产。

传统的除垢方式有化学除垢、机械除垢和水射流除垢技术，但各有不足之处。

（1）在化学除垢时，化学药剂的使用可能对油管和套管造成腐蚀，影响其使用寿命。同时，新药剂的使用量难以准确把握，导致除垢防垢效果时好时坏。此外，还难以清除炭化污垢和硬质碱，并且对环境造成污染。

（2）机械除垢通常需要在离线停工时进行，从而影响生产，并且可能损害油管和套管的完整性，效率也较低。

（3）水射流除垢要求泵压较高，而且采用磨料射流除垢时，若操作不当可能会射穿油管或套管，影响施工。

与超临界 CO_2 压裂类似，采用超临界 CO_2 喷射除垢时，地面和井下设备基本不变，只

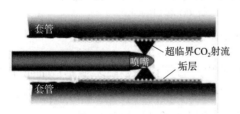

图 7.15　超临界 CO_2 喷射除垢技术原理示意图

需更换除垢所用的喷嘴，并根据井况选择是否加入磨料。通过控制泵入压力调整喷射压力，以达到所需的除垢压力。由于超临界 CO_2 射流具有较低的破岩门限压力和较快的破岩速度，可以降低除垢所需的泵压，从而实现更快的除垢速度和更高的效率。另外，超临界 CO_2 不会对油管和套管造成伤害，因此除垢效果理想。图 7.15 展示了超临界 CO_2 喷射除垢技术的原理示意图。

7.6　CO_2 泡沫在采油采气工程中的应用

7.6.1　CO_2 泡沫排液采气技术

泡沫排液采气工艺是将起泡剂注入油套环空，与井筒积液混合，借助气流的搅动，在

井筒中产生大量低密度含水泡沫，降低液体的密度，减少液体沿油管壁上行时的滑脱损失，提高气流的垂直举升能力和气井的携液能力，从而实现排出井筒积液的目的。该技术主要适用于低压、产水量不大的气井，尤其适用于日排量在 $120m^3$ 以下的弱喷或间歇自喷气井。

泡排工艺已成功应用于美国堪萨斯州的气田，成功率超过 90%，我国四川新场气田已经累计施工 200 多井次，成功率超过 95%，增产天然气约 $41.1 \times 10^6 m^3$。传统的人工加注方式采用泡排车，能耗大、效率低、综合成本较高，为此研发了太阳能泡排智能加注装备，并在青海油田南八仙气田进行了应用。

7.6.2 CO₂泡沫调剖堵水技术

7.6.2.1 CO₂泡沫压水锥技术

CO₂泡沫压水锥是一种在接近油水界面处，通过高压、大排量注入泡沫弥补近井带的压力亏空，压迫水锥下移，同时利用气体的弹性能量、气泡的贾敏效应以及泡沫的选择性封堵作用，实现有效封堵底水上窜，减缓锥进的一种底水油藏增产措施，如图 7.16 所示。

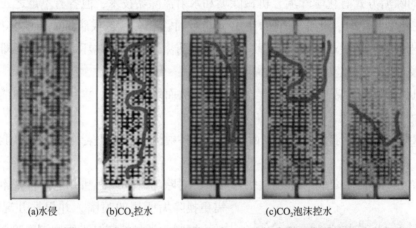

(a)水侵 (b)CO₂控水 (c)CO₂泡沫控水

图 7.16　超临界 CO₂和超临界 CO₂泡沫控水微观实验结果

1995 年 10 月，美国首次在怀俄明州北克里克油田进行了试验，结果显示产油量增加近一倍。2002 年，加拿大阿尔伯塔油田实施了天然气泡沫压水锥技术措施后，增油效果明显。我国胜利油田滨南采油厂、现河采油厂以及辽河油田和华北雁岭油田都应用过该项技术，并取得了良好的效果。然而，目前有关 CO₂泡沫压水锥技术的研究相对较少，主要集中在氮气泡沫和空气泡沫方面。

7.6.2.2 CO₂泡沫调驱技术

泡沫调驱技术将气驱和泡沫驱机理融合在一起，具有调剖和驱油的双重作用，能够实现同时进行调剖和驱油的效果。泡沫调驱技术具有施工成本低、工艺简单和显著提高采收率等优点，有望成为改善高含水驱、聚驱甚至 CO₂驱后进一步提高开发效果的有效接替技术。国外对泡沫驱技术的研究始于 20 世纪 50 年代，而我国于 1965 年在玉门油田首次进行了与泡沫驱油相关的试验工作,随后在大庆、辽河和胜利等油田进行了大量的泡沫驱室内研究和现场试验。有关泡沫驱的作用机理已在第5.5.5节中进行了详细介绍,此处不再赘述。

大量室内和矿场试验表明,单一常规泡沫调驱体系的不稳定性是制约该技术大规模应用的瓶颈问题。因此,人们逐渐探索对单一调驱工艺进行改进或组合,以克服单一技术的不足,发挥组合技术的优势,从而实现深部调剖和改善水驱或聚合物驱的开发效果。相应的新工艺技术主要包括空气和CO_2泡沫复合调驱体系、强化泡沫调驱体系、无碱超低界面张力泡沫调驱体系、用于稠油开采的伴蒸汽注入高温泡沫调驱体系、复合热载体泡沫调驱体系、热力泡沫复合调驱体系以及不需要专门供气和注气设备的井下(层内)自生气复合泡沫调驱体系。近年来,层内生成CO_2泡沫体系也被研发并在海上油田得到了广泛应用。

泡沫调驱体系在多孔介质中的渗流特征及其调驱机理非常复杂,涉及的问题较多,因此目前尚未形成完整的理论体系和配套工艺。在实际矿场应用中,泡沫的稳定性及其形成时机、注采工艺技术、注入压力的控制以及乳化结垢等问题也是目前泡沫调驱技术尚待解决的关键难题。

7.6.2.3 CO_2泡沫堵水(气)技术

泡沫流体可优先进入出水层并保持稳定存在,在水层中通过叠加的Jamin效应封堵注入水和边底水等的窜逸;具有遇油消泡的特点,可进入油层而不堵塞油层。矿场研究表明,气泡控水技术具有见效快、投入产出比高和显著经济效益的特点,注入氮气泡沫可以有效封堵大孔道、控制无效水循环,并能有效缓解平面和层间矛盾。因此,泡沫流体常被用作油藏控水稳油和延长油井开采期的有效选择性堵水剂。

此外,由于我国油藏非均质性较强,经过CO_2驱试验后往往会出现CO_2见气时间短、气窜程度严重的问题,从而导致增产效果不理想,严重影响CO_2驱开发效果。CO_2泡沫调剖技术具有工艺简单、成本低和效果明显等特点,且CO_2泡沫封堵技术可以有效改善剖面,减缓CO_2气窜程度,是进一步改善油藏开发效果的另一途径。

研究表明,冻胶泡沫和泡沫凝胶体系具有良好的注入性能,相比于普通泡沫,其堵水有效期更长,耐冲刷能力更强,并且能够节省冻胶等堵剂的用量,对油品的影响较小。因此,冻胶泡沫和泡沫凝胶是理想的泡沫型堵剂,在水平井及含油饱和度差异大、非均质性强、层间层内矛盾突出、无法进行分层封堵的多层同采直井的堵水和堵气方面具有重要意义。

尽管泡沫流体在油井堵水堵气方面具有无可比拟的优势,但由于单向封堵无法解决多向窜流、近井封堵扩大波及程度有限、大孔道识别精度不够、调剖体系不够完善、工艺优化不够成熟等问题,目前油井堵水成功率不足50%。因此,在空间上实施三维立体封堵优势渗流通道,增加封堵深度,实现深部液流转向;在时间上多轮次进行封堵,及时封堵新的窜流通道,以确保封堵效果持久;在配套技术上实现注-采-调-堵联动和多技术相结合的增效,已成为油水井堵水和堵气的发展方向。

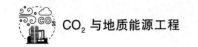

7.6.3   CO₂泡沫冲砂洗井技术

对于疏松砂岩油田来说，由于储层非均质严重，并且长期开采导致油层压力降低幅度大。在这种情况下，使用清水洗井冲砂的方法会存在一些问题，因为水进入低压层后，会导致井筒中上返的液体流量减少和流速降低，使得粗砂颗粒难以有效地被带到地面，严重时，注入水可能会全部进入油层而无法上返，导致冲砂失败，并且严重污染油层，降低油井产量。

泡沫洗井技术起源于美国和加拿大，并已有数十年的历史。国内在20世纪80年代初也进行了该工艺的研究。图7.17展示了泡沫射流冲砂洗井的工艺流程。该技术的原理是利用泡沫流体作为携带液，通过在油管和环空中翻滚循环，将井筒内以及射孔段处的脏污和沉砂等携带至地面，清除产层污染物。当泡沫流体的密度调整适当时，可以低于油层的孔隙压力，造成负压或低压循环，从而大大减少洗井液的漏失。同时，在负压作用下，泡沫流体可以通过冲散井内积砂或蜡的方式实现冲砂洗井和提高产能的目的。

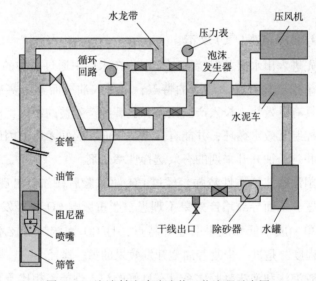

图7.17　泡沫射流冲砂洗井工艺流程示意图

图7.18(a)展示了砂粒在垂直井筒中的运移方式。砂粒以均匀悬浮的方式随泡沫流体一起运移流动。图7.18(b)展示了试验结束后20min砂粒在泡沫流体中静置时的状态。泡沫流体具有极强的悬砂能力，即使在试验结束后20min内，泡沫流体中仍然悬浮着许多小粒径的砂粒，而较大直径的砂粒则会沉积在模拟井筒底部。

泡沫洗井技术具有工艺简单、操作安全、循环建立时间短、生产恢复期短、可以延长冲砂周期和平均检泵周期等优点。近年来，高压水射流泡沫冲砂解堵技术、暂堵泡沫冲砂工艺和自生泡沫洗井液体系的出现，进一步拓宽了泡沫冲砂洗井工艺技术在不同应用场景中的应用范围。

(a)运移方式 　　　　　　　(b)静置20min后状态

图7.18　砂粒在垂直井筒中的运移方式和静置后状态

7.6.4　CO$_2$泡沫压井技术

油气井在进行修井作业前，通常在井筒内灌满压井液，以利用液体的静水柱压力阻止地层流体流入井筒。压井液的压力应大于地层流体向井筒流动而引发井涌或井喷的临界压力。目前，油气田现场使用的压井液主要包括以下几种类型：水基型压井液（如修井泥浆）、无固相盐水压井液、聚合物固相盐水压井液、油基型压井液（如纯油、乳状液等）、气液混合型泡沫压井液。

随着油气开发逐步进入生产后期，地层压力明显下降，大量漏失的压井液会对油气层造成严重伤害，甚至使一些低压井因压井液不合适而无法进行修井作业。目前，在低压油气井修井作业中，常用的压井液类型包括油基型压井液和普通泡沫型压井液。虽然油基型压井液具有较低的密度和较好的油气层保护效果，但环境污染严重且成本较高。

泡沫压井液作为一种低伤害的地层保护液，不仅具有良好的流变稳定性、抗高温、抗污染和低漏失性能，还具有防水锁、防固粒及乳化堵塞的优点。在起下管柱过程中，无须频繁向井筒内补充压井液，解决了井漏和堵塞问题，为开发低压低渗透和易漏失油气藏提供了有效途径。

国外从20世纪80年代中期，开始研究以泡沫液为主的水基低密度压井液，并成功应用于谢别林气田的低压气井。我国于2000年初步形成了一套泡沫压井液体系，2003年至2005年在文23气田进行了应用，取得了显著的效果，且几乎没有漏失问题。

7.6.4.1　泡沫压井基本原理

泡沫压井液由液体（通常为水）、表面活性剂和气体（空气或氮气）组成，主要用于低压油层。由于存在泡沫，水的滤失被阻止，因此泡沫液能很好地防止滤失，对比清水，泡沫液的滤失量小得多。在相同条件下，泡沫直径越小，液体的滤失量越小。当泡沫进入储层岩石孔隙时，气体在压力变化时可能膨胀并阻止流体继续进入，从而减少进入储层的流体量。此外，泡沫压井液中的表面活性剂对地层黏土有一定的防膨胀作用。

7.6.4.2　泡沫压井液类型

在石油工程领域，生成泡沫流体的气体主要有空气、天然气、氮气、CO_2和烟道废气等。通常情况下，选择空气或天然气作为泡沫的气源，前提是井场没有天然气爆炸、燃烧等危险情况。相反，使用CO_2和惰性气体的情况会更加普遍。

1）空气和氮气泡沫压井液

现有技术中，泡沫压井液中的泡沫主要是通过注入氮气、空气或通过高速搅拌混入空气进行制备。在施工现场，泡沫的生产设备包括泡沫发生器（图7.19）、各种连接管线和控制闸门组件。高压洗井液经平台高压泵进入泡沫发生器，在泡沫发生器中水与氮气混合。当混合液体经过固定式或旋转式涡轮叶片时，会产生强烈的涡流和多次旋转，将气体分散和剪切成微小直径的气泡，微小气泡然后与水混合。搅拌时间越长、剪切次数越多、涡流越强烈，得到的泡沫越均匀，气泡直径也越小，泡沫液体的稳定性越好。混合液体呈乳白色，肉眼看不到气泡。通常情况下，泡沫发生器可承受的压力高达50MPa。

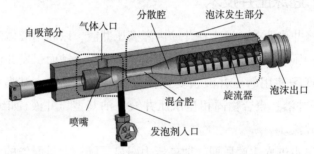

图7.19　泡沫发生器结构示意图

为了提高泡沫压井液的稳定性，石晓松等使用水溶性高分子聚合物增加基液的黏度，有效阻止泡沫液膜上液体的流动，避免泡沫因失水而破裂，同时增强泡沫的强度，提高泡沫的稳定性，以便在现场进行压井作业。李八一等优选了一种低密度水基微泡沫压井液，并成功应用于吐哈油田红南2井的施工中。苏雪霞等通过优选发泡剂、稳泡剂和辅助稳泡剂，开发出无固相微泡沫压井液。

需要注意的是，注入氮气需要专用车辆进行运输和专用泵车进行注入，因此费用较高。而注入空气会导致氧气与井内天然气混合，容易发生爆炸。另外，由于现场作业条件的限制，利用高速搅拌混入空气的方式在实际操作中通常很难达到实验室的搅拌速度。

2）CO_2泡沫压井液

杨欣雨等发明了一种自生CO_2泡沫压井液，该体系由质量分数为2%~6%的聚合物、质量分数为0.13%的交联剂、质量分数为1%~3%的起泡剂、质量分数为6%~10%的生气剂和余量的水组成。生气剂包括碳酸盐和酸类物质，其质量比为1∶1~3。这种自生CO_2泡沫压井液通过聚合物与交联剂形成凝胶骨架，并以碳酸盐与酸类物质反应产生的CO_2作为气体填充，具有低密度、低伤害和良好的稳定性。此方法制备工艺非常简单，无须使用注入设备和高速搅拌设备，通过简单混合即可得到，能够适应现场有限的生产条件，从而大大降低生产成本。

目前，关于CO_2泡沫压井液的研究和应用报道相对较少，但随着CO_2在地质能源工程领域的研究逐渐成为热点，对这一方面进行理论研究具有一定的应用前景。

7.7　与CO_2有关的采油采气技术问题与挑战

CO_2与采油和采气技术密切相关。以下是与CO_2相关的采油采气技术问题和挑战。

(1)我国天然CO_2气藏储量不足，管网不完善，主要依赖运输车辆。尽管一些工业过程和发电厂废气中会产生大量的CO_2，但捕捉和利用这些CO_2仍然是一个重大挑战。

(2)受储层非均质性的影响，CO_2驱气窜现象严重，层间矛盾突出。应进一步完善气窜监测和控制技术，优化注气管柱和相应参数；研发分层注气工具，并加快现场试验。

(3)当CO_2突破至采油井后，气油比升高、套压升高、泵效降低，对于低产油井而言，气液分离难度大。应优化采油管柱和举升参数；研发适用于高气油比和高腐蚀环境的新型防气举升工具，并进行试验以评估新型举升工艺。

(4)目前CO_2封窜体系的研发仍处于实验室评价阶段，有关CO_2封窜体系在油藏中的适应性以及矿场试验有待进一步研究。

(5)CO_2驱过程中的注采井筒和工具普遍存在严重的腐蚀问题。应加强对注采井的腐蚀监测，研发经济有效的缓蚀剂与防垢体系，优化加药工艺和制度，创新防腐工艺。

(6)CO_2驱过程中的注采施工环境复杂，存在较大的安全风险，安全风险识别和控制难度较大。应加强对CO_2驱注采的安全风险评价、监测和控制技术研究，建立完善的安全风险管理体系。

☆☆★ 思考题 ★☆☆

1. 采油方法的含义是什么？包括哪几种采油方法？

2. 油气从油层流到地面经过哪几个流动过程？

3. 油气在油井中可能出现的流型包括哪些？

4. 简述抽油泵上冲程和下冲程的工作原理。

5. 注水井投注程序有哪些？分别简述每个步骤。

6. 调剖堵水方法有哪些？请简述其作用机理。

7. 简述二氧化碳驱单管分层注气工艺存在的问题。

8. 简述如何对采油井进行抗CO_2腐蚀处理。

9. 简述超临界CO_2如何实现过平衡、平衡和欠平衡洗井作业。

10. 简述泡沫排液采气工艺流程。

11. 压井液的类型有哪些？

12. 简述泡沫压井的基本原理。

13. 与二氧化碳有关的采油采气技术问题与挑战有哪些？

8 CO₂与油气储运工程

目前，低碳背景下，CO_2驱提高油气采收率已经成为热点问题，国外提高油气采收率以CO_2驱为主，CO_2集输管线建设较早，且离油气田较近，而我国CO_2驱尚未进行大规模工业化应用，目前CO_2集输主要以车辆输送为主，初步建成了几条CO_2输送管道。我国原油和天然气主要利用管道进行输送，但对于在CO_2驱工艺过程中井口开采出的原油与天然气，CO_2的存在会影响后续炼制工艺，因此在油气管输前需要对采出气进行除CO_2处理，以减少CO_2带来的腐蚀等问题。本章主要介绍油气储运工程基础知识，CO_2管输技术以及腐蚀与防腐技术，CO_2驱采出气和天然气除CO_2技术等知识。

8.1 油气储运工程基础知识

油气储运工程是指从井口采油(气)树出口到油气外输终点之间的所有油气生产过程，主要包括油气分离、油气计量、原油脱水、天然气净化、原油稳定、轻烃回收等工艺，如图8.1所示。

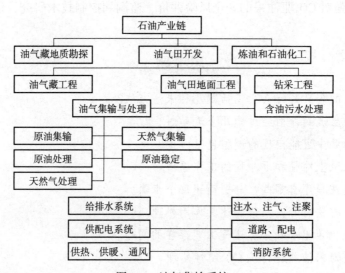

图8.1 油气集输系统

油气集输系统的功能是将分散在油田各处油井产物收集起来，分离成原油、伴生天然气和采出水，并进行必要的净化、加工处理，使其成为油田商品(如原油、天然气、液化石油气和天然汽油)，以及储存和外输这些商品。

1)原油脱水

从井中采出的原油通常含有一定量的水。如果原油中的水含量过高，会增加储运的成本和能耗，增加设备。原油中的水多含盐类，这会加速设备、容器和管线的腐蚀。此外，在石油炼制过程中，水和原油一起受热时，水会急速汽化膨胀，增加压力，影响炼厂的正常操作和产品质量，甚至引发爆炸。因此，在外输原油前，需要进行脱水处理。我国规定净化后的原油中的水含量不能超过0.5%。

2）原油脱气

地层中的石油到达油气井口并沿出油管或采气管流动时，由于压力和温度的变化，常常形成气液两相。为了满足油气井产品计量、矿厂加工、储存和输送需要，必须将已形成的气液两相分离，并用不同的管线进行输送。将原油中的气体态轻烃组分通过油气分离器和原油稳定装置脱离出去的工艺过程称为原油脱气。国家规定净化后每吨原油中的气体含量不得超过1m^3。

3）油气储运

石油和天然气的储存和运输简称为油气储运，主要指将合格的原油、天然气及其他产品从油气田的油库、转运码头或外输首站，通过长距离油气输送管线、油罐列车或油轮等输送到炼油厂、石油化工厂等用户的过程。

管道油气集输的特点包括：运输量大；能耗低、运费较低；便于管理，易实现全面自动化，劳动生产率高；管线大部分埋设于地下，受地形和地物限制较小，能缩短运输距离；安全密闭，基本上不受恶劣气候的影响，能够长期稳定、安全运行；但管道所需的钢材耗量大，且需要辅助设备较多，适用于定点、量大的单向输送。

8.2 CO$_2$管道输送技术

CO$_2$捕集利用与封存（CCUS）技术主要由捕集、输送、利用与封存四个环节组成（图8.2）。其中，输送环节主要分为罐车运输、管道运输、船舶运输三种方式。由于我国的CO$_2$来源地和注入地或使用地相距较远，而管道输送具有输量大、输送距离远、经济性好等优点，因此CO$_2$管道输送是最经济的运输方式。

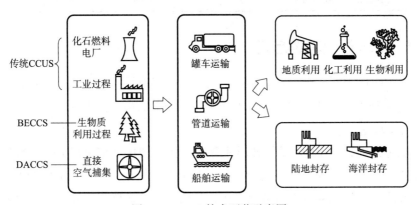

图8.2　CCUS技术环节示意图

自20世纪70年代以来，美国已经建立了超过6000km的CO$_2$管道。其中，已经建成或在建的管道包括从北达科他州羚羊谷到加拿大萨斯喀彻省的百万吨 CO$_2$ 管道和 Salt Creek 油田的 Este CO$_2$ 管道等。加拿大的 Weyburn 工程是将 CO$_2$ 输送到 Weyburn 油田，建设了一条长 330km、直径 305~356mm 的 CO$_2$ 管道。另外，土耳其等国家也进行了 CO$_2$ 管道的研究与建造。国内外已建成的主要 CO$_2$ 管道如表 8.1 所示。

在我国，主要产油区附近很少有 CO$_2$ 气源，因此从其他地方采集气体，并通过管道输送至指定用地是非常必要的。我国对 CO$_2$ 管道技术研究起步较晚。据不完全统计，截至 2021 年底，全国共有 8 个在运行的 CO$_2$ 管道项目，总里程约 152km，年运输能力约为 106×10^4t。这些管道主要服务于大庆、吉林、胜利、中原、苏北等油田的提高采收率项目。然而，目前这些项目的规模小、距离较短，且以气态输送为主，尚未建设大输量、长距离和超临界输送管道。

表 8.1　国内外已建成的主要 CO$_2$ 管道

管线/项目名称	流量/10^4t·a^{-1}	建成年份	输送状态
美国 Petrosource 公司 Val Verde 管道	25	1972	超临界
美国金德摩根 Canyon Reef 管道	52	1972	超临界
BP 美国石油公司 Sheep Mountain 管道	95	1983	超临界
美国北达科他州气化公司 Weybum 管道	50	2000	超临界
BP 美国石油公司 Bravo 管道	73	1984	超临界
土耳其石油 Bati Raman 管道	11	1983	超临界
美国金德摩根 Cortez 管道	193	1984	超临界
美国 Exxon Mobil 公司 Este 管道	48	2001	—
美国 Petra Nova 公司 Petra Nova 管道	14	2017	—
中国石化华东局 CO$_2$ 输送管道	50		气相
中国石油吉林油田 EOR 研究示范项目	10	2007	气相
中国华能集团天津绿色煤电项目	10	2009	—
连云港清洁煤能源动力系统研究项目	3	2011	—
中国石化齐鲁石化至胜利油田 CO$_2$ 管道	100	2022 启动	密相

8.2.1　CO$_2$ 管道输送方式

根据所输 CO$_2$ 的不同相态，管道输送工艺可分为气态输送、液态输送、超临界输送和密相输送。每一种输送方式有其特点，不同相态的管道输送条件也不同。

1）CO$_2$ 气态输送

在管道内输送时，CO$_2$ 始终以气态形式存在。使用增压压缩机对 CO$_2$ 进行增压，控制压力在超临界压力之下，使其保持气相状态。对于 CO$_2$ 气井，其井口采出的 CO$_2$ 多处于超临界状态，在进入管道前对其进行节流降压，从而符合管输要求，如图 8.3 所示。

在输送过程中需要注意增压的幅度，压力不能过高，否则会导致相态发生变化。此种管输方法比其他输送方法对管道材质要求较低，但气态 CO$_2$ 在管道内的最佳流态处于阻力平方区，且黏度低、密度小，单位时间内输送量不大，经济效益不高，因此没有得到广泛推广。

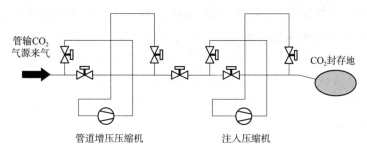

图 8.3 CO_2 气态管输工艺示意图

2）CO_2 液态输送

在管道内输送时，CO_2 始终以液态形式存在。通过泵升高输送压力，以克服沿程磨阻与地形高差。最常见获得液态 CO_2 的方法是利用井口的压力节流制冷，而为了保护增压泵，需保证 CO_2 进入之前使其液化，并且在增压后，设置换热器冷却 CO_2 如图 8.4 所示。

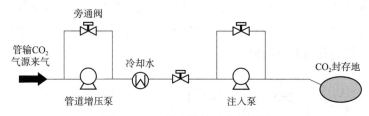

图 8.4 CO_2 液态管输工艺示意图

液体状态的 CO_2 具有黏度小、比重小、管输摩阻小（流态处于水力光滑区）、经济性好、溶解性好等特点，从而为液态输送带来便利。然而，由于输送过程中需对温降严格控制，温度较高时 CO_2 容易气化。另外，输送压力不高会使输送量相对较低。因此，CO_2 液态管输一般在需大量 CO_2 注入的地方不能得到普及，适用于油田内部短距离集输管道。

3）CO_2 超临界输送

在管道内输送时，CO_2 始终以超临界态存在。由于气井中采出的 CO_2 常处于超临界状态，采用超临界管道输送时相对于其他输送方式对 CO_2 的初始相态改变较小。当温度和压力高于临界值时，CO_2 便处于超临界状态，此条件对于管道输送是很容易实现的，如图 8.5 所示。

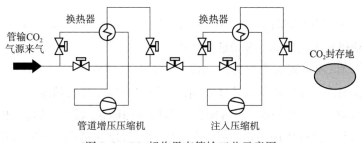

图 8.5 CO_2 超临界态管输工艺示意图

为了使 CO_2 从气态转化为超临界状态，在起输时采用压缩机增压至超临界态，并在运输过程中使用增压泵补充压力，以保持 CO_2 的超临界状态，考虑到能量消耗的问题，使用增压泵代替耗能更大的压缩机。超临界 CO_2 的密度很高，接近液态 CO_2，同时黏度很低，接近气态 CO_2。因此，在同样管径和单位时间下，与临界输送和气态输送相比，超临界输送可以输送更多的 CO_2，同时对管道的磨损也较低。

超临界 CO_2 输送方式在经济性和技术性两方面都明显优于气相输送和液相输送，因此，在实际输送中超临界输送应用较为广泛。

4）CO_2 密相输送

当输送温度略低于超临界输送而保持压力区间不变时，管道输送方式进入密相输送。为确保管道输送时的沿线流体一直处于密相状态，需要使输送压力高于临界压力，并且输送温度不能过高。选择入口温度主要根据 CO_2 液化流程的出口温度确定。

密相输送的沿线管道压降低于超临界输送和液相输送，同时投资略低于超临界输送，远低于气相输送和液相输送。密相输送适用于人口稀少的地区，国内计划建设的 CO_2 管道多为短距离注入管道，因此密相输送的工艺适用性相对较好，如图 8.6 所示。由于 CO_2 介质与油气管道介质特点不同，CO_2 管道建设需要注意材料选择、CO_2 脱水、阀室设置、放空设置、管道干燥封存等关键问题。

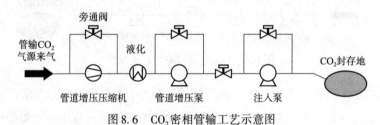

图 8.6　CO_2 密相管输工艺示意图

8.2.2　CO_2 管道输送关键技术问题

CO_2 管道输送过程中最常用的是超临界输送和密相输送，这两种输送方式对管道及输送技术要求较高。为了确保管道的安全和平稳运行，需要注意以下关键技术和问题：

（1）CO_2 管道的输送方式可以有多种设计方案，不同的方案对应不同的管径、壁厚、保温层以及温度、压力等参数。选择设计方案的最优选项即投资建设费用最低，是设计部门关注的问题。

（2）杂质对 CO_2 管道输送的安全和效率有影响，同时也可能引起 CO_2 流体形成气液两相区，因此，获得较为纯净的 CO_2 是进行管道输送的前提。

（3）管道流动保障研究需要注意的问题主要包括流体温度和压力对流动能力的影响、快速压降引起管道内干冰形成从而堵塞管道的问题以及瞬态运行情况。

（4）当输送高压气体或液体时，可能出现剪切传播断裂问题。这是气体压降和裂纹扩展共同作用的结果，这种作用决定了剪切传播断裂的程度和范围，并对管道安全输送产生重要影响。

(5)只有通过深入研究 CO_2 管道输送过程中的流态、可能遇到的技术难题以及需要注意的相态变化，并在运行管理中严格控制瞬变参数，才能使 CO_2 管道输送安全、平稳和高效运行。

8.3 CO_2 管道腐蚀与防腐技术

8.3.1 CCUS 集输管道 CO_2 腐蚀与防腐技术

8.3.1.1 CCUS 集输管道 CO_2 腐蚀机理

目前，我国真正意义上具备超临界 CO_2 输送管道建设的规模还十分有限，面临的主要挑战包括管道及相关设施的完整性、流动保障、投资与运营成本以及健康、安全和环境等问题。国外 CO_2 管道系统事故失效原因的报告中，腐蚀是主要原因之一。

CO_2 在管道中的相态一般为超临界相或者液相，因此，在管道内部通常处于密相 CO_2 的腐蚀环境当中，介质中含有碳源中的杂质气体成分，同时含有少量的水分。这些因素通常导致 CO_2 输送系统发生腐蚀。

1)含水量变化

CO_2 在排放封存前需要进行脱酸、脱水、脱杂质处理，然而 CO_2 深度脱水需要大量资金投入，因此，超临界 CO_2 输送过程中可能会存在部分游离水。

干燥的 CO_2 本身并没有明显的腐蚀性，但其一旦与水接触，会构成酸性腐蚀环境。同时，碳源杂质气体会促进水分在超临界 CO_2 中的析出，从而引发电化学腐蚀问题。例如，二氧化氮(NO_2)和二氧化硫(SO_2)的存在会显著降低水在 CO_2 中的溶解度。也就是说，即使水分含量不高，当存在二氧化氮和二氧化硫时，也可能析出游离液态水，从而造成电化学腐蚀问题。

除了腐蚀问题，低温下可能形成水合物导致管道堵塞，并引发输送事故。因此，在 CO_2 输送过程中需要严格控制含水量。

2)碳源杂质的存在

根据我国能源结构的现状以及未来发展趋势，需要捕集的 CO_2 气源主要来自燃煤电厂、炼化厂等工业生产排放源。由于捕集技术和成本的制约，难免会存在氧气(O_2)、氮氧化物(NO_x)、硫氧化物(SO_x)等杂质，这些杂质对金属腐蚀产生明显的影响。由于碳源的多样性，CO_2 管道中的杂质也必然是多样的，这些杂质的单独或者耦合作用会对腐蚀过程产生影响。

在超临界 CO_2 体系中氧气的存在会加速碳钢腐蚀，腐蚀产物氧化铁(Fe_2O_3)会破坏碳酸铁($FeCO_3$)产物膜的完整性，从而降低对金属基体的保护性，导致腐蚀速率增加。当氮氧化物杂质溶于水时，会形成强酸性和强氧化性的硝酸(HNO_3)，生成的腐蚀产物膜疏松，极易剥落。同时，当硫氧化物存在时，含饱和 CO_2 的富水相 pH 值会急剧降低，长周期条件下的二氧化硫(SO_2)会加速腐蚀，并形成保护性较差的产物膜。

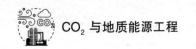

在未来的 CO_2 输送管网中，金属管材将受到多种杂质气体的协同腐蚀作用的影响。能发生的反应如公式（8.1）～（8.4）所示。在这些反应过程中产生的单质硫（S）沉积物，会进一步加速腐蚀，其反应过程如下：

$$2H_2S + SO_2 \longrightarrow \frac{3}{x}S_x + 2H_2O \tag{8.1}$$

$$H_2S + 2NO_2 \longrightarrow \frac{1}{2}SO_2 + 2NO + H_2O + \frac{1}{2}S \tag{8.2}$$

$$NO_2 + SO_2 + H_2O \longrightarrow NO + H_2SO_4 \tag{8.3}$$

$$4NO_2 + O_2 + 2H_2O \longrightarrow 4HNO_3 \tag{8.4}$$

8.3.1.2 CCUS 集输管道 CO_2 防腐技术

要有效控制气源的质量，在 CO_2 为主体的集输环境中，必须依据标准严格把关，以杜绝或减缓腐蚀失效等事故的发生。结合以上分析，避免有害（腐蚀性）气体混入，严格控制含水率，方能有效提高 CCUS 管道集输运行的安全系数。

8.3.2 原油集输管道 CO_2 腐蚀与防腐技术

8.3.2.1 原油集输管道 CO_2 腐蚀机理

原油输送管道的材质主要是金属。由于金属管道本身的化学性质较为特殊，所以在地下时容易发生金属腐蚀问题。

首先，土壤中的缝隙通常被水与空气占据，而土壤中又具有盐与离子导电性质，为埋地原油集输管道的管外腐蚀提供了条件。空气湿度越高，金属腐蚀的风险越大。此外，原油通常包含一定的水，这使得管道内容易发生腐蚀。其次，在油气输送过程中，常常存在伴生气体，如硫化氢（H_2S）、CO_2 等，这些气体会引起腐蚀。

CO_2 腐蚀属管道内腐蚀，主要有以下三类腐蚀机理。

1）均匀腐蚀

在特定条件下，水蒸气在管道表面凝结形成水膜，CO_2 与水反应形成碳酸，导致金属腐蚀，从而使材料表面产生均匀破坏。

2）冲刷腐蚀

腐蚀产物膜会被气流冲刷带走，使金属表面不断裸露，加剧腐蚀。

3）坑点腐蚀（坑蚀）

CO_2 腐蚀最典型的特征是局部坑蚀，这种腐蚀穿透能力较强，每年腐蚀深度可达数毫米。CO_2 腐蚀产物如碳酸盐（$FeCO_3$、$CaCO_3$）或其他生成膜在钢铁表面的不同区域存在不同的覆盖程度，而且不同覆盖度的区域之间形成具有自催化作用的强腐蚀电偶。CO_2 的局部腐蚀即是这种腐蚀电偶作用的结果。该机理很好地解释了水化学作用，这种情况下，现场一旦发生上述过程，局部腐蚀就会突然变得非常严重。

8.3.2.2 原油集输管道 CO_2 防腐技术

由于油气田内不同区块腐蚀环境具有多样性和复杂性，因此仅靠一种方法很难完全解决腐蚀问题。需综合考虑不同区块的腐蚀工况环境、实施防腐措施的可行性、防腐效果、经济指标等多个因素，制定全面的综合防腐方案，以有效解决腐蚀问题。

常见的油气田地面系统腐蚀防治方法包括缓蚀剂加注、耐腐蚀合金钢、非金属管线、应用内涂层或衬里等方法。

1）缓蚀剂加注技术

缓蚀剂对金属保护机理是腐蚀和防腐研究中非常重要的问题，但目前尚无统一认同的观点。一般认为，缓蚀剂作用机理可以概括为两种。

（1）电化学机理：以金属表面发生的电化学过程为基础解释缓蚀剂的作用。

（2）物理化学机理：以金属表面发生的物理化学变化过程为依据说明缓蚀剂的作用。

这两种机理并不矛盾，而是从不同角度出发，相互之间还存在因果关系。

目前国内外常用的缓蚀剂基本上为吸附型缓蚀剂，例如，链状有机胺及其衍生物、咪唑及其盐或咪唑啉衍生物，季铵盐类、松香胺衍生物，以及其他有机化合物（如磺酸盐、亚胺乙酸衍生物及炔醇类）。普遍认为有机胺、有机胺盐、咪唑衍生物和季盐类具有较好的缓蚀效果。然而，并非所有的缓蚀剂都具备广谱性，通常需要根据具体的现场状况进行有针对性的选择。

2）耐腐蚀合金技术

在国外，含 CO_2 条件下常采用含铬铁素体不锈钢管（9%～13% Cr）；在 CO_2 和 Cl^- 共存的严重腐蚀条件下，采用铬–锰–氮体系的不锈钢管（22%～25% Cr）；在 CO_2 和 Cl^- 共存及高温条件下，使用镍–铬基合金或其他合金（Ti – 15Mo – 5Zr – 3Al）等材料。耐腐蚀合金钢具有良好的防护效果和最高可靠性，并且现场施工方便。然而，考虑到经济因素，目前耐腐蚀合金在国内还未大量推广采用。

3）非金属管线技术

采用非金属管是解决腐蚀的一种直接手段，目前非金属管道主要有玻璃纤维管、塑料合金复合管、柔性复合管（增强热塑性塑料连续管）和骨架塑料复合管等几大类。其中，玻璃纤维管线管应用数量最多，占总数的 61.5%。

玻璃钢管线的内壁极其光滑，具有良好的防结垢性能，输量大，搬运和安装快速且便捷。与钢制管线相比，玻璃钢管的传热系数小很多，因此长期使用能耗低。玻璃钢管线适用于油田含水原油、污水处理管路及注水管路，在国内外各大油田广泛应用。

然而，玻璃钢管施工技术要求较高，需要正确的施工方法，形成管–土共同作用以承受外压，否则极易发生渗漏。此外，玻璃钢管抗震能力极差，属于脆性材料，要求铺设管道的地形坡度在 7°以内，并适用于地势平坦的地区。并且玻璃钢管材价格偏高，且玻璃钢不适宜输送高温的介质，其长期运行温度应控制在 60℃ 以下。

4）应用内涂层或衬里技术

涂层保护是世界各国广泛使用的防腐蚀方法。常见的涂层有环氧型、改进环氧型、环氧酚醛型或尼龙等系列。这些涂料不仅具有优良的耐腐蚀性能，还具备相当的耐磨性能。

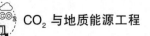

在不超过 45MPa 的压力条件下，针对非含硫油气，涂层的最高使用温度可高达 218℃；对含硫油气，则最高使用温度可达 149℃。

然而，这些聚合物类型的涂料普遍存在老化问题，其使用寿命受操作条件的影响而有所不同。同时，内壁涂层或衬里的处理工艺相对复杂，一旦存在缺陷，极易导致严重的局部腐蚀问题。

我国目前仍需解决外防腐涂料的研制和开发问题。虽然大部分材料已实现国产化，但与国外相比仍存在较大差距，如聚乙烯仍存在环境应力开裂问题，环向大分子取向引发的非取向方向开裂问题以及热收缩套温控与收缩不同步问题等。

加强腐蚀控制的关键在于加强腐蚀检测和结果运用。腐蚀监测是应对管线设备腐蚀的重要方法。通过腐蚀监控，可以预测腐蚀情况，快速且准确地定位腐蚀管道，并提前预知穿孔泄漏的危险。

8.3.3 天然气集输管道 CO₂ 腐蚀与防腐技术

8.3.3.1 天然气集输管道 CO₂ 腐蚀机理

在天然气开采过程中，CO_2 几乎总是作为副产物存在。CO_2 腐蚀，也称为"甜腐蚀"（Sweet Corrosion）。天然气管道 CO_2 腐蚀程度是影响管道寿命的主要因素之一，也会间接地影响天然气的输送数据。严重情况下，CO_2 腐蚀会导致天然气管道事故，对生产加工产生严重的后果。图 8.7 展示了天然气管道外壁和内壁腐蚀的形貌。管道外壁有涂层剥落，含部分石油沥青防腐层。剥离部分的腐蚀程度严重。管道内壁腐蚀层呈多孔、片状、疏松形态，敲击后存在脱落现象。

(a)管道外壁　　　　　　　　　　　　　　　(b)管道内壁

图 8.7　天然气管道外壁和内壁腐蚀形貌情况

随着对 CO_2 腐蚀机理研究的深入，有研究发现，除了 CO_2 的均相化学反应、电化学反应和传质过程对腐蚀速率具有重要影响之外，腐蚀产物膜的存在也是影响 CO_2 腐蚀的重要因素。

1）均相化学反应

CO_2、H_2O、H_2CO_3、HCO_3^-、CO_3^{2-} 之间的转化关系称为均相化学反应，这也是 CO_2 腐

蚀的重要参数之一。CO_2 水溶液中的主要化学反应如下：

(1) CO_2 溶解反应：

$$CO_2(g) \rightleftharpoons CO_2(l) \tag{8.5}$$

(2) 水解离反应：

$$H_2O \rightleftharpoons 2H^+ + OH^- \tag{8.6}$$

(3) 水合反应：

$$CO_2 + H_2O \rightleftharpoons H_2CO_3 \tag{8.7}$$

(4) H_2CO_3 解离：

$$H_2CO_3 \rightleftharpoons H^+ + HCO_3^- \tag{8.8}$$

(5) HCO_3^- 解离：

$$HCO_3^- \rightleftharpoons H^+ + CO_3^{2-} \tag{8.9}$$

2）电化学反应

CO_2 的存在是通过增加析氢反应的速率提高水溶液中铁的腐蚀速率。在完全解离的强酸中，由于氢气（H_2）的释放速率不能超过氢离子（H^+）从本体溶液中转移到表面的速率，因此强酸的腐蚀速率被认为是受传质过程决定的。然而，存在弱酸时，特别是存在碳酸的条件下，阴极反应的确切机理仍存在争议。目前已提出三种可能的 CO_2 加速腐蚀的阴极反应机制，分别是水还原机制、直接还原机制和缓冲作用机制。

(1) 水还原机制：

$$2H_2O + 2e^- \longrightarrow H_2 + 2OH^- \tag{8.10}$$

这种阴极反应的速度总是相对较慢，只有在 $p_{CO_2} < 0.01\,MPa$ 和 pH 值大于 6 的情况下，这种阴极反应才会被关注，在 CO_2 腐蚀的实际情况下，一般不将此反应纳入考虑范围。

(2) 直接还原机制：

$$H_2CO_3 + e^- \longrightarrow \frac{1}{2}H_2 + HCO_3^- \tag{8.11}$$

(3) 缓冲作用机制：

近年来，有学者对直接还原机制提出了质疑，并提出了缓冲作用机制。认为 CO_2 的腐蚀速率较高是由于扩散边界层内碳酸均匀解离，然后为还原 H^+ 提供平行反应。

$$H_2CO_3 \longrightarrow H^+ + HCO_3^- \tag{8.12}$$

$$2H^+ + 2e^- \longrightarrow H_2 \tag{8.13}$$

3）传质作用机制

在管道的腐蚀过程中，传质作用具有重要影响。尽管低碳钢的 CO_2 腐蚀受温度和 CO_2 分压控制，而对流速不敏感。但研究表明，在计算 CO_2 腐蚀速率时完全忽略传质限制会导致过高地估计腐蚀速率。

目前尽管已经取得了一定进展，但机理模型还存在一些不足，主要体现在以下几个方面。

（1）目前对于腐蚀机理的研究主要以理想溶液环境体系为主，对于非理想溶液的研究还很有限。

（2）在腐蚀机理方面，虽然已经有研究表明氢离子(H^+)还原是主要的阴极反应，但关于碳酸(H_2CO_3)是否能直接充当去极化剂被还原还存在较大争议，同时CO_2是否能直接能参与阳极反应也尚不清楚。

（3）目前，国内外对腐蚀机理模型的研究多建立在单一电化学腐蚀作用下，未考虑到管道中的复杂流动问题。

8.3.3.2 天然气集输管道 CO₂防腐技术

常见的天然气集输管道CO_2防腐技术包括涂层防腐技术、阴极保护技术、非金属管线技术和天然气管道CO_2防腐预测技术。

1）涂层防腐技术

可利用多种涂层依次隔离介质与管道内外表面，这也是当前有效防止管道腐蚀的重要措施。对于任意保护层的管道，在进行涂装保护层之前，必须做好管道表面涂装准备工作，否则会影响管道涂层的使用寿命。通常在进行涂装之前，须做好管道的脱脂和除锈工作，经除锈之后，能够清理管道表面浮灰。

2）阴极保护技术

仅仅采用涂层保护，而不采用阴极保护是不够的，主要由于理想状态下，涂层如果出现破损或针孔，将会产生大阴极、小阳极腐蚀电池，基于电池条件下，会使腐蚀集中于针孔或破损位置，其造成的后果高于涂层问题，会加快天然气管道点蚀速率。由于使用涂层，可减少管道裸露，进而能够降低阴极保护电流密度，扩大阴极保护范围。当前世界公认且符合国内外标准规定的是涂层与阴极保护相融合的天然气管道防腐蚀技术。

3）非金属管线技术

由于非金属材料具有良好耐腐蚀性，其在管道防腐方面发挥重要作用。因此，对于非金属天然气管道来说，无须进行阴极保护，相比钢管材料来说，能够帮助有关企业节约管理成本和投资成本。

4）天然气管道 CO₂防腐预测技术

天然气管道CO_2腐蚀预测模型的原理是采取相应的模型对管道的生产进行实时监控，建立完善的模型保障生产过程中管道的正常运行，对于CO_2腐蚀程度具备预测效果，同时通过相应设备的关联实现管道的保护。

预测模型可以为天然气管道创设良好的运行程序和系统，在运行的过程中对CO_2腐蚀程度进行监控，当出现管道腐蚀严重或者系统运行出现故障时，可以提前进行系统预警提示，确保正常生产。陈永清等采取机器学习算法搭建天然气管道防CO_2腐蚀的系统，如图8.8 所示。在系统的搭建过程中使用了卷积神经网络的方法对时序图进行序列同构，达到数据的处理效果，在模糊神经网络的方法下形成对天然气管道内的环境的预测，通过构造模型的输出数据实现管道的监测，可以保障天然气管道的正常工作和运行。

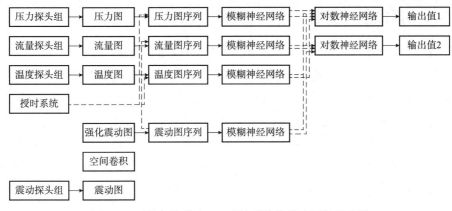

图8.8　天然气管道防CO_2腐蚀系统的算法逻辑示意图

8.4　CO_2驱采出气处理与循环利用技术

在CO_2驱中后期,混相带的采出会产生大量高含CO_2伴生气。同时,由于陆相砂岩油藏的非均质性较强,即使在注气早期,也会出现严重的气窜现象。由于CO_2一次注入的封存效率低于50%,即一半以上的CO_2将随着油气产出而释放出来,所以面临大量含CO_2的伴生气的处理问题。因此,选取合理的方式对油田CO_2驱产出气进行处置变得尤为重要。

与烟道气、天然气等气体相比,CO_2驱采出气具有以下几个特点。

(1)采出气压力属于中低压(0.2~0.8MPa)。

(2)CO_2含量较高,一般CO_2含量超过30%。

(3)主要成分是CO_2和甲烷,同时还含大量的水和轻烃组分。

(4)流量波动较大,气源分散、成分复杂。

(5)容易对钢制管路和设备产生腐蚀。

目前,大多数油田在注CO_2开发时直接排放掉产出气体,只有少数油田进行了产出气的回收分离与回注。事实上,产出气中含一定量的CO_2,如果直接排掉,一方面会污染环境,另一方面也会造成资源的浪费。如果能够实现回收回注驱油或分离后进行管道输送,不仅能保护环境,还能大大节约成本。

根据伴生气中CO_2含量的不同,回注工艺的设计也有所不同,如表8.2所示。

表8.2　CO_2回注工艺

CO_2体积分数/%	回注工艺
≥72.59	直接增压回注,不需捕集
<72.59	①分离注入:根据CO_2含量和处理量选择合适的捕集工艺,捕集后回注; ②混合注入:与纯CO_2掺混后注入

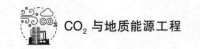

8.4.1　直接回注驱油

当产出气中CO_2浓度较高或产出气量较小时，可以考虑直接回注，或将产出气与高纯度CO_2掺和以提高CO_2纯度并进行回注，这样可以实现CO_2资源的循环利用。最终的掺和比例取决于CO_2驱目标区块的驱替要求（混相、近混相、非混相）及油井产气特征。

田巍研究了中原油田低渗透油藏产出气回注的可行性。研究发现，注入气中C_1和N_2物质的量分数越高，越不利于与原油实现混相，而注入气中C_2和C_3的物质的量分数越高，则越有利于与原油实现混相。此外，注入气中CO_2的物质的量分数越高，注入气的驱油效率越高。当CO_2的物质的量分数达到80%以上时，完全可以达到CO_2混相驱的效果。

8.4.2　分离后回注驱油

当前存在多种常用的CO_2分离工艺和流程，如化学吸收法、变压吸附法、膜分离法和低温分离法等，参考表8.3可以综合比较这些方法在CO_2驱采出气循环回收中的应用。研究发现，单一分离方法无法完全满足现场生产需求。

表8.3　CO_2驱采出气循环回收方法综合比较

分离方式	产品纯度	处理量	优点	缺点	适用范围（CO_2含量）
化学吸收法	99%	大	①吸收速度快，净化率高；②分离得到的CO_2产品纯度高；③工艺工程简单；④能够有效脱除H_2S	①消耗能量高；②初期投资费用高，溶剂循环比率高，需更多吸收装置	低于40%
变压吸附法	95%	小、中	①能适应原料气量和组成的较大波动；②脱除原料气中的微量杂质；③操作过程程序化，操作简单	①分离所得CO_2纯度低；②产品回收率低，一般只有75%	3%～80%
低温分离法	95%	中、大	能够产生高纯度、液态的CO_2，便于运输，便于液态回注	①工艺设备投资大、能耗高；②产品纯度低	高于50%
膜分离法	95%	小、中、大	①设备简单，节约费用，可操作性强；②无发泡、腐蚀问题	①需要进行前处理；②天然气的损失率高；③分离得到的CO_2纯度低	高于75%

化学吸收法是一种成熟的工艺，具有操作简单方便、CO_2回收率高等特点，被认为是当前最有效的CO_2分离捕集方法，图8.9展示了化学吸收的工艺流程。该方法通过使碱性溶液与气体中的CO_2发生化学反应，生成不稳定的盐类，吸收气体中的CO_2，最终实现CO_2的分离。由于该反应是可逆的，可以通过升温降压方法使盐类分解，从而实现酸性气体的脱除与溶剂的再生。

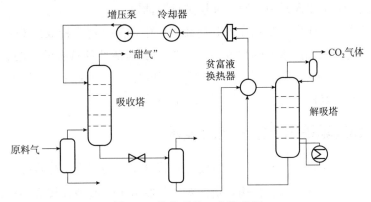

图 8.9 化学吸收工艺流程图

物理吸收法基于 CO_2 在吸收剂中随温度和压力变化而溶解度不同的原理进行分离。其中，低温分离法主要用于高 CO_2 含量的采出气，该方法利用采出气中不同组分的露点差异，采用低温冷凝的方法进行 CO_2 气体分离，具体的工艺流程如图 8.10 所示。经脱水干燥后的原料气先进入压缩单元，通过多级压缩机将气体压力升至额定的操作压力。随后，高压原料气通过换热单元与分馏塔塔顶不凝气进行充分换热和预冷处理，并经过氨冷液化单元充分降温，最后进入分馏塔进行分馏操作。

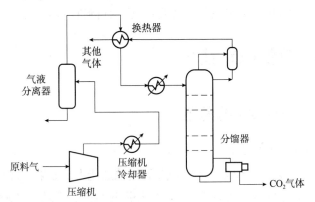

图 8.10 低温分离工艺流程图

随着开发时间的增加，CO_2 驱采出气的组成会发生变化。因此，不同阶段的采出气 CO_2 往往需采取不同的分离方式。当产出气中 CO_2 含量低于 40% 时，建议采用化学吸收法；当产出气中 CO_2 含量高于 75% 时，膜分离法或低温分离法更为合适；对于产出气中 CO_2 含量波动较大的情形，可以考虑变压吸附法。

近年来，提出了一种"CO_2 驱产出气分离和回注一体化方法"的新技术，适用于油井大气量且 CO_2 产出浓度较低的情况。该方法针对油井 CO_2 驱产生的含甲烷、N_2、$C_2 \sim C_5$ 及 C_6 以上烷烃的 CO_2 驱产出气进行处理。

首先，通过增压冷凝分离，将混合气中的水蒸气及 C_6 以上的重烃除去；然后，在一定温度、压力和水合物生成促进剂条件下，利用水合物法有效地将 CO_2 和 $C_2 \sim C_5$ 与甲烷和 N_2 分离。分离后气相中的甲烷和 N_2 可以作为天然气，而气体水合物及未反应的液体通过

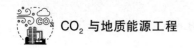

管道直接输送到 CO_2 驱注入井中，回注地层进行驱油。

随着温度升高，气体水合物在注入井筒或储层中发生分解，释放出 CO_2、$C_2 \sim C_5$ 和水溶液。由于水溶液中添加的水合物生成促进剂这一表面活性剂具有较高的起泡能力，CO_2 和 $C_2 \sim C_5$ 气体与水溶液作用，产生泡沫，具有流度控制和洗油作用。同时，$C_2 \sim C_5$ 还能降低 CO_2 驱替原油的混相压力，从而提高 CO_2 驱的采收率。

8.4.3　CO_2 驱采出气回注防腐技术

随着 CO_2 驱采出气回注技术的不断发展，对管材腐蚀的研究工作也处于起步阶段。类似的研究已经在集输处理系统和长输管道面对的超临界 CO_2 腐蚀环境方面取得了较大的进展。具体内容已在第 8.3 节进行了详细介绍。

在超临界 CO_2 腐蚀状态下，温度升高会降低管材的均匀腐蚀速率，但同时会加剧管材的局部腐蚀。添加铬（Cr）元素可以有效提高管材的耐 CO_2 腐蚀能力，含质量分数为 10% Cr 的钢材在 CO_2 环境中，可以形成单层膜的组织结构，具有良好的耐腐蚀性能。

在利用老油田衰竭的油井进行 CO_2 回注时，尽管采取了阴极保护措施，在短期内仍然存在较多的套管腐蚀问题。理论研究表明，缓蚀剂可以有效提高钢材在饱和 CO_2 环境中的耐蚀能力。采用奥氏体不锈钢或 300 系列不锈钢可以有效控制腐蚀。然而，对于适用于 CO_2 驱采出气回注工艺的低成本缓蚀剂和防腐钢材，有待进一步研究。

8.5　天然气除 CO_2 技术

8.5.1　天然气中 CO_2 的危害

当天然气中存在 CO_2 时，会产生以下伤害。

（1）CO_2 的含量过高会降低天然气的热值和管道输送能力。如果不将 CO_2 脱除，单位体积的天然气燃烧所产生的热量会大大降低。当提供相同热量时，天然气的输送量必会增大，输送管道会变粗，设备的费用会增加。一般要求 $1 m^3$ 天然气商品中 CO_2 的含量不应超过 3%。

（2）当 CO_2 含量过高，环境温度过低时，CO_2 会变成固态（干冰）析出，将管道堵塞；当对天然气进行深冷加工时，天然气的温度会变得极低，深冷设备又会被 CO_2 堵塞，从而引发深冷加工过程的不稳定。

（3）若 CO_2 与水蒸气同时存在，且分压 $>207 kPa$ 时，天然气中的 CO_2 会对设备及管道造成严重的腐蚀。

8.5.2　天然气脱除 CO_2 方法

目前，有许多技术可以有效脱除天然气、燃料气等物流中的 CO_2，然而并没有一种技术适用于所有的情况，因此在选择方法时需要考虑各种技术的特点、原料气的组成及分离条件，以选择最合适的工艺。

常用的脱除天然气中CO_2的方法主要有以下三种：醇胺吸收法、变压吸附法和膜分离法，如图8.11所示。

1）醇胺吸收法

醇胺吸收法是一种利用CO_2和甲烷等气体组分在胺吸收溶剂中溶解度的不同而进行吸收和分离的过程，适用于天然气中CO_2含量较低的情况。在吸收塔内，原料气中的CO_2和胺基溶剂反应，CO_2会富集在胺溶剂中，形成的富液进入解吸塔，在加热分解或汽提的作用下释放出CO_2，从而实现分离CO_2的目的（图8.12）。

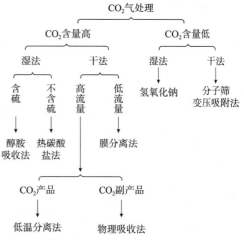

图8.11　气体脱除CO_2工艺选择图

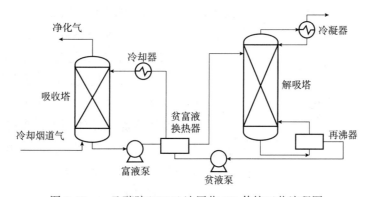

图8.12　一乙醇胺（MEA）法回收CO_2传统工艺流程图

常用的醇胺溶液包括一乙醇胺（MEA）、二乙醇胺（DEA）、三乙醇胺（TEA）、二甘醇胺（DGA）、二异丙醇胺（DIPA）、甲基二乙醇胺（MDEA）以及配方醇胺溶液和空间位阻胺等。

不同种类的胺基溶剂对CO_2的吸收速率不同。叔胺是指氮原子上没有与其直接相连的氢质子，因此叔胺的反应速率明显低于伯胺、仲胺。空间位阻胺的氮原子上带有一个或多个具有空间位阻结构的非链状取代基，如2-氨-2-甲基-1-丙醇（AMP），与CO_2的反应速率比链状取代基的伯胺和仲胺慢，但比叔胺快。叔胺和空间位阻胺的优点在于可以承载更多的CO_2负荷量。

目前还有关于混合胺吸收CO_2的研究，即将吸收量大、腐蚀性低、能耗小的胺（如MDEA、AMP）与反应速率较高但吸收量相对较低的胺（如伯胺、仲胺）混合使用，从而改善CO_2的处理过程。混合胺溶剂工艺与单一胺溶剂的净化工艺相比，具有如下主要优点：能耗低；处理能力大，原料气中的脱除量可按要求进行调节；在吸收塔操作压力甚低的情况下仍具有较高的CO_2净化度；腐蚀速率小、溶剂损失率低；醇胺吸收法在脱除CO_2的同时能将硫化氢（H_2S）脱除。

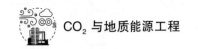

2）变压吸附法

变压吸附（Pressure Swing Adsorption，简称 PSA）法利用吸附剂对不同气体的吸附特性实现分离的目的。不同气体在同一吸附剂上的吸附量、吸附速度以及吸附力等存在差异。同时，吸附剂的吸附量会随压力的变化而发生变化。通过加压将混合气体吸附分离，通过降压进行吸附剂再生，从而实现气体的分离和循环使用吸附剂的目的。

常采用的工艺流程是四步循环，即吸附、放压、置换和抽空。由于 CO$_2$ 分子的空间结构和分子极性等固有性质，使其吸附能力比甲烷的强。当天然气在吸附压力下通过装有吸附剂的床层时，CO$_2$ 被吸附在床层内，而甲烷则从吸附塔出口排出。在抽空过程中，CO$_2$ 被抽出，吸附剂得以再生。

采用 PSA 法的关键在于吸附剂的选择。吸附剂的选择既要考虑对目标分离组分中 CO$_2$ 的吸附选择性能，同时也要考虑吸附剂的再生性能。

3）膜分离法

膜分离方法是一种新型气体分离技术。气体分离膜的工作原理如下：原料气通过高分子膜时，由于不同种类的气体在膜中具有不同的溶解度和扩散系数，导致相对渗透速率不同。CO$_2$ 膜分离法工艺流程如图 8.13 所示。

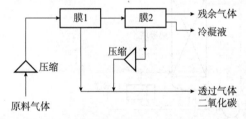

图 8.13　CO$_2$ 膜分离法工艺流程

水、氢气、氦气、硫化氢和 CO$_2$ 等渗透较快，而甲烷、氮气、一氧化碳和氩气等渗透较慢。在膜两侧压差作用下，渗透速率相对较快的气体在渗透侧被富集，而渗透速率相对较慢的气体在滞留侧被富集。由于 CO$_2$ 分子的尺寸较大，极性较强，沸点较高，并且具有较高的溶解度，其渗透系数和分离系数均较大，使得气体分离膜能够很好地将 CO$_2$ 和甲烷分离。

目前已被开发出许多分离 CO$_2$/甲烷的膜装置，其中，工业化膜有纤维素酯类膜、聚酰亚胺类膜和聚砜膜等。

在膜分离过程中，影响膜分离性能的因素有很多，其中包括进料的组成和流速、气体的渗透系数以及膜对气体的选择系数、膜两侧的压力和温度等。

8.6　与 CO$_2$ 有关的油气储运技术问题与挑战

近年来，随着油气田注 CO$_2$ 提高采收率与碳捕集封存技术的快速发展，CO$_2$ 注入成为油气增产与缓解温室气体效应的有效手段。然而，我国目前在 CO$_2$ 管道建设以及油气田注 CO$_2$ 工业化试验方面仍处于起步阶段，因此与 CO$_2$ 有关的油气安全集输方面仍有很多需要面对的问题与挑战。

（1）CO$_2$ 捕集、利用与封存（CCUS）技术面临一些挑战。虽然 CCUS 被认为是减少 CO$_2$ 排放的关键技术，但是仍然面临成本高、能源消耗大以及技术可行性的挑战（如 CO$_2$ 驱采出流体中 CO$_2$ 循环利用技术和富含 CO$_2$ 天然气净化技术等）。

（2）管道泄漏和安全是一个永恒问题。油气管道系统的泄漏不仅造成经济损失，还可能对环境产生负面影响。监测和控制管道系统的泄漏是一项关键任务，以确保安全和减少 CO_2 泄漏。

（3）腐蚀机理复杂。目前对 CO_2 腐蚀机理及规律成果较多，但借鉴性有限。建议管材腐蚀特性及规律研究针对性要强，结合管材的经济性和现场环境的适应性，在全尺寸实物模拟试验中掌握管材在服役工况下的腐蚀规律，并设计科学合理的配套的防腐措施。

（4）防腐材料不足。目前对低温环境管材的性能变化研究较少。针对 CO_2 驱注入环境特点，应加强对管柱低温条件以及超临界 CO_2 环境下应力疲劳的敏感性机理研究，并研发经济高效的 CO_2 驱防腐材料。

（5）供应链复杂性。油气储运涉及复杂的供应链，包括采油/气田、管道、船舶、储罐等等。有效管理这些不同环节之间的协调和合作是一项挑战，需要有效的沟通和技术支持。

思考题

1. 油气储运工程的定义是什么？主要包括哪些工艺？

2. 管道输油的特点有哪些？

3. CO_2 的运输环节主要有哪几种方式？其中最经济的运输方式是什么？

4. 根据所输 CO_2 的不同相态，CO_2 的管道输送方式分为哪几种？并简要说明每种方式的特点。

5. 简述 CO_2 管道输送的关键技术问题。

6. CO_2 驱采出气具有什么特点？

7. 根据伴生气中 CO_2 含量的不同，回注工艺有哪几种？

8. CO_2 驱采出气循环回收方法有哪些？每种方法的特点、原理与适用情况是什么？

9. 简述"CO_2 驱产出气分离和回注一体化方法"这种新技术的作用原理。

10. CO_2 腐蚀有哪几种腐蚀机理？其中最典型的特征是哪个？解释每种腐蚀的原理。

11. 常见的油气田地面系统腐蚀防治方法有什么？每种方法的特点是什么？

12. 常见的天然气集输管道 CO_2 防腐技术有哪些？

13. 为什么天然气集输管道 CO_2 防腐中仅采用涂层保护，而不采用阴极保护？

14. 当天然气中 CO_2 含量过高时，会造成哪些伤害？

15. 常用的脱除天然气中 CO_2 的方法有哪几种？说明每种技术的原理、特点及适用原料气的条件。

16. 目前我国在 CO_2 管道建设以及油气田注 CO_2 工业化试验仍处于起步阶段，在与 CO_2 有关的油气安全集输方面有哪些方面需要攻关？结合实际谈谈自己的认识。

9 CO$_2$捕集、利用与封存(CCUS)技术

随着全球碳排放量的日益增多，其带来的全球生态、环境与健康问题逐渐受到了大众的重视。为了缓解上述问题，能源行业都在制定低碳发展计划，将CO$_2$封存在地层中是一种减少CO$_2$排放的有效途径，但其需要较高的成本以及安全监测技术水平。目前，最为经济且合理的方法是将CO$_2$注入油藏中，在实现碳封存的同时，还能将地层中的原油开采出来，达到了双赢的目的。当然，一些基于碳地质埋存与利用的新能源技术也快速涌现。本章主要介绍CCUS技术基本概念以及CO$_2$捕集、利用与封存各项技术的技术原理与应用现状。

9.1 CCUS 技术简介

9.1.1 CCS 技术

碳捕集与封存(Carbon Capture and Storage，简称CCS)技术是指将CO$_2$从工业或相关排放源中分离出来，输送到封存地点，并长期与大气隔离的过程。这种技术被认为是未来大规模减少温室气体排放、减缓全球变暖最经济可行的办法。

CCS技术主要由四个环节组成：捕集、运输、地质封存以及用于增加石油采收率。其中，第四个环节是可选的，并可带来潜在收益。

1)CO$_2$捕集

CO$_2$捕集是指将大型发电厂、钢铁厂、水泥厂等排放源产生的CO$_2$收集起来。根据收集时间点的不同，可分为三种方式：第一种是燃烧后捕集，这种方式能够满足常规的电厂，也是最容易理解的方式。第二种是燃烧中捕集，其中的富氧燃料捕集技术是让燃料在纯氧中燃烧，这种方式理论上很有希望，但现实应用较少。第三种是燃烧前捕集，这种方式很有可能提供混合的电力、氢气和低碳燃料/原料。关于CO$_2$捕集技术的相关内容将在第9.2节进行详细介绍。

2)CO$_2$运输

CO$_2$运输将压缩后的CO$_2$从排放源运输到封存地点，包括陆地管道、海底管道、船舶、铁路、公路等运输方式。目前最可行的方式通过管道进行运输，但若涉及远距离运输，则需要使用船运。关于CO$_2$运输技术的内容已经在第8.2节进行详细介绍，此处不再赘述。

3)CO$_2$封存

CO$_2$封存是指通过工程技术手段将捕集的CO$_2$封存于地质构造中，实现与大气的长期隔离，并同时对泄漏进行监测；主要的封存方式有油气田封存、咸水封存、海洋封存等。

经过深入广泛的地质分析，目前最适合封存 CO_2 的地点是枯竭的油气田。关于 CO_2 封存技术的相关内容将在第 9.4 节进行详细介绍。

4) CO_2 提高油气采收率

CO_2 提高油气采收率是指注入 CO_2，将开采难度较大的石油或天然气"推向"生产井。通过 EOR/EGR 商业运行，证明这种方法可以将枯竭油气田寿命预期延长 20 年。当然，这一环节还需进一步检验和证实 CO_2 在地下能保持不扩散。

9.1.2 CCUS 技术

碳捕集、利用与封存(Carbon Capture, Utilization, and Storage, 简称 CCUS)技术是基于 CCS 技术的发展，将生产过程中排放的 CO_2 进行捕集并提纯，然后将其进行循环再利用或封存。该技术具备实现大规模温室气体减排和化石能源低碳利用的协同效应，是应对全球气候变化的关键技术之一。与 CCS 技术相比，CCUS 技术可以将 CO_2 资源化，产生经济效益，更具有现实操作性。随着技术的进步和成本的降低，CCUS 的前景非常光明。

CO_2 利用包括三个方面，即 CO_2 地质利用、CO_2 化学利用和 CO_2 生物利用。

1) CO_2 地质利用

CO_2 地质利用是指将 CO_2 注入地下，用于生产或强化能源、资源开采，主要用于提高石油、地热、地层深部咸水和铀矿等资源采收率。

2) CO_2 化学利用

CO_2 化学利用通过化学转化的方式，将 CO_2 和反应物共同转化成目标产物，实现 CO_2 资源利用。CO_2 化学利用不包括传统的将 CO_2 用于产品制造并在使用过程中再释放 CO_2 的化学工业，例如尿素生产等。

3) CO_2 生物利用

CO_2 生物利用以生物转化为主要手段，将 CO_2 用于生物质合成，主要产物包括食品和饲料、化学品与生物燃料和气态肥料等。

9.2 CO_2 捕集技术

根据 CO_2 捕集系统的技术基础和适用性，通常将 CO_2 捕集技术分为燃烧前捕集技术、燃烧中捕集技术、燃烧后捕集技术以及其他新兴碳捕集技术等，如图 9.1 所示。

9.2.1 CO_2 燃烧前捕集技术

燃烧前捕集技术主要适用于整体煤气化联合循环(Integrated Gasification Combined Cycle，简称 IGCC)系统。此技术将煤经高富氧气化并净化成煤气，再经过水煤气反应，产生 CO_2 和氢气(H_2)。此时，气体压力和 CO_2 浓度都较高，因此很容易对 CO_2 进行捕集，剩余的氢气可用作燃料。IGCC 系统工艺流程示意图如图 9.2 所示。

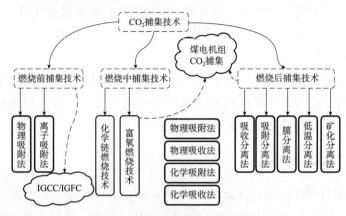

图 9.1　CO₂捕集技术流程示意图

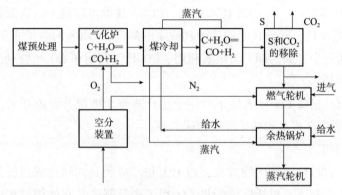

图 9.2　整体煤气化联合循环（IGCC）系统工艺流程图

联合循环是将两种使用不同工质的独立动力循环通过能量交换相互联合的循环。其中，燃气–蒸汽联合循环是利用燃气轮机在做功后排出的高温气体在余热锅炉中产生蒸汽，再将蒸汽送入蒸汽轮机中进行功率输出，实现燃气循环和蒸汽循环的联合。

相比于燃烧后捕集技术，燃烧前捕集技术在能耗方面较低，并且在效率以及污染物控制方面具有很大的潜力，因此备受关注。该技术与 IGCC 电厂相匹配，改造费用较低。然而，该技术仅限于与 IGCC 电厂匹配使用，并且目前 IGCC 发电技术仍面临投资成本高、装机容量低、可靠性有待提高等问题，只适用于新建电厂的捕集。

9.2.2　CO₂燃烧中捕集技术

9.2.2.1　CO₂富氧燃烧技术

CO₂富氧燃烧技术（Oxy – fuel Combustion，简称 OC）最早由 Abraham 于 1982 年提出，其目的是产生 CO₂以提高石油采收率。CO₂富氧燃烧技术采用传统燃煤电站的技术流程，但通过制氧技术，将空气中的大比例的氮气（N_2）脱除，直接使用高浓度的氧气（O_2）与抽回的部分烟气（烟道气）混合，替代空气。这样产生的烟气中含高浓度的 CO₂，可以直接处理和封存。

图9.3 展示了循环流化床富氧燃烧技术工艺流程示意图。其技术原理是利用来自空气分离单元(Air Separation Unit, 简称 ASU)的纯氧和再循环烟气(RFG)替代空气作为氧化剂。燃料燃烧后,产生高浓度的 CO_2 和水蒸气的烟气,经过脱水和净化处理后,可以直接封存或利用 CO_2。电厂锅炉岛主要由空气分离单元、循环流化床富氧燃烧锅炉、CO_2 压缩纯化单元(Capture and Purification Unit, 简称 CPU)三部分组成。

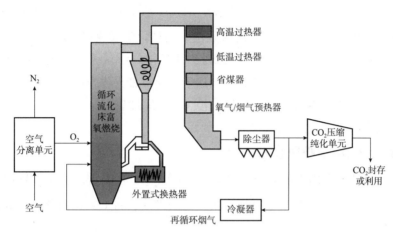

图9.3 循环流化床富氧燃烧技术工艺流程示意图

由于采用纯氧或者是高浓度的含氧气体作为氧化剂,该技术在燃烧过程中产生的 CO_2 浓度较高、组分简单、容易分离和压缩,分离时几乎不需要能耗。然而,该技术的缺点是纯氧燃烧技术对锅炉的耐热性要求高,氧气提纯时的能耗较大,造成成本较高。

9.2.2.2 CO_2化学链燃烧技术

化学链燃烧技术(Chemical Looping Combusting, 简称 CLC)指的是使用金属氧化物(MeO)作为载氧剂与含碳燃料进行反应。在这种技术中,燃料与空气无须直接接触,而是通过金属氧化物(载氧剂)将空气中的氧传递到燃料中,在氧化反应器和还原反应器之间循环使用。化学链燃烧技术的原理示意如图9.4 所示。常用的载氧剂有硫化钙(CaS)和氧化铁(Fe_2O_3)。

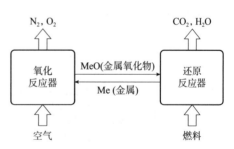

图9.4 CO_2化学链燃烧技术原理示意图

在氧化反应器中,金属(Me)与空气中的氧气(O_2)反应生成金属氧化物(MeO),实现氧气从空气中分离的过程,类似于空气分离过程。因此,燃料(如 C_xH_y)与氧气之间的反应被燃料与金属氧化物之间的反应所替代,从而产生高纯度的 CO_2,其反应过程为:

$$C_xH_y + \left(2x + \frac{y}{2}\right)MeO = x\,CO_2 + \frac{y}{2}H_2O + \left(2x + \frac{y}{2}\right)Me \tag{9.1}$$

然后,金属(Me)被送至氧化反应器,被空气中的氧气氧化:

$$\left(2x + \frac{y}{2}\right)Me + \left(x + \frac{y}{4}\right)O_2 = \left(2x + \frac{y}{2}\right)MeO \tag{9.2}$$

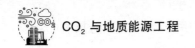

该技术优点是金属氧化物易于获得、成本较低，并且能耗较低，但是，其主要缺点是金属氧化物需要在氧化反应器和还原反应器之间进行反复循环，这方面的技术需要进一步完善，并且目前还处于实验室研究阶段。

9.2.3　CO_2燃烧后捕集技术

CO_2燃烧后捕集技术是指在燃烧后排放的烟气中捕集 CO_2。目前常用的 CO_2分离技术包括化学吸收法(利用碱性吸收)、物理吸收法、物理化学吸收以及吸附法(变温或变压吸附)。此外，膜分离法技术也正处于发展阶段，并且被广泛认可具有极大的能耗和设备紧凑型潜力。从理论上讲，燃烧后捕集技术适用于任何一种火力发电厂。

CO_2燃烧后捕集技术的优点在于与现有电厂的匹配性较好，无须对现有发电系统进行过多的改造，适用于老式电厂的改造。

9.2.3.1　CO_2溶剂吸收技术

CO_2溶剂吸收技术利用吸收剂与燃煤电厂烟道气中的 CO_2接触，通过物理或化学反应形成不稳定的富 CO_2溶液，然后通过加热或减压的方式，将 CO_2逆向分解释放出来，实现吸收剂再生和 CO_2脱除。

常用的物理吸收剂有甲醇、聚乙二醇二甲醚和海水等，这些物理吸收剂具有能耗低的特点，但 CO_2脱除效率较低，主要适用于高浓度 CO_2和中高压操作条件。对于燃煤电厂烟道气，物理吸收法较少被用于 CO_2脱除，主要采用化学吸收法。

化学吸收法脱除燃煤电厂烟道气中的 CO_2主要依靠吸收塔、解吸塔和热交换器等装置，如图9.5所示。常用于 CO_2捕集的化学吸收剂包括胺类溶液、氨溶液、氨基酸盐溶液、相变溶液、纳米胺类溶液等。

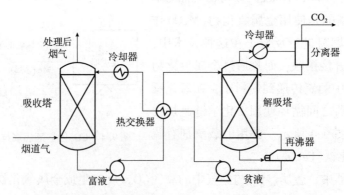

图9.5　化学吸收法捕集 CO_2工艺流程图

当一级醇胺和二级醇胺被用作吸收剂时，醇胺与 CO_2反应生成两性离子，然后这些两性离子和另一种醇胺反应生成氨基甲酸根，反应如下：

$$RR'NH + CO_2 \Longrightarrow RR'NH^-COO^- \tag{9.3}$$

$$RR'NH^-COO^- + RR'NH \Longrightarrow RR'NCOO^- + RR'NH_2^+ \tag{9.4}$$

式中，R 和 R′为氢或链烷醇基。

上述两个反应都是放热反应，在高温情况下，反应会逆向进行，从而对醇胺溶液进行再生。

9.2.3.2　CO₂固体吸附技术

CO_2固体吸附技术是利用固体吸附剂，通过变温吸附、变压吸附或变电吸附等方式对CO_2进行捕集分离技术。与CO_2溶剂吸收技术相比，固体吸附技术具有再生能耗低、循环过程中溶液损失少且对设备腐蚀速率慢等优点。

理想的吸附剂应具备高CO_2/氮气选择性、高杂质耐受性、快速吸附/解吸动力学、优秀的化学稳定性和低再生能量需求等特点。常用的吸附器有固定床吸附器(图9.6)和循环流化床锅炉，常见的吸附剂包括钙基吸附剂、钾基吸附剂、沸石、二氧化硅和活性炭等。

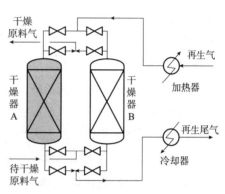

图9.6　固定床吸附器流程示意图

9.2.3.3　CO₂膜分离技术

CO_2膜分离技术的机理是根据烟气中各组分渗透速率的不同，可以选择性地将CO_2从进料侧分离出来，其驱动力是进料相和渗透之间的分压差。根据膜对气体分离机理的不同，通常可将其分为吸收膜和分离膜，如图9.7所示。吸收膜主要是利用化学吸收液对气体进行选择性吸收；而分离膜则起到将化学吸收液与气体分隔开的作用，使得在吸收膜的两侧形成浓度差，为吸收膜吸收提供条件。因此，在膜分离技术的实施过程中通常需要同时使用吸收膜和分离膜，如图8.13所示。

在进入膜组件之前，烟道气通常会通过湿式洗涤器将其冷却到膜的运行温度。膜材料是膜分离技术的核心。常用的膜材料包括聚合物膜(聚砜、聚酰亚胺、有机硅膜和含氟聚乙胺)、混合基质膜(二氧化硅、活性多孔碳、沸石、碳纳米管、金属有机骨架材料)等。

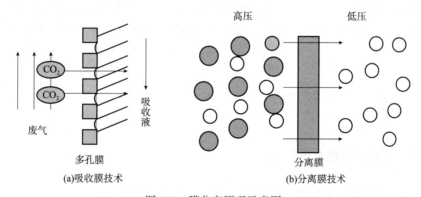

(a)吸收膜技术　　(b)分离膜技术

图9.7　膜分离原理示意图

9.2.4　其他CO₂捕集技术

随着捕集技术手段的不断增加，新型的CO_2捕集技术不断涌现，包括CO_2低温捕集技

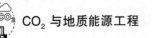

术、电化学捕集技术、微藻捕集技术、盐碱土吸附技术、超音速分离技术、空气分离技术等。

9.2.4.1 CO$_2$ 低温捕集技术

CO$_2$ 低温捕集技术的基本原理是通过冷却混合气体，利用 CO$_2$ 与其他组分之间的露点或冰点差异实现 CO$_2$ 的相变和分离。目前常见的低温分离法有低温蒸馏、低温冷凝和低温升华等。

低温蒸馏技术通常用于捕集高浓度 CO$_2$，而在烟道气 CO$_2$ 的捕集中很少被使用。此外，低温蒸馏存在能耗高、设备昂贵、分离效果差等缺点。

低温冷凝技术是指通过压缩和冷凝过程将气态的 CO$_2$ 转换成液体，以达到分离的目的。低温冷凝提取的 CO$_2$ 纯度较高，便于运输，适用于油田驱油等应用。然而，该工艺需要大量额外的能耗，并且对工艺设备的投资较大。

与低温冷凝技术相比，低温升华技术则有降低捕集能耗的优势。

此外，还可以将太阳能与低温捕集工艺耦合，以降低捕集成本。

9.2.4.2 CO$_2$ 电化学捕集技术

为了克服电厂改造面临的挑战，将 CO$_2$ 再生与发电厂蒸汽循环分离，并开始关注由电能驱动的 CO$_2$ 捕集工艺，如电解、双极膜电渗析、可逆氧化还原反应和电容去离子等。然而，目前的电化学 CO$_2$ 捕集技术普遍存在高能耗和高捕集成本等问题。

9.2.4.3 CO$_2$ 微藻捕集技术

微藻 CO$_2$ 捕集工艺具有光合效率高、生长速度快、环境适应性强、无须再生能耗和固碳能力强等优点，因此被认为是一种非常有前景的 CO$_2$ 捕集方法。

微藻捕集 CO$_2$ 主要有两种模式。第一种是独立模式的，即将烟气中的 CO$_2$ 通过碱溶液吸收，生成富碳酸氢盐溶液，然后将其泵入光反应器中，作为微藻生长的营养物质。第二种是集成模式，即将碱溶液直接与光反应器中的微藻培养基混合，烟道气中的 CO$_2$ 既可以通过微藻的光合作用直接利用，也可以被碱溶液吸收并转化为碳酸氢盐，然后再被微藻加以利用。

9.3　CO$_2$ 利用技术

9.3.1　CO$_2$ 地质利用

9.3.1.1　CCUS – CO$_2$ 强化采油（CO$_2$ – EOR）技术

CO$_2$ 强化采油（CO$_2$ Enhanced Oil Recovery，简称 CO$_2$ – EOR）技术是指利用 CO$_2$ 作为驱油介质以提高石油采收率的技术。具有广泛的适用范围，并且能够实现高效驱油。

在石油工业中，CO$_2$ 强化采油技术已经被应用了几十年。美国是较早研究和应用 CO$_2$

驱油技术的国家之一。由于美国油藏多为海相沉积,油藏温度低、压力低、黏度低,利用CO_2驱替过程中容易形成混相。因此,美国CO_2的混相驱项目数量远远超过非混相驱项目。然而,我国的油藏温度较高,原油黏度较大,这使得注入CO_2进行驱油的直接利用空间较小。目前我国很多油田由于是低渗透或超低渗透砂岩油藏,只能采用直接气驱的方式。

CO_2 – EOR 的提高采收率机理主要包括降低油水界面张力、降低原油黏度、膨胀原油体积、溶解气驱作用以及通过生产碳酸以降低渗透率等。第5章已经详细介绍了油藏注CO_2提高采收率的技术原理与方法,此处不再赘述。

9.3.1.2 CCUS – CO_2强化采气(CO_2 – EGR)技术

CO_2强化采气(CO_2 Enhanced Gas Recovery,简称CO_2 – EGR)技术是指利用CO_2为驱替介质强化常规天然气和页岩气开采效果的技术。

CO_2驱替常规天然气气藏的方法是将超临界CO_2注入地层中,以恢复地层压力,并利用CO_2的密度和黏度比甲烷(CH_4)高的特性,使CO_2逐渐向气藏底部运移,并驱使甲烷从顶部采出,从而实现提高天然气气藏采收率的目的。同时,这种方法也可以达到将CO_2地质封存的目的。图9.8展示了CCUS – CO_2强化采油的工艺流程示意图。

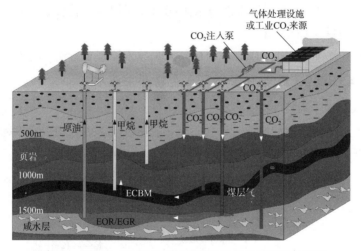

图9.8　CCUS – CO_2强化采油和强化采气工艺流程示意图

CO_2驱页岩气开采技术是通过用超临界或液相CO_2代替水进行页岩压裂来提高页岩气产量和生产速率。由于CO_2具有比甲烷更强的吸附页岩能力,可以置换页岩中的甲烷。同时,这种技术也可以实现CO_2的地质封存。

第6章已经详细介绍了气藏注CO_2提高采收率技术原理与方法,此处不再赘述。

9.3.1.3 CCUS – CO_2强化采水(CO_2 – EWR)技术

随着地下咸水层CO_2封存的广泛应用,将使得地层压力提升和咸水被取代。这些被取代的咸水(矿化度大于$10000 mg \cdot L^{-1}$)可能会在压差作用下迁移到浅层水体,导致浅层水体受到污染。此外,地层压力的增加可能会使覆盖层产生破裂或断层再次活动,导致CO_2泄漏的风险增加。为了解决这些问题,在传统CO_2地质封存的基础上提出了一种新型地质

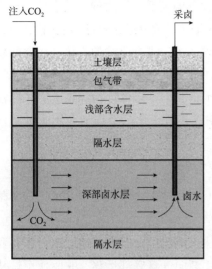

图 9.9　CO₂ – EWR
技术的概念图

与工程一体化方法，即 CO₂ 地质储藏与深层盐水/咸水联合开采，即 CO₂ 强化采水（CO₂ Enhanced Water Recovery，简称 CO₂ – EWR）。图 9.9 展示了 CO₂ – EWR 技术的概念图。

采用超临界 CO₂ 强化深层咸水开采不仅可以显著提高咸水的开采效率，降低越流风险，缓解水资源短缺问题，还能有效减少由 CO₂ 注入引起的压力积累，实现 CO₂ 的减排和长期安全封存。这种方法可同时实现高效开发咸水和减缓温室效应，是一种双赢的选择。

9.3.1.4　CCUS – CO₂强化煤层气开采（CO₂ – ECBM）技术

CO₂ 强化煤层气开采（CO₂ Enhanced Coal Bed Methane Recovery，简称 CO₂ – ECBM）技术是指利用 CO₂ 作为驱替介质，利用其在煤层表面被吸附能力高于甲烷的特性，驱替煤层气，实现提高煤层气采收率和封存 CO₂ 效率。

第 6.5 节已经详细介绍了 CO₂ 强化煤层气开采技术原理与方法，此处不再赘述。

9.3.1.5　CCUS – CO₂强化天然气水合物开采技术

1）天然气水合物开采技术

目前开采天然气水合物的主要方法包括降压法、热激发法、注化学抑制剂法以及 CO₂ 置换法等，其开采原理如图 9.10 所示。

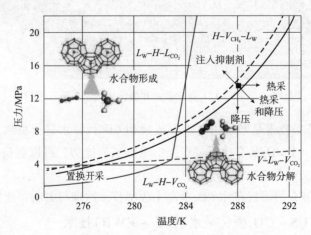

图 9.10　天然气水合物不同开采方法的原理示意图

（1）降压法。

降压法通过将水合物储层压力降至低于水合物相平衡压力，从而分解水合物以实现开采目的。这种方法不需要额外的"能量输入"或引入其他化学物质，因此是最有商业应用前景的方法。

中国在 2017 年和 2020 年先后使用了降压法进行了两次南海水合物试采,并获得了成功。然而,降压法适用于具有较高孔隙度和渗透率的水合物储层,但容易导致大量出砂、储层沉降及井口堵塞等问题。

(2)热激发法。

热激发法通过向水合物储层注入热水或热蒸汽,或者采用原位燃烧、电磁加热等方法人为提高水合物储层的温度,诱发水合物分解以实现开采目的。然而,长距离注热会引起大量热量损失,导致资源的浪费,仅适合小范围的增产。

(3)注化学抑制剂法。

注化学抑制剂法是引入水合物抑制剂(通常为醇、聚合物或离子液体)改变水合物相平衡条件,从而实现水合物开采。但进一步试验发现,长时间使用该方法会大幅度增加开采成本并导致地层环境和地下水污染。

(4)CO$_2$置换法。

在采用上述三种方法进行水合物开采时,不可避免地会导致水合物储层软化,长期开采还可能造成地层不稳定并引发塌陷、滑坡等地质灾害。与之相比,CO$_2$置换法可以实现水合物的安全开采而不破坏地层。

一方面,由于 CO$_2$ 和甲烷(CH$_4$)水合物的热力学形成条件存在差异,CO$_2$ 分子可以占据天然气水合物晶体的笼形结构,将其中的甲烷分子置换出来,形成 CO$_2$ 水合物(图2.20),从而保持地层的稳定性。另一方面,大量的 CO$_2$ 气体被封存在地层中,也减少了大气中温室气体的含量,有助于缓解全球变暖问题。

因此,CO$_2$ – CH$_4$ 置换开采水合物是一种相对理想的方法,但该方法存在置换效率低、开采速度慢等问题,严重制约了其商业化发展进程,亟须进行深入研究。

2)CCUS – CO$_2$ 强化天然气水合物开采技术原理

如图 9.10 所示,在置换开采区域内,天然气水合物的相平衡曲线位于 CO$_2$ 水合物相平衡曲线之上。根据热力学知识,在给定温度条件下,CO$_2$ 水合物的相平衡压力低于天然气水合物的;而在给定压力条件下,天然气水合物的形成则需要更低的温度。因此,在该区域内,CO$_2$ 更易形成稳定的水合物结构,已具备 CO$_2$ 置换天然气水合物的能力。

此外,实验测得天然气水合物的分解吸热焓值为 55.01 kJ·mol^{-1},而 CO$_2$ 水合物生成放热焓值为 58.96 kJ·mol^{-1}。因此,在 CO$_2$ 水合物生成的过程中释放的能量可以提供天然气水合物分解所需的热量。此外,在 CO$_2$ 水合物转变为天然气水合物过程中,Gibbs 自由能为负值,所以该反应是自发进行的。因此,从热力学角度分析,CO$_2$ 置换天然气水合物中的甲烷是可行的。

3)新型 CCUS – CO$_2$ 强化天然气水合物开采技术

针对 CO$_2$ – CH$_4$ 置换过程效率低、速度慢等缺点,研究人员发现,对乳化液、CO$_2$/N$_2$ 混合气、热激发法、降压法和化学剂法联合应用时,CO$_2$ – CH$_4$ 置换过程的效率会进一步得到强化。然而,对于联合方法的微观机理及宏观技术协同实施等方面,有待系统深入的

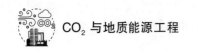
研究。

9.3.1.6 CCUS - CO$_2$ 增强地热系统(CO$_2$ - EGS)技术

地热能(Geothermal Energy)是一种优秀的替代燃料,由于其广泛的地域分布和可再生性,具有重要的经济价值。

干热岩型地热是一种储存在地壳深处岩石中的热能资源,具有广泛的地域分布、丰富的资源量、对环境零影响、热能连续性好、利用效率高等优势。干热岩的开发技术被称为增强型地热系统(Enhanced Geothermal Systems,简称 EGS),通过利用类似于水力压裂的人工方法,在致密的深层岩石中构建一个热储层,使流体能够从中间通过,从岩石中提取内热量。之后,用于采热的冷流体被输送至该系统中,以开采地下 3 ~ 10km 范围内岩石中蕴藏的热量。

传统的增强型地热系统使用水作为开采地热资源的流体,即水增强型地热系统(H$_2$O Enhanced Geothermal Systems,简称 H$_2$O - EGS),并将产生的热水用作发电系统的热源。然而,2000 年,美国洛斯阿拉斯国家实验室的科学家 Brown 首次提出了使用超临界 CO$_2$ 替代水作为增强型地热系统中的传热流体来开采地热资源。相比于使用水作为热载体,CO$_2$ 增强型地热系统(CO$_2$ Enhanced Geothermal Systems,CO$_2$ - EGS)具有更多的优势,如表 9.1 所示。

表 9.1 CO$_2$ 和水作为携热介质时的增强型地热系统技术优缺点对比

流体特征	CO$_2$	水
化学特征	非极性溶剂;对于岩石矿物是弱溶剂	对于岩石矿物是强溶剂
井孔中的流体循环特征	可压缩性和膨胀性较大、浮力作用较大;具有较低的能量消耗,可保持流体的循环	可压缩性较小、膨胀性中度、浮力作用较小;需要用抽水设备提供较大的能量来保持流体的循环
储层中的流体流动特征	黏度较低、密度较低	黏度较高、密度较高
流体传热特征	比热较小	比热较大
流体损失特征	可能有助于温室气体的地质封存;通过对温室气体的减排获得一定的经济效益,以抵消热能开采中的一部分费用	由于水分损失会增加工程费用(尤其在干旱区),阻碍对储层的地热开发

9.3.1.7 CCUS - CO$_2$ 溶浸采铀技术

随着我国对核电建设力度的加大,全国对铀资源的需求量大量增加,铀资源的供应对我国的核工业发展起着重要的作用。溶浸采铀技术是一种综合开采工艺技术,将常规采矿方法、选矿方法和化学浸出相融合,可以直接从矿石中提取有价值金属。

目前,酸法地浸技术是世界上最常用的地浸采铀技术。酸法地浸技术的优点是浸出快、浸出率高,但其缺点是选择性差、设备需耐腐蚀、地下水治理费用高,因此不适合开发高碳酸盐含量的矿床。

与此同时,部分铀矿开采使用碱法地浸技术,其优点是选择性好、设备无须防腐,并且适用于高碳酸盐含量的矿床。然而，碱法地浸技术的浸出率较低(一般较酸法低5%~10%)，浸出时间较长。在碱法地浸中常用的浸出剂是碳酸钠和碳酸铵，其使用会给地下水治理带来一定的难度。

超临界CO_2流体具有良好的传质特征，可以大幅度缩短相平衡所需的时间，是高效传质的理想介质。这些传质特性对矿石中铀的浸出具有积极的影响。在浸取低品位砂岩铀矿的过程中，超临界CO_2流体能够与溶液中的碳酸根(CO_3^{2-})与铀离子(UO_2^{2+})结合，则有：

$$H_2CO_3 \Longrightarrow H^+ + HCO_3^- \tag{9.5}$$

$$HCO_3^- \Longrightarrow H^+ + CO_3^{2-} \tag{9.6}$$

$$UO_2(OH)_2 + 2H^+ \Longrightarrow UO_2^{2+} + 2H_2O \tag{9.7}$$

$$UO_2^{2+} + 2CO_3^{2-} \Longrightarrow [UO_2(CO_3)_2]^{2-} \tag{9.8}$$

$$UO_2^{2+} + 3CO_3^{2-} \Longrightarrow [UO_2(CO_3)_3]^{4-} \tag{9.9}$$

此时不需要额外添加溶浸剂，从而大大降低了对环境的污染。碳酸根与铀离子可以形成高溶解性的络合物，在特定的pH值下，能够稳定存在于水溶液中。

因此，超临界CO_2流体在水介质中(有时可添加适当的氧化剂)可以有效浸出低品位砂岩铀矿石中的铀，在某些方面比传统的酸法地浸和碱法地浸更具优势。然而，作为一种特殊的铀矿开采方法，其应用存在一定的局限性。仅适用于具备一定地质和水文地质条件的矿床。如果矿石的矿化不均匀，矿层各部位的矿石胶结程度和渗透性不均匀，或矿石中某些有用成分难以完全浸出，都将影响开采的技术经济指标。

9.3.2　CO₂化学利用

9.3.2.1　CO₂制备化工材料

鉴于CO_2分子的热力学稳定性与动力学惰性，CO_2直接合成路线通常存在一些缺点，如合成效率低、反应条件苛刻以及产物收率低等。然而，CO_2可以与高能化合物(环氧乙烷)高效合成碳酸乙烯酯，还能与氮气、乙醇有效合成氨基甲酸乙酰，此外通过生物固碳等途径也可以大量制备脂肪酸甘油三酯。以上三种CO_2碳氧载体可以进一步转化制备有机醇酯，是实现CO_2间接合成高价值有机醇的有效途径。

CO_2制备化工材料的方法主要包括CO_2间接非光气合成异氰酸酯(TDI、MDI等)/聚氨酯(PU)、CO_2间接制备聚碳酸酯(PC)/聚酯材料(PET、PBT等)、乙烯基聚酯(VPR)以及聚丁二酸乙二醇酯(PES)等。

9.3.2.2　CO₂制备化工能源

能源可以分为一次能源和二次能源。一次能源是指可以直接从自然界获得并应用的热能或动力，通常包括煤、石油、天然气等化石燃料，以及水能、核能等。全球一次能源消耗量巨大，主要依赖于化石燃料。

随着时间的推移，由于化石燃料资源的限制，非常规能源的发展将越来越受到重视，其中主要包括核能和新能源。新能源包括太阳能、风能、地热能、潮汐能、波浪能、海洋能和生物能(如沼气)等。目前，在利用 CO_2 制备合成气和燃料电池方面取得了较大的进展。

1) CO_2 与甲烷重整制备合成气

合成气是一种以一氧化碳(CO)和氢气(H_2)为主要组分的原料气，常用作化工原料。合成气的原料来源广泛，可以由含碳矿物质如煤、石油、天然气以及焦炉煤气、炼厂气、污泥和生物质等转化而得。根据合成气的来源、组成以及用途的不同，可以称之为煤气、合成氨原料气、甲醇合成气等。

目前，常用的方法是通过天然气部分氧化法将 CO_2 与甲烷(CH_4)重整制备出合成气。这种方法通过加入不足量的氧气，使部分甲烷燃烧为 CO_2 和水。此反应为强放热反应。在高温和水蒸气存在的条件下，CO_2 及水蒸气可与未燃烧的甲烷发生吸热反应。所以主要产物为一氧化碳和氢气，其反应过程如下：

$$CH_4 + CO_2 \Longleftrightarrow 2CO + 2H_2 \tag{9.10}$$

$$CH_4 + H_2O \Longleftrightarrow CO + 3H_2 \tag{9.11}$$

而燃烧最终产物中的 CO_2 不多。在反应过程中为了防止碳析出，需要补加适量的水蒸气。这样做既可以防止炭的形成，同时也增强了水蒸气与甲烷的反应。

2) CO_2 经一氧化碳(CO)制备液体燃料

液体燃料是一类能够产生热能或动能的可燃物质，主要含碳氢化合物或其混合物。这类燃料包括经过石油加工而得的汽油、煤油、柴油、燃料油，由油页岩干馏而得的页岩油，以及通过一氧化碳和氢合成的人造石油等。

高温共电解(HTCE)水/CO_2技术利用新能源提供的电能和高温热能，通过高温固体氧化电解池(SOEC)将水和 CO_2 共电解生产合成气($CO + H_2$)，然后将制备的合成气用于生产各种液体燃料。

高温共电解(HTCE)水/CO_2技术的技术原理如下。水蒸气(H_2O)与 CO_2 混合气体(同时混入少量氢气，以确保阴极处于还原气氛中，防止金属被氧化失活)进入电解池的阴极端，水蒸气和 CO_2 在阴极端发生解离，生成氢气(H_2)和 CO_2，其反应过程如下：

$$H_2O + 2e^- \longrightarrow H_2 + O^{2-} (\text{阴极}) \tag{9.12}$$

$$CO_2 + 2e^- \longrightarrow CO + O^{2-} (\text{阴极}) \tag{9.13}$$

带负电的 O^{2-} 穿过致密的电解质层，从阴极侧到达阳极侧，在阳极端失去电子并生成氧气(O_2)，其反应过程如下：

$$2O^{2-} \longrightarrow 4e^- + O_2 (\text{阳极}) \tag{9.14}$$

总反应：

$$H_2O + CO_2 \longrightarrow H_2 + CO + O_2 \tag{9.15}$$

制备的合成气可进一步通过费托合成大规模生产碳氢燃料：

$$H_2 + CO \longrightarrow \text{碳氢燃料} + H_2O \tag{9.16}$$

高温共电解(HTCE)水/CO_2技术具有高效率、高灵活性以及能够实现碳减排等优点，可以与风能、太阳能等新能源结合使用，用于生产清洁液体燃料和转化利用 CO_2。因此，该技术是一种具有很大前景的新能源制备和CO_2减排的新技术。

9.3.2.3 CO_2制备有机化学品

目前比较成熟的CO_2制备有机化学品方法包括CO_2直接加氢合成甲烷、CO_2直接加氢合成甲醇、CO_2合成碳酸二甲酯以及CO_2合成甲酸等,其反应方程式如下:

$$CH_3COOH(有机碳) + CO_2 \longrightarrow CH_4(甲烷) + 2CO_2 \tag{9.17}$$

$$CO_2 + 3H_2 \longrightarrow CH_3OH(甲醇) + H_2O \tag{9.18}$$

$$CO_2 + 2CH_3OH \longrightarrow C_3H_6O_3(碳酸二甲酯) + H_2O \tag{9.19}$$

$$CO_2 + H_2 \longrightarrow HCOOH(甲酸) \tag{9.20}$$

9.3.2.4 CO_2制备无机化学品

目前比较成熟的CO_2制备无机化学品的方法包括钢渣直接CO_2矿化利用、钢渣间接CO_2矿化利用、磷石膏CO_2矿化利用、钾长石加工联合CO_2矿化等,其反应方程式如下:

$$CaSO_4 \cdot 2H_2O(磷石膏) + 2NH_3 + CO_2 \longrightarrow CaCO_3 \downarrow + (NH_4)_2SO_4 + H_2O \tag{9.21}$$

$$3KAl_2[AlSi_3O_{10}](OH)_2(钾长石) + 2CO_2 + 2H_2O \longrightarrow 6SiO_2 + 2K^+ + 2HCO_3^- \tag{9.22}$$

9.3.3 CO_2生物利用

9.3.3.1 CO_2微藻生物制油技术

CO_2微藻制油具有许多优点,典型的几点优点如下。

(1)光合作用效率高、生长周期短,倍增时间为3~5d,有的藻种甚至可以一天收获两次,单位面积年产量是粮食的几十倍乃至上百倍,可充分利用滩涂、盐碱地、沙漠和山地丘陵进行大规模培养,也可以利用海水、苦咸水和废水等非农用水进行培养。

(2)微藻在生长过程中吸收大量CO_2,具有CO_2减排效应,理论上每生产1t微藻可吸收1.83t CO_2。

(3)利用微藻生产生物柴油的同时,副产大量藻渣生物质,可以进一步生产蛋白质、多糖、色素和碳水化合物等原料,提高经济效益。

然而,CO_2微藻制油也存在一些缺点。

(1)大规模获取微藻生物质资源较为困难。

(2)微藻制油的生产成本较高。

(3)大规模培养需要占用较大的土地面积,基础建设投资较高,并且加工过程中消耗的能源和物质也较多。

9.3.3.2 CCCUS技术

为了推动碳循环经济、地下能源封存以及扩大CO_2利用规模,近年来提出了一种新型的"碳捕集、基于地下生物甲烷化的碳循环利用和地质碳封存(CO_2 Capture, Circular Utilization, and Storage,简称为CCCUS)"系统。该系统将氢气(H_2)和CO_2混合或依次注入枯竭的天然气储层,通过甲烷化微生物的催化作用,这些注入气体会被生物转化为水和可再生

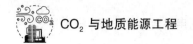

甲烷，如图 9.11 所示。甲烷化反应方程如下：

$$CO_2 + 4H_2 \longrightarrow CH_4 + 2H_2O \tag{9.23}$$

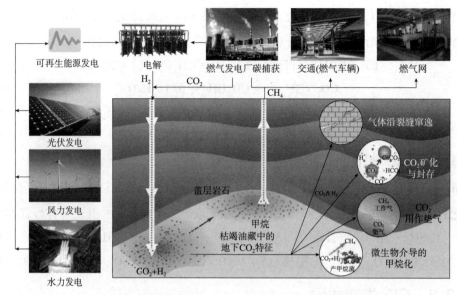

图 9.11 CCCUS 技术系统流程示意图

生物甲烷化可以由不同的甲烷化微生物通过有限数量的底物实现。

（1）氢甲烷生成菌通过 CO_2 和氢气（H_2）或甲酸（HCOOH）混合物生成甲烷：

$$CO_2 + 4H_2 \longrightarrow CH_4 + 2H_2O \tag{9.24}$$

（2）乙酸甲烷生成菌通过乙酸生成甲烷：

$$CH_3COOH \longrightarrow CH_4 + CO_2 \tag{9.25}$$

（3）甲醇甲烷生成菌通过甲烷和甲基化合物生成甲烷：

$$4CH_3OH \longrightarrow 3CH_4 + HCO_3^- + H_2O + H^+ \tag{9.26}$$

目前可以从工业生产中捕获和储存大量的 CO_2，或从厌氧发酵中得到含 CO_2 的沼气。尽管一些底料气中的硫化氢和硅氧烷等杂质可能会影响甲烷化过程，但与非生物甲烷化（如绝热固定床、等温催化甲烷化等工艺）相比，生物途径应具有更高的杂质耐受性，这有助于简化含 CO_2 底料气的清洁过程。

此外，与 CCUS 系统中的氢气来源（来自可再生能源产生的绿氢）相比，CCCUS 技术充分利用基本不需要处理的含氢工业副产气和含 CO_2 废气，将其中的 CO_2 和氢气合成为甲烷（CH_4），在环境影响和成本方面具有优势。

9.4 CO₂ 封存技术

CO_2 封存（CO_2 Storage）是指将大型排放源产生的 CO_2 捕集、压缩后运输到选定的地点长期保存，而不是释放到大气中。CO_2 的封存技术特别是地质封存起源于 20 世纪 70 年代，最初是为了提高石油采收率。由于该技术是目前全球应对气候变暖最有效的技术之一，正在得到越来越多的关注和研究。

地质封存的基本原理就是模仿自然界储存化石燃料的机制，把 CO$_2$ 封存在地层中。CO$_2$ 在通过输送管线或车船运输到适当的地点后，注入具备特定地质条件和特定深度的地层中，如图 9.12 所示。适合作为 CO$_2$ 地质封存的地质条件包含老油气田、难开采煤层和深层地下水层等地质环境。

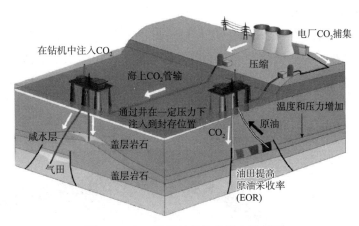

图 9.12 CO$_2$ 地质封存技术概念模型图

9.4.1 CO$_2$油气藏封存技术

比较理想的地质封存环境包括无商业开采价值的深部煤层(同时促进煤层天然气开采)和油田(同时促进石油开采)、枯竭天然气田以及深部咸水含水地层。在每种类型中，CO$_2$ 的地质封存方式都是通过将 CO$_2$ 压缩液注入地下岩石构造来实施的。封存深度通常要在800 米以下，这样的深度下温度和压力条件可以使 CO$_2$ 处于高密度的液态或超临界状态。

目前，商业级大规模 CO$_2$ 封存的主要方式仍然是油气藏封存，主要有以下几点主要原因。

(1)油气藏本身具有良好的封闭性，可以长期提供安全的地质圈闭。

(2)对于油气藏的地质结构和物理特性在油气开采的过程中已经有了深入的研究，并建立有成熟的三维地质模型。

(3)油气藏已经有了现成的生产井和注入井等基础设施，可以有效降低封存的工程成本。

(4)CO$_2$ 可作为原油的溶剂，注入油藏后可以形成混相驱，提高原油的采收率。

工程经验表明，有两种类型的油气藏能够实施 CO$_2$ 封存：一种是废弃的油气藏，直接利用废弃的原始储油层封存 CO$_2$，没有额外经济收益；另一种是正在开采中的油气藏，通过注入 CO$_2$ 的强化采油技术(CO$_2$ – EOR)，既能获得额外收益，又可以降低碳封存成本。

CO$_2$ 封存的时间跨度可达数千年甚至上万年。为了防止 CO$_2$ 在压力作用下返回地表或向其他地方迁移，地质构造必须具备合适的盖层、储集层和圈闭构造等特性，并且井筒应该具备良好的完整性和密闭性，才能实现安全有效的封存。

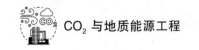

9.4.2　CO$_2$咸水层封存技术

　　咸水层(Saline Aquifer)通常指的是地下深部富含高浓度盐水(卤水)的沉积岩层。由于咸水层中的地下水矿化度较高，无法直接供人类使用，因此尽管咸水层的储量很大，在过去对其利用也相对较少。然而，随着CCUS技术的不断发展，近年来，人们开始重视咸水层，并将其作为CCUS技术中CO$_2$封存的一种最有力空间。

　　利用含咸水层封存具有两个优势：①相比油田和气田，咸水层圈闭构造更普遍；②在含咸水层中可能存在一些适于封存CO$_2$的巨大储气构造，如图9.13所示。此外，与油田和气田不同的是，当CO$_2$注入含咸水层后，经过流体力学反应，CO$_2$可在含水层中稳定封存上万年。矿物地层和富含CO$_2$的含水层之间会发生化学反应，将CO$_2$转化为无害的碳酸盐并沉淀下来，这样的封存状态可以持续上百万年。

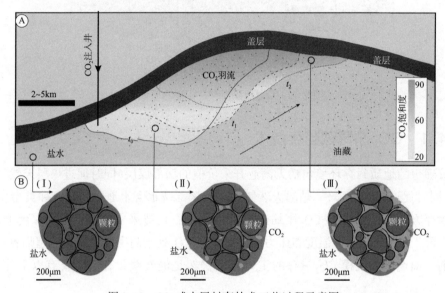

图9.13　CO$_2$咸水层封存技术工艺过程示意图

9.4.3　CO$_2$海洋封存技术

　　海洋封存(Ocean Storage)的基本原理是利用海洋庞大的水体体积和CO$_2$在水中的较高溶解度，使海洋成为封存CO$_2$的容器。海水中碳的总量约为大气层中碳的50倍，并且超过植物和土壤中碳总和的20倍。

　　CO$_2$海洋封存技术主要有两种方法，如图9.14所示。第一种方法是将捕集的CO$_2$直接注入深海，深度超过1000m，大部分CO$_2$会在这里自然溶解，与大气隔离数个世纪。另一种方法是将CO$_2$注入超过3000m的深海中，由于CO$_2$的密度大于海水，会在海底形成固态的CO$_2$水合物或液态的CO$_2$湖(CO$_2$ Lake)。

　　对于阻隔CO$_2$返回大气层而言，灌注深度越深，隔离效果越好。CO$_2$的海洋封存都是在斜温层以下将CO$_2$灌注于海洋中，以获得更好的封存效果。

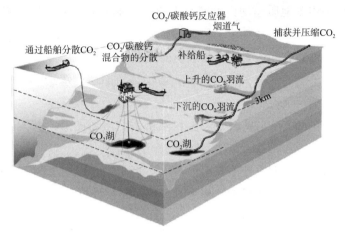

图9.14 CO_2海洋封存技术工艺过程示意图

然而，增加海水中CO_2的浓度会对海洋生物造成不利的影响，如降低生物钙化程度、繁殖速率、成长速率和迁移能力等。虽然CO_2海洋封存历经了近30年的理论发展、实验室实验、小规模现场测试和模拟研究，但目前尚缺乏大规模CO_2海洋封存的操作实例。

9.4.4 CO_2矿化封存技术

CO_2矿化封存技术(CO_2 Mineralization)的基本原理是使CO_2与矿物发生化学反应，形成固体形态的碳酸盐和其他副产品。通过矿化封存形成的碳酸盐是自然界中稳定的固态矿物，可以长期提供稳定的CO_2封存效果。

CO_2矿化封存既可以在原位进行矿化(即在地下注入进行矿化)，也可以进行异位矿化(即在地表进行矿化)。矿化的原料既可以是天然矿物(如橄榄石、蛇纹石、玄武岩等)，也可以是各种固体废弃物(如粉煤灰、钢渣、磷石膏、废弃水泥和混凝土等)。

一旦CO_2经过矿化封存转化为碳酸盐矿物，其封存稳定性可高达千年以上。相对于其他封存机制，如地质封存和海洋封存，CO_2矿化封存具有较低的监管成本，且几乎没有泄漏的风险。

总体而言，CO_2矿化封存技术尚未完全成熟，高操作成本和矿业开采作业对环境的影响等议题仍然是后续研究的重点。

9.4.5 CO_2封存监测技术

在CCUS技术中，由于地质封存的CO_2可能发生逃离封存区域、向封存区域以外的地方泄漏或渗漏，一旦发生泄漏，将对环境和周围生物产生影响，甚至破坏生态环境平衡。因此，监测与识别可能的CO_2泄漏或渗漏是确保CCUS系统安全的重要环节。

图9.15展示了CO_2地质封存潜在的泄漏风险示意图，存在以下七种可能的泄漏途径。

(1)注入封存层的CO_2压力过高，可能会突破封存层上方的密封层进入或穿透泥砂岩层。

（2）地质结构中由于地质运动，可能产生较多的地质断层或地质缺陷，导致 CO_2 沿着地质断层渗透到上层。

（3）封存的 CO_2 可能会穿透岩石密封层泄漏到上层含水层。

（4）注入地下的 CO_2 增加了蓄积层压力，增加地质断层的渗透性，从而增加了封存的 CO_2 沿地质断层渗透的可能性。

（5）注入的 CO_2 在 CO_2 – 水界面处发生自然溶解，溶解的 CO_2 以其他形式从密封层向外迁移。

（6）注入的 CO_2 从废弃地下井泄漏。

（7）溶解的 CO_2 沿着封存层结构迁移至大气或者海洋环境。

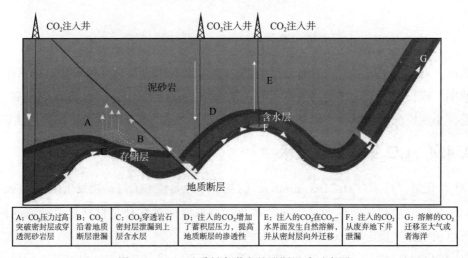

图 9.15　CO_2 地质封存潜在的泄漏风险示意图

目前，随着 CCUS 技术的快速发展，越来越多的 CO_2 测量、监测和确认技术不断更新和发展。根据检测位置的不同，CO_2 封存监测技术主要分为地下 CO_2 封存监测技术和地上 CO_2 封存监测技术。

1）地下 CO_2 封存监测技术

地下 CO_2 封存监测技术主要用于监测地表以下的参数，包括压力、电磁性能、热传导性能、CO_2 剩余饱和度、声学性能、pH 值、生态系统 – 生物学性能、有机物含量等参数，以判断 CO_2 是否发生泄漏。

2）地上 CO_2 封存监测技术

地上 CO_2 封存监测技术主要利用红外气体分析仪、长程开放路径红外探测和调制激光监测技术、涡量相关监测方法、集聚气体监测方法、测井微地震监测方法、激光雷达监测技术、示踪剂追踪监测方法、碳稳定同位素监测方法、超光谱成像监测技术、无线传感器监测技术、氧气与 CO_2 比率监测方法等手段，监测大气中 CO_2 的含量变化情况，从而判断 CO_2 的泄漏情况。

随着温室效应越来越明显，CCUS 技术的发展变得迫在眉睫，但目前面临的主要问题如下。

（1）大部分监测方法涉及的仪器设备昂贵且操作复杂，限制了其大规模的应用。

（2）实时监测困难，只有红外气体分析仪、集聚气体检测方法和涡量相关监测方法等可以实现实时监测。

（3）辨识泄漏CO_2的来源困难，只有化学示踪剂和^{13}C同位素监测方法可以区分泄漏CO_2的来源是地质封存地点还是自然生态。

总之，识别并定量确定地下封存区域可能向大气中泄漏的CO_2是封存项目地上空间监测所面临的重要挑战，也是未来研究的重点。

☆☆★ 思考题 ★☆

1. 什么是CCS技术？其主要由哪四个环节组成？

2. CCUS技术与CCS相比，优势在哪儿？

3. CO_2燃烧前捕集技术的特点是什么？

4. CO_2燃烧中捕集技术有哪些？

5. CO_2燃烧后捕集技术有哪些？

6. CO_2 – EOR 的提高采收率机理是什么？

7. CO_2 – EWR 技术的优点有哪些？

8. 天然气水合物的开采原理是什么？开采的主要方法有哪些？

9. CO_2制备的化工能源有哪几种？

10. CO_2微藻生物制油技术的优点有哪些？

11. 什么是CCCUS技术？生成甲烷的化学式是什么？

12. CO_2封存技术有哪些？

13. 商业级大规模CO_2封存的主要方式仍然是油气藏封存的主要原因有哪些？

14. CO_2咸水层封存技术优势有哪些？

15. CCUS技术的发展面临的问题有哪些？

附　录

符号解释

°API 为 API 重度，单位为°API

A 为流体通过的横截面积，cm^2

A_g 为气藏含气面积，km^2

A_s 为注入流体波及的面积，m^2

B_{gi} 为原始天然气地层体积系数，m^3（地下）$\cdot m^{-3}$（地面）

B_{oi} 为原始原油地层体积系数，m^3（地下）$\cdot m^{-3}$（地面）

c_f 为地层岩石骨架的压缩系数，MPa^{-1}

c_w 为束缚水的压缩系数，MPa^{-1}

D 为冲击距离，mm

D 为地层垂直埋深，m

D_j 为喷嘴直径，mm

d_4^{20} 为原油相对密度，无量纲

E 为弹性模量，MPa

E_d 为驱油效率，%

E_R 为采收率，%

E_V 为波及系数，%

f_g 为天然气的摩尔分数，小数

G 为切变模量（或剪切弹性模量），MPa

G 为气藏储量，m^3

G_p 为正常地层压力梯度，$MPa \cdot m^{-1}$

$\Delta G_{脱附}$ 为颗粒的脱附能，J

h 为液柱高度，m

h 为油层有效厚度，m

h_s 为注入流体波及的平均有效厚度，m

H 为流动场的特征长度

i_c 为腐蚀速率，mm/a

K 为原油特征因数，无量纲

K 为绝对渗透率，μm^2

K 为稠度系数，$Pa \cdot s^n$

K_o 为油相的有效渗透率，μm^2

K_w 为水相的有效渗透率，μm^2

K_g 为气相的有效渗透率，μm^2

K 为岩心渗透率，μm^2

K_{ro} 为油相相对渗透率，无量纲

K_o 为某一时刻的水相有效渗透率，μm^2

$(K_o)_{S_o = 1 - S_{wi}}$ 为束缚水条件下的水相有效渗透率，μm^2

K_{rw} 为水相相对渗透率，无量纲

K_w 为某一时刻的油相有效渗透率，μm^2

$(K_w)_{S_{oi} = 1 - S_{wi}}$ 为束缚水条件下的油相有效渗透率，μm^2

k 为岩心渗透率，μm^2

L 为渗流长度，cm

L 为厚度，m

M 为摩尔质量，$g \cdot mol^{-1}$

M_a 为空气的相对分子质量，$g \cdot mol^{-1}$

M_g 为天然气的视相对分子质量，$g \cdot mol^{-1}$

M_i 为天然气中组分 i 的相对分子质量，$g \cdot mol^{-1}$

M_o 为凝析油的平均相对分子质量，$kg \cdot kmol^{-1}$

N 为原始原油地质储量，t

N_c 为凝析油的原始地质储量，t

N_p 为累计产量，t

n 为天然气的物质的量，mol

n 为流型指数，无量纲

n 为转子钻速，$r \cdot min^{-1}$

n_i 为天然气中组分 i 的物质的量，mol

p 为气体压力，MPa

p 为压力(绝对压力)，MPa

p_0 为大气压力，MPa

p_{ci} 为天然气中组分 i 的临界压力，MPa

p_c 为临界压力，MPa

p_c 为视临界压力，MPa

p_{CO_2} 为 CO_2 分压，MPa

p_d 为目标井深的压力，MPa

p_i 为地层压力，MPa

p_m 为基岩压力，MPa

p_n 为正常地层压力，MPa

p_o 为上覆地层压力，MPa

p_p 为地层孔隙压力，MPa

p_{sc} 为地面压力，MPa

p_t 为控压目标，MPa

$\bar{p}_c$ 为视临界压力，MPa

$\bar{p}_r$ 为视对比压力，MPa

Δp_c 为附加阻力，Pa

P_c 为毛细管压力，Pa

p_c^{max} 为最大毛细压，mPa

Q 为通过多孔介质流体的流量，cm^3 · s^{-1}

Q 为热量，W

Q_0 为氮气通过多孔介质的流量，cm^3 · s^{-1}

R 为气体常数，MPa · m^3 · (kmol · K)$^{-1}$

R 为热阻，K · W^{-1}

R 为颗粒半径，10^{-6} m

R_s 为溶解度，m^3 · m^{-3}

r 为毛细管半径，m

S 为流体饱和度，小数

S 为面积，m^2

S 为矿化度，mg · L^{-1}

S_g 为天然气饱和度，小数

S_o 为原油饱和度，小数

S_{oi} 为原始含油饱和度，小数

S_{or} 为剩余油饱和度，小数

S_w 为水的饱和度，小数

S_{wc} 为束缚水饱和度，小数

S_{wmax} 为最大含水饱和度，小数

T 为绝对温度，K

T_{ci} 为天然气中组分 i 的临界温度，K

T_c 为视临界温度，K

T 为绝对温度，K

T_i 为地层温度，K

T_{sc} 为地面温度，K

$\bar{T}_c$ 为视临界温度，K

$\bar{T}_r$ 为视对比温度，K

ΔT 为温差，K 或℃

t 为平衡时间，min

U 为审逸程度，无量纲

V 为气体体积，m^3

V 为摩尔体积，$L \cdot mol^{-1}$

V_{ϕ} 为孔隙体积，m^3

V_b 为岩石总体积，m^3

V_c 为切割速度，$mm \cdot s^{-1}$

V_{gi} 为气藏原始条件下的气体体积，m^3

V_p 为地层中的孔隙体积，m^3

V_r 为油藏条件下天然气的体积，m^3

V_{sc} 为地面标况下天然气的体积，m^3

V_{ϕ_e} 为有效孔隙体积，m^3

V_M 为对流传质的速度，$m \cdot s^{-1}$

V_D 为扩散速度，$m \cdot s^{-1}$

V_T 为运移过程的速度，$m \cdot s^{-1}$

W_e 为水侵量，m^3

$X_{b,S}^{CO_2}$ 为 CO_2 在盐水中的饱和度，%

$X_{w,S}^{CO_2}$ 为 CO_2 在水中的饱和度，%

y_i 为天然气的摩尔组成，小数

Z 为偏差因子，无量纲

Z_i 为地层条件下的气体偏差因子，无量纲

Z_{sc} 为地面条件下的气体偏差因子，无量纲

α 为溶解系数，$m^3 \cdot (m^3 \cdot MPa)^{-1}$

γ 为剪切速率，s^{-1}

γ_o 为原油的相对密度，无量纲

γ_g 为天然气的相对密度，无量纲

λ 为导热系数，$W \cdot (m \cdot K)^{-1}$

λ^0 为零密度点导热系数极限值，$W \cdot (m \cdot K)^{-1}$

$\Delta\lambda$ 为导热系数增量影响值，$W \cdot (m \cdot K)^{-1}$

$\Delta_c\lambda$ 为临界点导热系数增加值，$W \cdot (m \cdot K)^{-1}$

φ_{CO_2} 为 CO_2 在天然气中的体积分数，%

φ_{N_2} 为 N_2 在天然气中的体积分数，%

φ_{H_2S} 为 H_2S 在天然气中的体积分数，%

σ 为应力，MPa

σ 为界面张力，mPa·s

σ_{AW} 为气液界面张力，mN/m

δ 为对比密度，$\delta = \rho/\rho_c$，无量纲

δ_c 为天然气的凝析油含量，kg·m^{-3}

ε 为应变，无量纲

μ 为泊松比，无量纲

τ 为剪应力，Pa

τ 为对比温度，$\tau = T_c/T$

$\varGamma$ 为泡沫干度，%

ϕ 为孔隙度，小数

$\varPhi$ 为亥姆霍兹自由能，无量纲

$\varPhi^\circ$ 为理想部分的亥姆霍兹自由能，无量纲

$\varPhi^r$ 为残余部分的亥姆霍兹自由能，无量纲

ϕ_e 为有效孔隙度，小数

η 为流体黏度，mPa·s

$\Delta\eta$ 为密度增量影响值，Pa·s

η_1 为液相黏度，mPa·s

η_f 为泡沫黏度，mPa·s

$\Delta\eta_c$ 为临界点黏度增加值，Pa·s

η_0 为零密度点黏度极限值，Pa·s

η_{AV} 为表观黏度，mPa·s

η_o 为原油的黏度，mPa·s

η_w 为水的黏度，mPa·s

θ 为接触角，(°)

ρ 为流体密度，g·cm^{-3}

ρ_c 为临界密度，g·cm^{-3}

ρ_f 为孔隙中流体密度，g·cm^{-3}

ρ_m 为岩石骨架密度，g·cm^{-3}

ρ_{osc} 为地面原油的密度，t·m^{-3}

参考文献

［1］BOUCKAERT S，PALES A F，McGlade C，et al. Net zero by 2050：A roadmap for the global energy sector
［EB/OL］. 2021. https：//iea. blob. core. windows. net/assets/063ae08a－7114－4b58－a34e－39db2112d0a2/
NetZeroby2050－ARoadmapfortheGlobalEnergySector. pdf

［2］PETRUCCI R H，HERRING F G，Madura J D，et al. General chemistry：principles and modern applications
［M］. 11e. Pearson，1997.

［3］NASSER J A. Phase diagram of a pure substance？［J］. The European Physical Journal B，2020，93：
1－11.

［4］BACHU S. Sequestration of CO_2 in geological media：criteria and approach for site selection in response to cli-
mate change［J］. Energy Conversion and Management，2000，41(9)：953－970.

［5］PENG D，ROBINSON D B. A new two－constant equation of state［J］. Industrial & Engineering Chemistry
Fundamentals，1976，15(1)：59－64.

［6］SPAN R，WAGNER W. A new equation of state for carbon dioxide covering the fluid region from the triple－
point temperature to 1100 K at pressures up to 800MPa［J］. Journal of Physical and Chemical Reference Data，
1996，25(6)：1509－1596.

［7］王海柱，沈忠厚，李根生，等. CO_2 气体物性参数精确计算方法研究［J］. 石油钻采工艺，2011，33
(5)：65－67.

［8］NORDBOTTEN J M，CELIA M A，Bachu S. Injection and storage of CO_2 in deep saline aquifers：analytical
solution for CO_2 plume evolution during injection［J］. Transport in Porous Media，2005，58：339－360.

［9］师春元，黄黎明，陈赓良，等. 机遇与挑战：二氧化碳资源开发与利用［M］. 2006.

［10］杨子浩，林梅钦，董朝霞，等. 超临界 CO_2 在有机液体中的分散［J］. 石油学报(石油加工)，2015，
31(2)：596－602.

［11］FENGHOUR A，WAKEHAM W A，VESOVIC V. The viscosity of carbon dioxide［J］. Journal of Physical
and Chemical Reference Data，1998，27(1)：31－44.

［12］VESOVIC V，WAKEHAM W A，OLCHOWY G A，et al. The transport properties of carbon dioxide［J］.
Journal of Physical and Chemical Reference Data，1990，19(3)：763－808.

［13］WEBB P. Introduction to oceanography［J］. Roger Williams University，2021.

［14］何庆龙，孟惠民，俞宏英，等. N80 油套管钢 CO_2 腐蚀的研究进展［J］. 中国腐蚀与防护学报，2007，
27(3)：186－192.

［15］HAGHI R K，CHAPOY A，PEIRERA L M，et al. pH of CO_2 saturated water and CO_2 saturated brines：Ex-
perimental measurements and modelling［J］. International Journal of Greenhouse Gas Control，2017，66：
190－203.

［16］MEYSSAMI B，BALABAN M O，TEIXEIRA A A. Prediction of pH in model systems pressurized with car-
bon dioxide［J］. Biotechnology Progress，1992，8(2)：149－154.

［17］SHAO H，THOMPSON C J，Qafoku O，et al. In situ spectrophotometric determination of pH under geologic
CO_2 sequestration conditions：method development and application［J］. Environmental Science & Technolo-
gy，2013，47(1)：63－70.

[18] TOEWS K L, SHROLL R M, WAI C M, et al. pH – defining equilibrium between water and supercritical CO_2. Influence on SFE of organics and metal chelates[J]. Analytical Chemistry, 1995, 67(22): 4040 – 4043.

[19] BACHU S, ADAMS J J. Sequestration of CO_2 in geological media in response to climate change: capacity of deep saline aquifers to sequester CO_2 in solution[J]. Energy Conversion and Management, 2003, 44(20): 3151 – 3175.

[20] ENICK R M, KLARA S M. CO_2 solubility in water and brine under reservoir conditions[J]. Chemical Engineering Communications, 1990, 90(1): 23 – 33.

[21] SA J, KWAK G, LEE B R, et al. Phase equilibria and characterization of CO_2 and SF6 binary hydrates for CO_2 sequestration[J]. Energy, 2017, 126: 306 – 311.

[22] ARZBACHER S, RAHMATIAN N, OSTERMANN A, et al. Macroscopic defects upon decomposition of CO_2 clathrate hydrate crystals[J]. Physical Chemistry Chemical Physics, 2019, 21(19): 9694 – 9708.

[23] HAWTHORNE S B, MILLER D J, GRABANSKI C B. Volumetric Swelling of Bakken Crude Oil with Carbon Dioxide and Hydrocarbon Gases at 110° C and Pressures of up to 34.5 Megapascals[J]. Energy & Fuels, 2022, 36(16): 9091 – 9100.

[24] SUN G, LIU D, LI C, et al. Effects of dissolved CO_2 on the crude oil/water interfacial viscoelasticity and the macroscopic stability of water – in – crude oil emulsion[J]. Energy & Fuels, 2018, 32(9): 9330 – 9339.

[25] 杨子浩. 超临界二氧化碳在有机液体中分散特性研究[D]. 北京: 中国石油大学(北京), 2012.

[26] 许胜凡. 超临界二氧化碳对饱和砂岩断裂韧性的影响[D]. 北京: 中国石油大学(北京), 2018.

[27] 杨子浩, 林梅钦, 董朝霞, 等. 超临界 CO_2 在有机液体中的分散[J]. 石油学报(石油加工), 2015, 31(2): 596 – 602.

[28] KOURSARI N, ARJMANDI – TASH O, TRYBALA A, et al. Drying of foam under microgravity conditions [J]. Microgravity Science and Technology, 2019, 31: 589 – 601.

[29] WANG Z, CAO Z, LI S, et al. Investigation of the plugging capacity and enhanced oil recovery of flexible particle three – phase foam[J]. Journal of Molecular Liquids, 2023: 122459.

[30] ENICK R M, OLSEN D K. Mobility and conformance control for carbon dioxide enhanced oil recovery (CO_2 – EOR) via thickeners, foams, and gels – a detailed literature review of 40 years of research[J]. Contract DE – FE0004003. Activity, 2012, 1 – 12.

[31] BERNARD G G, HOLM L W, HARVEY C P. Use of surfactant to reduce CO_2 mobility in oil displacement [J]. Society of Petroleum Engineers Journal, 1980, 20(04): 281 – 292.

[32] SAGIR M, TAN I M, MUSHTAQ M, et al. CO_2 mobility control using CO_2 philic surfactant for enhanced oil recovery[J]. Journal of Petroleum Exploration and Production Technology, 2016, 6: 401 – 407.

[33] TALEBIAN S H, TAN I M, SAGIR M, et al. Static and dynamic foam/oil interactions: Potential of CO_2 – philic surfactants as mobility control agents[J]. Journal of Petroleum Science and Engineering, 2015, 135: 118 – 126.

[34] XING D, WEI B, MCLENDON W, et al. CO_2 – soluble, nonionic, water – soluble surfactants that stabilize CO_2 – in – brine foams[J]. SPE Journal, 2012, 17(4): 1172 – 1185.

[35] XU X, SAEEDI A, LIU K. An experimental study of combined foam/surfactant polymer (SP) flooding for carbone dioxide – enhanced oil recovery (CO_2 – EOR)[J]. Journal of Petroleum Science and Engineering,

2017, 149: 603 – 611.

[36] XU X, SAEEDI A, LIU K. Experimental study on a novel foaming formula for CO_2 foam flooding[J]. Journal of Energy Resources Technology, 2017, 139(2): 22902.

[37] LV M, WANG S. Studies on CO_2 foam stability and the influence of polymer on CO_2 foam properties[J]. International Journal of Oil, Gas and Coal Technology, 2015, 10(4): 343 – 358.

[38] LV W, LI Y, LI Y, et al. Ultra – stable aqueous foam stabilized by water – soluble alkyl acrylate crosspolymer[J]. Colloids and Surfaces A: Physicochemical and Engineering Aspects, 2014, 457: 189 – 195.

[39] HOROZOV T S. Foams and foam films stabilised by solid particles[J]. Current Opinion in Colloid & Interface Science, 2008, 13(3): 134 – 140.

[40] YU J, AN C, MO D, et al. Study of adsorption and transportation behavior of nanoparticles in three different porous media[R]. SPE153337, 2012.

[41] BINKS B P, MURAKAMI R. Phase inversion of particle – stabilized materials from foams to dry water[J]. Nature Materials, 2006, 5(11): 865 – 869.

[42] HUNTER T N, PUGH R J, FRANKS G V, et al. The role of particles in stabilising foams and emulsions [J]. Advances in Colloid and Interface Science, 2008, 137(2): 57 – 81.

[43] BINKS B P, LUMSDON S O. Influence of particle wettability on the type and stability of surfactant – free emulsions[J]. Langmuir, 2000, 16(23): 8622 – 8631.

[44] 徐占东. 吉林油田 CO_2 泡沫压裂液的研究与应用[M]. 大庆: 大庆石油学院, 2008.

[45] 邱峰. CO_2 泡沫压裂工艺矿场应用与研究[M]. 大庆石油学院, 2009.

[46] 张水燕. 锂皂石及 HMHEC 与表面活性剂协同稳定的泡沫[D]. 济南: 山东大学, 2008.

[47] LV Q, LI Z, LI B, et al. Silica nanoparticles as a high – performance filtrate reducer for foam fluid in porous media[J]. Journal of Industrial and Engineering Chemistry, 2017, 45: 171 – 181.

[48] BINKS B P, HOROZOV T S. Colloidal particles at liquid interfaces [J]. Cambridge University Press, 2006.

[49] ASIMAKOPOULOS A G, THOMAIDIS N S, KOUPPARIS M A. Recent trends in biomonitoring of bisphenol A, 4 – t – octylphenol, and 4 – nonylphenol[J]. Toxicology Letters, 2012, 210(2): 141 – 154.

[50] SOARES A, GUIEYSSE B, JEFFERSON B, et al. Nonylphenol in the environment: a critical review on occurrence, fate, toxicity and treatment in wastewaters[J]. Environment International, 2008, 34(7): 1033 – 1049.

[51] REBELLO S, ASOK A K, MUNDAYOOR S, et al. Surfactants: toxicity, remediation and green surfactants [J]. Environmental Chemistry Letters, 2014, 12: 275 – 287.

[52] GARCIA M T, CAMPOS E, MARSAL A, et al. Biodegradability and toxicity of sulphonate – based surfactants in aerobic and anaerobic aquatic environments[J]. Water Research, 2009, 43(2): 295 – 302.

[53] BRESSAN M, MARIN M G, BRUNETTI R. Effects of linear alkylbenzene sulphonate (LAS) on skeletal development of sea urchin embryos (Paracentrotus lividus Lmk)[J]. Water Research, 1991, 25(5): 613 – 616.

[54] KIM I, JOACHIM E, CHOI H, et al. Toxicity of silica nanoparticles depends on size, dose, and cell type [J]. Nanomedicine: Nanotechnology, Biology and Medicine, 2015, 11(6): 1407 – 1416.

[55] MURUGADOSS S, LISON D, GODDERIS L, et al. Toxicology of silica nanoparticles: an update[J]. Archives of Toxicology, 2017, 91(9): 2967 – 3010.

[56]FERNANDES B R B. Implicit and semi – implicit techniques for the compositional petroleum reservoir simu-lation based on volume balance[D]. Universidade Federal do Ceará, Fortaleza, 2014.

[57]郭天鹰. 大庆油田 G 区块复合压裂液提高渗吸采收率实验研究[D]. 大庆：东北石油大学, 2018.

[58]成杰, 张小龙, 崔熙, 等. 长庆油田某作业区集输系统结垢机理与防控措施研究[J]. 装备环境工程, 2019, 16(7)：76 – 81.

[59]赵天阳. 胜利油田 A 稠油区块化学降黏复合驱技术研究[D]. 北京：中国地质大学(北京), 2021.

[60]齐媛, 韩东威, 杜引鱼, 等. 玛湖凹陷三工河组油层低阻成因[J]. 新疆石油地质, 2023, 44(2)：151 – 160.

[61]欧阳冬. 塔河油田高矿化度水基压裂液体系的研发与评价[D]. 成都：西南石油大学, 2019.

[62]刘磊, 罗跃, 刘清云, 等. 江汉油田含油污泥焚烧处理技术研究[J]. 石油与天然气化工, 2014, 43(2)：200 – 203.

[63]周欢, 杜福云, 刘正伟, 等. 渤海油田水源井腐蚀结垢破坏及防治研究[J]. 天然气与石油, 2020, 38(6)：97 – 103.

[64]周佩, 周志平, 李琼玮, 等. 长庆油田 CO$_2$ 驱储层溶蚀与地层水结垢规律[J]. 油田化学, 2020, 37(3)：443 – 448.

[65]YEN T F. Multiple structural orders of asphaltenes[J]. Developments in Petroleum Science, 1994, 40：111 – 123.

[66]TISSOT B P, WELTE D H, TISSOT B P, et al. From kerogen to petroleum[J]. Petroleum Formation and Occurrence, 1984：160 – 198.

[67]TISSOT B P, WELTE D H, TISSOT B P, et al. Kerogen：composition and classification[J]. Petroleum Formation and Occurrence, 1984：131 – 159.

[68]何生, 叶加仁, 徐思煌, 等. 石油及天然气地质学[M]. 北京：中国地质大学, 2010.

[69]REID J C, MILICI R C. Hydrocarbon Source Rocks in the Deep River and Dan River Triassic Basins, North Carolina[J]. US Geological Survey, 2008.

[70]LIU Y, JIANG L, SONG Y, et al. Estimation of minimum miscibility pressure (MMP) of CO$_2$ and liquid n – alkane systems using an improved MRI technique[J]. Magn. Reson. Imaging, 2016, 34(2)：97 – 104.

[71]STANDING M B, KATZ D L. Density of natural gases[J]. Transactions of the AIME, 1942, 146(1)：140 – 149.

[72]ALI A, ABDULRAHMAN A, GARG S, et al. Application of artificial neural networks (ANN) for vapor – liquid – solid equilibrium prediction for CH$_4$ – CO$_2$ binary mixture[J]. Greenhouse Gases：Science and Tech-nology, 2019, 9(1)：67 – 78.

[73]DONNELLY H G, KATZ D L. Phase equilibria in the carbon dioxide – methane system[J]. Industrial & Engineering Chemistry, 1954, 46(3)：511 – 517.

[74]DAVIS J A, RODEWALD N, KURATA F. Solid – liquid – vapor phase behavior of the methane – carbon dioxide system[J]. AIChE Journal, 1962, 8(4)：537 – 539.

[75]LIU S, ZHAO C, LV J, et al. Density characteristics of the CO$_2$ – CH$_4$ binary system：Experimental data at 313 – 353 k and 3 – 18 mpa and modeling from the pc – saft eos[J]. Journal of Chemical & Engineering Da-ta, 2018, 63(12)：4368 – 4380.

[76]彭威, 段文华. 高含二氧化碳天然气脱碳技术论述[J]. 化工管理, 2020(6)：124 – 125.

[77]LEE J Y, RYU B J, YUN T S, et al. Review on the gas hydrate development and production as a new ener-

gy resource[J]. KSCE Journal of Civil Engineering, 2011, 15: 689 – 696.

[78]HASSANPOURYOUZBAND A, JOONAKI E, FARAHANI M V, et al. Gas hydrates in sustainable chemistry[J]. Chemical Society Reviews, 2020, 49(15): 5225 – 5309.

[79]马政伟. 液态二氧化碳置换开采天然气水合物及 CO_2/H_2O 乳液评价[D]. 北京：中国石油大学(北京)，2012.

[80]PARK Y, KIM D, LEE J, et al. Sequestering carbon dioxide into complex structures of naturally occurring gas hydrates[J]. Proceedings of the National Academy of Sciences, 2006, 103(34): 12690 – 12694.

[81]胡科先，王晓华. 各类储层孔隙度与渗透率关系研究[J]. 石油化工应用，2014，33(11): 40 – 42.

[82]林杨. CO_2 在多孔介质中扩散规律研究[D]. 北京：中国石油大学(北京)，2010.

[83]郭彪. CO_2 在多孔介质中扩散规律研究[D]. 北京：中国石油大学(北京)，2009.

[84]王千，杨胜来，拜杰，等. CO_2 驱油过程中孔喉结构对储层岩石物性变化的影响[J]. 石油学报，2021，42(5): 654 – 668.

[85]宋土顺，曲希玉，刘红艳，等. 岩屑长石砂岩与 CO_2 流体在水热条件下的相互作用[J]. 矿物岩石，2012，32(3): 19 – 24.

[86]BIBI I, ICENHOWER J, NIAZI N K, et al. Clay minerals: Structure, chemistry, and significance in contaminated environments and geological CO_2 sequestration[J]. Environmental Materials and Waste, 2016: 543 – 567.

[87]SHAO H, RAY J R, JUN Y. Dissolution and precipitation of clay minerals under geologic CO_2 sequestration conditions: CO_2 – brine – phlogopite interactions[J]. Environmental Science & Technology, 2010, 44(15): 5999 – 6005.

[88]刘丽，马映雪，皮彦夫，等. 不同地层水矿化度下 CO_2 驱油对岩石性质的影响[J]. 油田化学，2020.

[89]王嘉晨. CO_2 对油藏岩心物性及油气相对渗透率规律影响研究[D]. 北京：中国石油大学(北京)，2014.

[90]王程. 大庆 B 区块特低渗储层 CO_2 驱物性变化规律的实验研究[D]. 北京：中国石油大学(北京)，2022.

[91]CRAIG F F. The Reservoir Engineering Aspects Of Waterflooding[M]. Society of Petroleum Engineers of AIME, 1971.

[92]孙会珠，朱玉双，魏勇，等. CO_2 驱酸化溶蚀作用对原油采收率的影响机理[J]. 岩性油气藏，2020，32(4): 136 – 142.

[93]肖娜，李实，林梅钦. CO_2 – 水 – 方解石相互作用后岩石表观形貌及渗透率变化特征[J]. 科学技术与工程，2017，17(24): 38 – 44.

[94]HOLZHEID, ASTRID. Dissolution kinetics of selected natural minerals relevant to potential CO_2 – injection sites – Part 1: A review[J]. Geochemistry: Interdisciplinary Journal for Chemical Problems of the Geosciences and Geoecology, 2016.

[95]袁舟，廖新维，赵晓亮，等. 砂岩油藏 CO_2 驱替过程中溶蚀作用对储层物性的影响[J]. 油气地质与采收率，2020，27(5): 97 – 104.

[96]HOLGER, OTT, SJAAM, et al. Wormhole formation and compact dissolution in single – and two – phase CO_2 – brine injections[J]. Geophysical Research Letters, 2015.

[97]YU S Y Y. An experimental study of CO_2 – oil – brine – rock interaction under in situ reservoir conditions

［J］. Journal of Turbulence, 2017, 18(7)：2526 – 2542.

［98］吕利刚，张涛，李杰，等. 储层矿物类型对致密油藏 CO$_2$ 驱替效果的影响［J］. 大庆石油地质与开发，2023，42(1)：159 – 168.

［99］TAKAYA, YUTARO, NAKAMURA, et al. Dissolution of altered tuffaceous rocks under conditions relevant for CO$_2$ storage［J］. Applied Geochemistry：Journal of the International Association of Geochemistry and Cosmochemistry, 2015, 58：78 – 87.

［100］徐光苗，刘泉声，彭万巍，等. 低温作用下岩石基本力学性质试验研究［J］. 岩石力学与工程学报，2006，25(12)：2502 – 2508.

［101］LIU Z, MENG W. Fundamental understanding of carbonation curing and durability of carbonation – cured cement – based composites：A review［J］. Journal of CO$_2$ Utilization, 2021, 44：101428.

［102］MITCHELL W M. Humanity's love affair with cement and concrete results in massive CO$_2$ emissions［J］. Knowable Magazine, 2022.

［103］张学元，雷良才. 二氧化碳腐蚀与控制［M］. 北京：化学工业出版社，2000.

［104］李桂芝，孙冬柏. 碳钢二氧化碳腐蚀研究现状［J］. 油气储运，1998，17(8)：34 – 38.

［105］DE WAARD C, MILLIAMS D E. Carbonic acid corrosion of steel［J］. Corrosion, 1975, 31(5)：177 – 181.

［106］OGUNDELE G I, WHITE W E. Some observations on corrosion of carbon steel in aqueous environments containing carbon dioxide［J］. Corrosion, 1986, 42(2)：71 – 78.

［107］OGUNDELE G I, WHITE W E. Observations on the influences of dissolved hydrocarbon gases and variable water chemistries on corrosion of an API – L80 steel［J］. Corrosion, 1987, 43(11)：665 – 673.

［108］李静，孙冬柏，杨德钧，等. 油管钢高温高压 CO$_2$ 腐蚀行为研究［J］. 钢铁，2001，36(6)：48 – 51.

［109］CROLET J, BONIS M R. Prediction of the risks of CO$_2$ corrosion in oil and gas wells［J］. SPE Production Engineering, 1991, 6(4)：449 – 453.

［110］Drilling for Crude Oil – The Drilling Rig［EB/OL］. http：//www. passmyexams. co. uk/GCSE/chemistry/drilling – crude – oil – 1. html

［111］Drilling and Casing the Wellbore［EB/OL］. http：//www. passmyexams. co. uk/

［112］JAHN F, COOK M, GRAHAM M. Hydrocarbon exploration and production［M］. Elsevier, 2008.

［113］LORENZ H. Field experience pins down uses for air drilling fluids［J］. Oil Gas J.；(United States), 1980, 78.

［114］CHENG R, LEI Z, BAI Y, et al. Preparation of the Tetrameric Poly (VS – St – BMA – BA) Nano – Plugging Agent and Its Plugging Mechanism in Water – Based Drilling Fluids［J］. ACS Omega, 2022, 7(32)：28304 – 28312.

［115］OilfieldTeam. Components of the drill string［EB/OL］. https：//oilfieldteam. com/en/a/learning/Components – of – the – drill – string

［116］王海柱，李根生，沈忠厚，等. 超临界 CO$_2$ 钻井与未来钻井技术发展［J］. 特种油气藏，2012，19(2)：1 – 5.

［117］KOLLE J J, MARVIN M. Jet – assisted coiled tubing drilling with supercritical carbon dioxide［C］. 2000.

［118］KOLLÉ J J. Coiled tubing drilling with supercritical carbon dioxide. Google Patents［P］. 2002.

［119］王瑞和，倪红坚，宋维强，等. 超临界二氧化碳钻井基础研究进展［J］. 石油钻探技术，1900，46

（2）：1 - 9.

[120]LI G, WANG H, SHEN Z. Investigation and prospects of supercritical carbon dioxide jet in petroleum engineering[J]. 2013, 37(05)：76 - 80.

[121]沈忠厚, 王海柱, 李根生. 超临界 CO_2 连续油管钻井可行性分析[J]. 石油勘探与开发, 2010(6)：743 - 747.

[122]沈忠厚, 王海柱. 超临界 CO_2 钻井发展和展望中国油气论坛[M]. 北京：2010.

[123]PRASAD S K, SANGWAI J S, BYUN H. A review of the supercritical CO_2 fluid applications for improved oil and gas production and associated carbon storage[J]. Journal of CO_2 Utilization, 2023, 72：102479.

[124]HAIZHU W, ZHONGHOU S, GENSHENG L. Influences of formation water invasion on the wellbore temperature and pressure in supercritical CO_2 drilling[J]. Petroleum Exploration and Development, 2011, 38 (3)：362 - 368.

[125]LI X, YI L, YANG Z, et al. Coupling model for calculation of transient temperature and pressure during coiled tubing drilling with supercritical carbon dioxide[J]. International Journal of Heat and Mass Transfer, 2018, 125：400 - 412.

[126]KOLLE J J. Coiled - tubing drilling with supercritical carbon dioxide[C]. SPE 65534, 2000.

[127]CAI C, ZHANG P, XU D, et al. Composite rock - breaking of high - pressure CO_2 jet & polycrystalline - diamond - compact (PDC) cutter using a coupled SPH/FEM model[J]. International Journal of Mining Science and Technology, 2022, 32(5)：1115 - 1124.

[128]HOOD M, KNIGHT G C, THIMONS E D. A review of jet assisted rock cutting[J]. Journal of Manufacturing Science and Engineering, 1992.

[129]MAURER W C. The state of rock mechanics knowledge in drilling [C]. ARMA. 1966：66.

[130]CHE D, ZHU W, EHMANN K F. Chipping and crushing mechanisms in orthogonal rock cutting[J]. International Journal of Mechanical Sciences, 2016, 119：224 - 236.

[131]WANG H, LI G, HE Z, et al. Mechanism study on rock breaking with supercritical carbon dioxide jet [J]. Atomization and Sprays, 2017, 27(5).

[132]KOLLÉ J J, MARVIN M H. Jet - Assisted Drilling With Supercritical Carbon Dioxide[C]. 2000：1402 - 1409.

[133]孙晓, 王海柱, 李英杰, 等. 超临界 CO_2 水平环空携砂试验研究[J]. 石油钻探技术, 2022, 50 (3)：17 - 23.

[134]王海柱. 超临界 CO_2 钻井井筒流动模型与携岩规律研究[D]. 北京：中国石油大学(北京), 2011.

[135]沈忠厚, 王海柱, 李根生. 超临界 CO_2 钻井水平井段携岩能力数值模拟[J]. 石油勘探与开发, 2011, 38(2)：233 - 236.

[136]王瑞和, 倪红坚, 宋维强, 等. 超临界二氧化碳钻井基础研究进展[J]. 石油钻探技术, 2018, 46 (2)：1 - 9.

[137]孙晓, 王海柱, 李英杰, 等. 超临界 CO_2 水平环空携砂试验研究[J]. 石油钻探技术, 2022, 50 (3)：17 - 23.

[138]GUPTA A P, GUPTA A, LANGLINAIS J. Feasibility of supercritical carbon dioxide as a drilling fluid for deep underbalanced drilling operations [C]. SPE 96992, 2005.

[139]窦亮彬, 毕刚, 方徐应. CO_2 流体钻完井及压裂基础理论与应用技术[M]. 北京：中国石化出版社, 2017.

[140]宋维强，倪红坚，王瑞和，等．超临界二氧化碳控压钻井控压方法[J]．石油勘探与开发，2016，43(5)：787－792.

[141]TOOLS I D. What is Annular Velocity（AV）and why does it matter？[EB/OL]. https：//www. intelligentdrillingtools. com/annular－velocity－hole－cleaning/

[142]CHEN G, CHEN X, LIU D, et al. The application of air and air/foam drilling technology in Tabnak gas field, southern Iran[C]. SPE 101560, 2006.

[143]田中岚，申瑞臣，杨松．泡沫欠平衡钻井液研究与应用[J]．钻采工艺，2002，25(6)：70－73.

[144]马文英，周亚贤，苏雪霞，等．可循环微泡沫钻井液的性能评价与应用[J]．中外能源，2010，15(7)：57－59.

[145]赵留运．高性能欠平衡泡沫钻井液体系的研究[J]．钻井液与完井液，2007，24(3)：7－9.

[146]张坤，秦宗伦，田岚，等．可循环泡沫钻井液的再认识[J]．钻采工艺，2004，27(4)：94－95.

[147]RAMALHO J, DAVIDSON I A. Well－control aspects of underbalanced drilling operations[C]. SPE 106367, 2006.

[148]何刚．空气泡沫在涌水地层钻井的几点认识[J]．西部探矿工程，1996，8(6)：69－70.

[149]刘德胜，陈星元，陈光，等．伊朗TBK气田严重漏失与严重坍塌地层钻井液技术[J]．钻井液与完井液，2003，20(2)：1－3.

[150]胡茂中，姚宁平，殷新胜．泡沫钻探技术在戈壁的应用[J]．煤田地质与勘探，2002，30(4)：63－64.

[151]吴景华，陈宝义．空气泡沫钻探在缺水地区复杂地层中的应用[J]．勘察科学技术，1997(4)：19－23.

[152]MENG Y, WAN L, CHEN X, et al. Discussion of foam corrosion inhibition in air foam drilling[C]. SPE, 2005：94469.

[153]田中岚，申瑞臣，杨松．泡沫欠平衡钻井液研究与应用[J]．钻采工艺，2002，25(6)：70－73.

[154]陈礼仪，费立，朱宗培．DF－1型泡沫剂的研制和应用[J]．成都理工学院学报，1999，26(2)：102－105.

[155]赖晓晴，申瑞臣，李克华，等．稳定泡沫钻井流体抑制性研究[J]．长江大学学报(自然科学版)，2006.

[156]马文英，曹品鲁，孙举，等．空气泡沫钻井流体的室内研究[J]．精细石油化工进展，2009(4)：4－7.

[157]曹品鲁，张金成，马文英，等．空气泡沫钻井流体体系及性能评价[J]．精细石油化工进展，2009(9)：1－5.

[158]张智，付建红，施太和，等．高酸性气井钻井过程中的井控机理[J]．天然气工业，2008，28(4)：56－58.

[159]BAI M, SUN J, SONG K, et al. Well completion and integrity evaluation for CO₂ injection wells[J]. Renewable and Sustainable Energy Reviews, 2015, 45：556－564.

[160]张智，付建红，施太和，等．高酸性气井超临界H₂S/CO₂诱发压力控制问题机理[C]．成都：2007年油气藏地质及开发工程国家重点实验室第四次国际学术会议，2007.

[161]李兴．东海超临界二氧化碳气井钻井讨论与实践[J]．中国石油和化工标准与质量，2021，41(9)：118－119.

[162]BELLARBY J. Well completion design[M]. Elsevier, 2009.

［163］FLORIDA C O S. Matrix Acidizing：Too Risky For Florida［EB/OL］. https：//conservancy. org/wp – content/uploads/2020/12/0 – Matrix – Acidizing. pdf

［164］XU L, XU J, XU M, et al. Corrosion Behavior of 3% Cr Casing Steel in CO_2 – Containing Environment： A Case Study［J］. The Open Petroleum Engineering Journal, 2018, 11（1）：1 – 13.

［165］WANG X, DAI Z J, LI W, et al. Application of Scale Soft Pitzer in Big Data Era：Evaluations of Water Source, Scale, and Corrosion Risk – A Permian Basin study［C］. SPE 209519, 2022.

［166］YANG H, LU L, TSAI K, et al. A Hybrid Physics and Active Learning Model For CFD – Based Pipeline CO_2 and O_2 Corrosion Prediction［C］. IPTC, 2023：D31S – D37S.

［167］WANG Q, SONG Y, ZHANG X, et al. Evolution of corrosion prediction models for oil and gas pipelines： From empirical – driven to data – driven［J］. Engineering Failure Analysis, 2023：107097.

［168］CHAUHAN D S, QURAISHI M A, SOROUR A A, et al. A review on corrosion inhibitors for high – pressure supercritical CO_2 environment：Challenges and opportunities［J］. Journal of Petroleum Science and Engineering, 2022, 215：110695.

［169］FAZAL B R, BECKER T, KINSELLA B, et al. A review of plant extracts as green corrosion inhibitors for CO_2 corrosion of carbon steel［J］. Materials Degradation, 2022, 6（1）：5.

［170］胡小康, 闫秋艳, 董其鲁. CO_2腐蚀油井水泥石的控制机制研究进展［J］. 内蒙古石油化工, 2019 （1）：5 – 11.

［171］NYGAARD R, SALEHI S, LAVOIE R. Effect of dynamic loading on wellbore leakage for the Wabamun area CO_2 sequestration project［C］. SPE 146640, 2011.

［172］YAN W, WEI H, MUCHIRI N D, et al. Degradation of chemical and mechanical properties of cements with different formulations in CO_2 – containing HTHP downhole environment［J］. Petroleum Science, 2023, 20（2）：1119 – 1128.

［173］刘子玉. CO_2对油井水泥石腐蚀规律及控制机制研究［M］. 大庆：东北石油大学, 2020.

［174］REGNAULT O, LAGNEAU V, SCHNEIDER H. Experimental measurement of portlandite carbonation kinetics with supercritical CO_2［J］. Chemical Geology, 2009, 265（1 – 2）：113 – 121.

［175］LI Q, LIM Y M, FLORES K M, et al. Chemical reactions of portland cement with aqueous CO_2 and their impacts on cement's mechanical properties under geologic CO_2 sequestration conditions［J］. Environmental Science & Technology, 2015, 49（10）：6335 – 6343.

［176］WIGAND M, KASZUBA J P, CAREY J W, et al. Geochemical effects of CO_2 sequestration on fractured wellbore cement at the cement/caprock interface［J］. Chemical Geology, 2009, 265（1 – 2）：122 – 133.

［177］JACQUEMET N, PIRONON J, LAGNEAU V, et al. Armouring of well cement in H_2S – CO_2 saturated brine by calcite coating – Experiments and numerical modelling［J］. Applied Geochemistry, 2012, 27（3）： 782 – 795.

［178］ZHOU C, ZENG L, SUN Y, et al. Corrosion Behavior and Mechanism Analysis of Oilwell Cement Under CO_2 and H_2S Conditions［J］. Petrophysics, 2022, 63（5）：642 – 651.

［179］ŽEMLIČKA M, KUZIELOVÁ E, KULIFFAYOVA M, et al. Study of hydration products in the model systems metakaolin – lime and metakaolin – lime – gypsum［J］. Ceramics – Silikáty, 2015, 59（4）：283 – 291.

［180］MEI K, CHENG X, ZHANG H, et al. The coupled reaction and crystal growth mechanism of tricalcium silicate （C_3S）：An experimental study for carbon dioxide geo – sequestration wells［J］. Construction and Building Materials, 2018, 187：1286 – 1294.

[181]高强，梅开元，王德坤，等. CCUS 环境下水泥单矿 C$_3$S 的 CO$_2$ 腐蚀动力学研究[J]. 硅酸盐通报，2022，41(8)：2644 – 2653.

[182]张聪，张景富，乔宏宇，等. CO$_2$ 腐蚀油井水泥石的深度及其对性能的影响[J]. 钻井液与完井液，2010，27(6)：49 – 51.

[183]郭辛阳，吴广军，步玉环，等. CO$_2$ 埋存条件下 SO$_4^{2-}$ 对油井水泥石腐蚀的影响[J]. 中国石油大学学报(自然科学版)，2022，46(04)：72 – 78.

[184]步玉环，吴广军，郭辛阳，等. CO$_2$盐水层埋存条件下 Mg^{2+} 对油井水泥石 腐蚀的影响[J]. 中国石油大学学报，2020，44(2)：71 – 77.

[185]GAURINA – MEĐIMUREC N，PAŠIĆ B. Design and mechanical integrity of CO$_2$ injection wells[J]. Rudarsko – Geolosko – Naftni Zbornik，2011，23.

[186]姚晓. CO$_2$ 对油井水泥石的腐蚀：热力学条件、腐蚀机理及防护措施[J]. 西南石油大学学报(自然科学版)，1998，20(3)：76 – 79.

[187]陆沛青，刘仍光，杨广国，等. 增强油井水泥石抗二氧化碳腐蚀方法[J]. 材料科学与工程学报，2020，38(4)：566 – 570.

[188]岳家平，武治强，王晓亮，等. 水泥石防 H$_2$S/CO$_2$ 腐蚀机理及防治措施[J]. 当代化工，2020(9)：2033 – 2036.

[189]汤少兵，李宗要，谢承斌，等. 防 CO$_2$ 腐蚀水泥浆在神华 CCS 示范项目中的应用[J]. 钻井液与完井液，2011，28(B11)：17 – 19.

[190]PENG Z，LV F，FENG Q，et al. Enhancing the CO$_2$ – H$_2$S corrosion resistance of oil well cement with a modified epoxy resin[J]. Construction and Building Materials，2022，326：126854.

[191]AHMED S，HANAMERTANI A S，HASHMET M R. CO$_2$ foam as an improved fracturing fluid system for unconventional reservoir[J]. IntechOpen，2019.

[192]LINDE. Oil and gas reservoirs：Energized solutions[M]. Germany：The Linde Group，2014.

[193]WENIGER P，KALKREUTH W，BUSCH A，et al. High – pressure methane and carbon dioxide sorption on coal and shale samples from the Paraná Basin，Brazil[J]. International Journal of Coal Geology，2010，84(3/4)：190 – 205.

[194]周长林，彭欢，桑宇，等. 页岩气 CO$_2$泡沫压裂技术[J]. 天然气工业，2016，36(10)：70 – 76.

[195]程宇雄，李根生，王海柱，等. 超临界 CO$_2$ 连续油管喷射压裂可行性分析[J]. 石油钻采工艺，2013，35(6)：73 – 77.

[196]王迎港，穆景福，孙晓，等. 陆相页岩 CO$_2$压裂裂缝起裂和扩展特征试验研究[J]. 地下空间与工程学报，2022，18(3)：875 – 882.

[197]刘卫彬，徐兴友，刘畅，等. 超临界 CO$_2$ + 水力携砂复合体积压裂工艺对陆相页岩储层的改造机理及效果[J]. 石油学报，2022，43(3)：399 – 409.

[198]LI B，MOU J，ZHANG S，et al. Experimental Study on the Interaction Between CO$_2$ and Rock During CO$_2$ Pre – pad Energized Fracturing Operation in Thin Interbedded Shale[J]. Frontiers in Energy Research，2022，10：825464.

[199]ZHANG X，LU Y，TANG J，et al. Experimental study on fracture initiation and propagation in shale using supercritical carbon dioxide fracturing[J]. Fuel，2017，190：370 – 378.

[200]李小刚，冉龙海，杨兆中，等. 超临界 CO$_2$压裂裂缝特征研究现状与展望[J]. 特种油气藏，2022，29(2)：1 – 8.

[201]LYU Q, TAN J, LI L, et al. The role of supercritical carbon dioxide for recovery of shale gas and sequestration in gas shale reservoirs[J]. Energy & Environmental Science, 2021, 14(8): 4203 – 4227.

[202]KIZAKI A, TANAKA H, OHASHI K, et al. Hydraulic fracturing in Inada granite and Ogino tuff with super critical carbon dioxide[J]. SRM, 2012: S7.

[203]HU Y, LIU F, HU Y, et al. Propagation characteristics of supercritical carbon dioxide induced fractures under true tri – axial stresses[J]. Energies, 2019, 12(22): 4229.

[204]杨帆. 二氧化碳复合压裂裂缝扩展规律研究[D]. 北京: 中国石油大学（北京），2019.

[205]ZHOU D, ZHANG G, ZHAO P, et al. Effects of post – instability induced by supercritical CO_2 phase change on fracture dynamic propagation[J]. Journal of Petroleum Science and Engineering, 2018, 162: 358 – 366.

[206]FREDD C N, MCCONNELL S B, BONEY C L, et al. Experimental study of fracture conductivity for water – fracturing and conventional fracturing applications[J]. SPE Journal, 2001, 6(3): 288 – 298.

[207]WU W, KAKKAR P, ZHOU J, et al. An experimental investigation of the conductivity of unpropped fractures in shales[C]. SPE D11S – D12S, 2017.

[208]ZHANG J, KAMENOV A, ZHU D, et al. Laboratory measurement of hydraulic fracture conductivities in the Barnett shale[C]. SPE D21S – D25S, 2013.

[209]郭兴，孙晓，穆景福，等. 超临界 CO_2 压裂缝内支撑剂运移规律[J]. Drilling Fluid & Completion Fluid, 2022, 39(5): 629 – 637.

[210]张潇，王占一，吴崎颖，等. 压裂支撑剂的覆膜改性技术[J]. 化工进展，2023, 42(1): 386 – 400.

[211]方宇飞，丁冬海，肖国庆，等. 陶粒支撑剂的研究及应用进展[J]. 化工进展，2022, 41(5): 2511 – 2525.

[212]雷群，胥云，才博，等. 页岩油气水平井压裂技术进展与展望[J]. 石油勘探与开发，2022, 49(1): 166 – 172.

[213]王海柱，沈忠厚，李根生. 超临界 CO_2 开发页岩气技术[J]. 石油钻探技术，2011, 39(3): 30 – 35.

[214]ZHANG X, ZHU W, XU Z, et al. A review of experimental apparatus for supercritical CO_2 fracturing of shale[J]. Journal of Petroleum Science and Engineering, 2022, 208: 109515.

[215]YANG B, WANG H, LI G, et al. Fundamental study and utilization on supercritical CO_2 fracturing developing unconventional resources: Current status, challenge and future perspectives[J]. Petroleum Science, 2022, 19(6): 2757 – 2780.

[216]WU L, HOU Z, LUO Z, et al. Numerical simulations of supercritical carbon dioxide fracturing: A review[J]. Journal of Rock Mechanics and Geotechnical Engineering, 2023, 15(7): 1895 – 1910.

[217]张树立，韩增平，潘加东. CO_2 无水压裂工艺及核心设备综述[J]. 石油机械，2016, 44(8): 79 – 84.

[218]WANG H, LI G, ZHU B, et al. Key problems and solutions in supercritical CO_2 fracturing technology[J]. Frontiers in Energy, 2019, 13: 667 – 672.

[219]刘合，王峰，张劲，等. 二氧化碳干法压裂技术——应用现状与发展趋势[J]. 石油勘探与开发，2014, 41(4): 466 – 472.

[220]郭兴，孙晓，穆景福，等. 超临界 CO_2 压裂缝内支撑剂运移规律[J]. 钻井液与完井液，2022, 39

（5）.

[221]吴林，罗志锋，赵立强，等. 超临界二氧化碳压裂井筒温压及相态控制研究[J]. 西南石油大学学报（自然科学版），2023，45（2）：117.

[222]孙晓，王海柱，李英杰，等. 超临界 CO$_2$ 水平环空携砂试验研究[J]. 石油钻探技术，2022，50（3）：17 – 23.

[223]MEMON S, FENG R, ALI M, et al. Supercritical CO$_2$ – Shale interaction induced natural fracture closure：Implications for scCO$_2$ hydraulic fracturing in shales[J]. Fuel, 2022, 313：122682.

[224]MA D, WU Y, MA X, et al. A Preliminary Experimental and Numerical Study on the Applicability of Liquid CO$_2$ Fracturing in Sparse Sandstone[J]. Rock Mechanics and Rock Engineering, 2023：1 – 18.

[225]ZHENG Y, WANG H, LI Y, et al. Effect of proppant pumping schedule on the proppant placement for supercritical CO$_2$ fracturing[J]. Petroleum Science, 2022, 19（2）：629 – 638.

[226]张强德，王培义，杨东兰. 储层无伤害压裂技术——液态 CO$_2$ 压裂[J]. 石油钻采工艺，2002，24（4）：47 – 50.

[227]王俊，付美龙. 超临界二氧化碳压裂液增黏剂研究进展[J]. 内蒙古石油化工，2021，47（11）：98 – 104.

[228]闫若勤，赵明伟，李阳，等. 二氧化碳压裂液增稠剂研究进展[J]. 油田化学，2022，39（2）：366 – 372.

[229]LI Q, WANG F, WANG Y, et al. Adsorption behavior and mechanism analysis of siloxane thickener for CO$_2$ fracturing fluid on shallow shale soil[J]. Journal of Molecular Liquids, 2023, 376：121394.

[230]LI Q, WANG F, WANG Y, et al. Adsorption behavior and mechanism analysis of siloxane thickener for CO$_2$ fracturing fluid on shallow shale soil[J]. Journal of Molecular Liquids, 2023, 376：121394.

[231]ENICK R M, AMMER J. A literature review of attempts to increase the viscosity of dense carbon dioxide[J]. Website of the National Energy Technology Laboratory, 1998.

[232]FRIED J R, HU N. The molecular basis of CO$_2$ interaction with polymers containing fluorinated groups：computational chemistry of model compounds and molecular simulation of poly[bis（2, 2, 2 – trifluoroethoxy）phosphazene][J]. Polymer, 2003, 44（15）：4363 – 4372.

[233]SHI C, HUANG Z, BECKMAN E J, et al. Semi – fluorinated trialkyltin fluorides and fluorinated telechelic ionomers as viscosity – enhancing agents for carbon dioxide[J]. Industrial & Engineering Chemistry Research, 2001, 40（3）：908 – 913.

[234]ENICK R, BECKMAN E, SHI C, et al. Formation of fluoroether polyurethanes in CO$_2$[J]. Journal of Supercritical Fluids, 1998, 13（1）：127 – 134.

[235]PAIK I, TAPRIYAL D, ENICK R M, et al. Fiber formation by highly CO$_2$ – soluble bisureas containing peracetylated carbohydrate groups[J]. Group, 2007, 21：23.

[236]TRICKETT K, XING D, ENICK R, et al. Rod – like micelles thicken CO$_2$[J]. Langmuir, 2010, 26（1）：83 – 88.

[237]杜明勇. 超临界二氧化碳压裂液体系研究[D]. 青岛：中国石油大学(华东)，2016.

[238]TAPRIYAL D. Design of non – fluorous CO$_2$ soluble compounds[D]. University of Pittsburgh, 2009.

[239]ZHANG S, SHE Y, GU Y. Evaluation of polymers as direct thickeners for CO$_2$ enhanced oil recovery[J]. Journal of Chemical & Engineering Data, 2011, 56（4）：1069 – 1079.

[240]KILIC S, MICHALIK S, WANG Y, et al. Phase behavior of oxygen – containing polymers in CO$_2$[J].

Macromolecules, 2007, 40(4): 1332 – 1341.

[241]ENICK R, BECKMAN E, YAZDI A, et al. Phase behavior of CO_2 – perfluoropolyether oil mixtures and CO_2 – perfluoropolyether chelating agent mixtures[J]. The Journal of Supercritical Fluids, 1998, 13(1 – 3): 121 – 126.

[242]DESIMONE J M, GUAN Z, ELSBERND C S. Synthesis of fluoropolymers in supercritical carbon dioxide [J]. Science, 1992, 257(5072): 945 – 947.

[243]XU J, WLASCHIN A, ENICK R M. Thickening carbon dioxide with the fluoroacrylate – styrene copolymer [J]. Spe Journal, 2003, 8(2): 85 – 91.

[244]JYOTI B V S, BAEK S W, PURUSHOTHAMAN N, et al. Thickening of CO_2 using copolymer – application in CO_2 management[C]. International Conference on Flow Dynamics, 2014.

[245]SUN B, SUN W, WANG H, et al. Molecular simulation aided design of copolymer thickeners for supercritical CO_2 as non – aqueous fracturing fluid[J]. Journal of CO_2 Utilization, 2018, 28: 107 – 116.

[246]GOICOCHEA A G, FIROOZABADI A. Viscosification of carbon dioxide by functional molecules from mesoscale simulations[J]. Journal of Physical Chemistry C, 2019, 123(27): 29461 – 29467.

[247]BAE J H, IRANI C A. A laboratory investigation of viscosified CO_2 process[J]. SPE Advanced Technology Series, 1993, 1(1): 166 – 171.

[248]DU M, SUN X, DAI C, et al. Laboratory experiment on a toluene – polydimethyl silicone thickened supercritical carbon dioxide fracturing fluid[J]. Journal of Petroleum Science and Engineering, 2018, 166: 369 – 374.

[249]LI Q, WANG Y, LI Q, et al. Study on the optimization of silicone copolymer synthesis and the evaluation of its thickening performance[J]. RSC advances, 2018, 8(16): 8770 – 8778.

[250]沈爱国, 刘金波, 佘跃惠, 等. CO_2增稠剂聚乙酸乙烯酯 – 甲基倍半硅氧烷的合成[J]. 高分子材料科学与工程, 2011, 27(11): 3.

[251]CONG Z, LI Y, PAN Y, et al. Study on CO_2 foam fracturing model and fracture propagation simulation [J]. Energy, 2022, 238: 121778.

[252]BURKE L H, NEVISON G W, PETERS W E. Improved unconventional gas recovery with energized fracturing fluids: Montney example[C]. SPE 149344, 2011.

[253]JOHNSON E G, JOHNSON L A. Hydraulic fracture water usage in northeast British Columbia: locations, volumes and trends[J]. Geoscience Reports, 2012, 2012: 41 – 63.

[254]DOWNING B. Gas well in Suffield fractured with carbon dioxide foam, minimal water[EB/OL]. https://www.beaconjournal.com/story/business/2012/01/28/gas – well – in – suffield – fractured/10649415007/

[255]DOWNING B. Canadian well stimulation yields great results, firm reports[EB/OL]. https://www.beaconjournal.com/story/news/2016/02/05/canadian – well – stimulation – yields – great/10691381007/

[256]MALIK A R, DASHASH A A, DRIWEESH S M, et al. Successful implementation of CO_2 energized acid fracturing treatment in deep, tight and sour carbonate gas reservoir in Saudi Arabia that reduced fresh water consumption and enhanced well performance[C]. SPE D21S – D29S, 2014.

[257]SANCHEZ M, ABEL J T, IDRIS M, et al. Acid fracturing tight gas carbonates reservoirs using CO_2 to assist stimulation fluids: An alternative to less water consumption while maintaining productivity[C]. SPE D12S – D31S, 2015.

[258]周长林, 彭欢, 桑宇, 等. 页岩气 CO_2泡沫压裂技术[J]. 天然气工业, 2016, 36(10): 70 – 76.

[259]陈挺，何昀宾，刘荣庆，等．低压低渗气田清洁 CO_2 泡沫压裂工艺[J]．油气井测试，2018，27（5）：50－55．

[260]王绪性，郭布民，袁征，等．深煤层 CO_2 泡沫压裂技术及适用性研究[J]．煤炭技术，2019（1）：108－110．

[261]吴金桥，宋振云，李志航，等．一种 CO_2 泡沫压裂用酸性交联剂的制备方法[P]．专利号：CN101220264．

[262]周继东，朱伟民，卢拥军，等．二氧化碳泡沫压裂液研究与应用[J]．油田化学，2004，24（4）：316－319．

[263]TONG S, SINGH R, MOHANTY K K. A visualization study of proppant transport in foam fracturing fluids [J]. Journal of Natural Gas Science and Engineering, 2018, 52: 235－247.

[264]LI Y, PENG G, CHEN M, et al. Gas－liquid－solid three phase flow model of CO_2 foam fracturing in wellbore[J]. Acta Petrolei Sinica, 2022, 43(3): 386.

[265]ZHANG Y, CHU Z, DREISS C A, et al. Smart wormlike micelles switched by CO_2 and air[J]. Soft Matter, 2013, 9(27): 6217－6221.

[266]BAKHSH A, ZHANG L, WEI H, et al. Development of CO_2－sensitive viscoelastic fracturing fluid for low permeability reservoirs: a review[J]. Processes, 2022, 10(5): 885.

[267]FENG C, MA X, JING Z. Dynamic proppant－carrying performance of VES－CO_2 foam fracturing fluid in the pipeline and the fracture[J]. Journal of Petroleum Science and Engineering, 2022, 210: 110034.

[268]吴均，卢军凯，刘彝，等．二氧化碳水基复合压裂液体系性能评价[J]．钻井液与完井液，2023，40（2）：259－264．

[269]黄俊雄，王立新，刘通义，等．一种 CO_2 配伍的支链型压裂液的合成及性能[J]．应用化工，2022，51（11）：3195－3200．

[270]SHAIKH A, DAI C, SUN Y, et al. Performance evaluation of a novel CO_2－induced clean fracturing fluid in low permeability formations[J]. Journal of Petroleum Science and Engineering, 2022, 208: 109674.

[271]吴雪鹏，江山红，戴彩丽．CO_2 响应型清洁压裂液性能及其转变机理分析[J]．油田化学，2022，38（4）：608－613．

[272]张振安，贺兴平．CO_2 酸化压裂增产措施技术的应用研究[J]．石化技术，2017，24（10）：94．

[273]易勇刚，黄科翔，李杰，等．前置蓄能压裂中的 CO_2 在玛湖凹陷砾岩油藏中的作用[J]．新疆石油地质，2022，43（1）：42－47．

[274]ZHU D, HOU J, WANG J, et al. Acid－alternating－base（AAB）technology for blockage removal and enhanced oil recovery in sandstone reservoirs[J]. Fuel, 2018, 215: 619－630.

[275]杨剑锋，石德文．二氧化碳预处理（CO_2 段塞）酸化技术[J]．低渗透油气田，2001，6（1）：78－82．

[276]GIDLEY J L, BREZOVEC E J, KING G E. An improved method for acidizing oil wells in sandstone formations[J]. SPE Production & Facilities, 1996, 11(1): 4－10.

[277]HARVEY JR R, SMITH C J, WYLIE M P, et al. New acidizing techniques prove useful in the offshore environment[R]. SPE 39481, 1998.

[278]BRANNON D H, NETTERS C K, GRIMMER P J. Matrix acidizing design and quality－control techniques prove successful in main pass area sandstone[J]. Journal of Petroleum Technology, 1987, 39(8): 931－942.

［279］PACCALONI G. A new, effective matrix stimulation diversion technique［J］. SPE Production & Facilities, 1995, 10(3): 151 – 156.

［280］WHEATON R. Fundamentals of applied reservoir engineering: appraisal, economics and optimization［J］. Gulf Professional Publishing, 2016.

［281］STOSUR G J, HITE J R, CARNAHAN N F, et al. The alphabet soup of IOR, EOR and AOR: Effective communication requires a definition of terms［C］. SPE 84908, 2003.

［282］NETL. Carbon sequestration FAQ information portal: Permanence and safety of CCS［EB/OL］. 2012. https://netl.doe.gov/coal/carbon – storage/faqs/permanence – safety

［283］胡永乐, 郝明强, 陈国利. 注二氧化碳提高原油采收率技术［M］. 北京: 石油工业出版社, 2018.

［284］LV Q, ZHENG R, GUO X, et al. Modelling minimum miscibility pressure of CO_2 – crude oil systems using deep learning, tree – based, and thermodynamic models: Application to CO_2 sequestration and enhanced oil recovery［J］. Separation and Purification Technology, 2023, 310: 123086.

［285］DESCH, JOHN, B, et al. Enhanced Oil Recovery by CO_2 Miscible Displacement in the Little Knife Field, Billings County, North Dakota［J］. Journal of Petroleum Technology, 1984.

［286］SLB. Gasdrive［EB/OL］. 2023. https://glossary.slb.com/en/terms/g/gas_drive

［287］SAFAEI A, KAZEMZADEH Y, RIAZI M. Mini review of miscible condition evaluation and experimental methods of gas miscible injection in conventional and fractured reservoirs［J］. Energy & Fuels, 2021, 35(9): 7340 – 7363.

［288］张广东, 刘建仪, 柳燕丽, 等. 混相溶剂法降低 CO_2 驱混相压力研究［J］. 特种油气藏, 2013, 20(2): 115 – 117.

［289］杨思玉, 廉黎明, 杨永智, 等. 用于 CO_2 驱的助混剂分子优选及评价［J］. 新疆石油地质, 2015, 36(5): 555 – 559.

［290］MOHAMED A, SAGISAKA M, GUITTARD F, et al. Low fluorine content CO_2 – philic surfactants［J］. Langmuir, 2011, 27(17): 10562 – 10569.

［291］STONE M T, DA ROCHA S R, ROSSKY P J, et al. Molecular differences between hydrocarbon and fluorocarbon surfactants at the CO_2/water interface［J］. Journal of Physical Chemistry B, 2003, 107(37): 10185 – 10192.

［292］TORINO E, REVERCHON E, JOHNSTON K P. Carbon dioxide/water, water/carbon dioxide emulsions and double emulsions stabilized with a nonionic biocompatible surfactant［J］. Journal of cOlloid and Interface Science, 2010, 348(2): 469 – 478.

［293］ADKINS S S, CHEN X, NGUYEN Q P, et al. Effect of branching on the interfacial properties of nonionic hydrocarbon surfactants at the air – water and carbon dioxide – water interfaces［J］. Journal of colloid and interface science, 2010, 346(2): 455 – 463.

［294］JOHNSTON K P, CHO D, DAROCHA S R, et al. Water in carbon dioxide macro emulsions and miniemulsions with a hydrocarbon surfactant［J］. Langmuir, 2001, 17(23): 7191 – 7193.

［295］DICKSON J L, SMITH P G, DHANUKA V V, et al. Interfacial Properties of Fluorocarbon and Hydrocarbon Phosphate Surfactants at the Water – CO_2 Interface［J］. Industrial & Engineering Chemistry Research, 2005, 44(5): 1370 – 1380.

［296］DA ROCHA S R, HARRISON K L, JOHNSTON K P. Effect of surfactants on the interfacial tension and emulsion formation between water and carbon dioxide［J］. Langmuir, 1999, 15(2): 419 – 428.

［297］PSATHAS P A，DA ROCHA S R，LEE C T，et al. Water – in – carbon dioxide emulsions with poly（dimethylsiloxane）– based block copolymer ionomers［J］. Industrial & Engineering Chemistry Research，2000，39（8）：2655 – 2664.

［298］HASKIN H K，ALSTON R B. An evaluation of CO₂ huff "n" puff tests in Texas［J］. Journal of Petroleum Technology，1989，41（2）：177 – 184.

［299］OLENICK S，SCHROEDER F A，HAINES H K，et al. Cyclic CO₂ injection for heavy – oil recovery in Halfmoon field：laboratory evaluation and pilot performance［C］. SPE 24645，1992.

［300］王志兴. 边水断块油藏水平井组 CO₂ 协同吞吐实验研究［M］. 北京：中国石油大学（北京），2017.

［301］YU W，LASHGARI H，SEPEHRNOORI K. Simulation study of CO₂ huff – n – puff process in Bakken tight oil reservoirs［C］. SPE 169575，2014.

［302］WAN T，SHENG J J，SOLIMAN M Y. Evaluate EOR potential in fractured shale oil reservoirs by cyclic gas injection［C］. URTEC 1611383，2013.

［303］王勇，汤勇，李士伦，等. 多级压裂水平井周期性注气吞吐提高页岩油气藏采收率——以北美 Eagle Ford 非常规油气藏为例［J］. 天然气工业，2023，43（1）：153 – 161.

［304］吴俊峰，刘宝忠，刘道杰，等. 二氧化碳混相压裂吞吐实验［J］. 特种油气藏，2022，29（5）：126 – 131.

［305］WHITTAKER S，PERKINS E. Technical aspects of CO₂ enhanced oil recovery and associated carbon storage［J］. Global CCS institute，2013：4 – 6.

［306］MURRAY M D，FRAILEY S M，LAWAL A S. New approach to CO₂ flood：soak alternating gas［C］. SPE 70023，2001.

［307］ZHOU X，YUAN Q，PENG X，et al. A critical review of the CO₂ huff "n" puff process for enhanced heavy oil recovery［J］. Fuel，2018，215：813 – 824.

［308］BASSIOUNI Z. Low cost methods for improved oil and gas recovery［J］. Continuing Education，2005.

［309］DONG Y，DINDORUK B，ISHIZAWA C，et al. An experimental investigation of carbonated water flooding［C］. SPE 145380，2011.

［310］常云升，杨文哲，董凡琦，等. 碳酸水驱强化采油技术研究进展［J］. 应用化工，2022，51（1）：199 – 205.

［311］TALEBI A，HASAN – ZADEH A，KAZEMZADEH Y，et al. A review on the application of carbonated water injection for EOR purposes：Opportunities and challenges［J］. Journal of Petroleum Science and Engineering，2022，214：110481.

［312］MOSAVAT N，TORABI F. Experimental evaluation of the performance of carbonated water injection（CWI）under various operating conditions in light oil systems［J］. Fuel，2014，123：274 – 284.

［313］FATHOLLAHI A，ROSTAMI B. Carbonated water injection：Effects of silica nanoparticles and operating pressure［J］. Canadian Journal of Chemical Engineering，2015，93（11）：1949 – 1956.

［314］STEFFENS A. Modeling and laboratory study of carbonated water flooding［D］. Delft University of Technology，The Netherlands，2010.

［315］TRAN T S. Electromagnetic assisted carbonated water flooding in heavy oil recovery［D］. Delft University of Technology，2009.

［316］SOHRABI M，RIAZI M，JAMIOLAHMADY M，et al. Carbonated water injection（CWI）studies［C］. 2008.

[317]SOHRABI M, RIAZI M, JAMIOLAHMADY M, et al. Mechanisms of oil recovery by carbonated water injection[C]. 2009.

[318]TAVAKOLIAN M, SOHRABI M, JAMI M, et al. Significant improvement in oil recovery and CO_2 storage by carbonated water injection (CWI)[J]. European Association of Geoscientists & Engineers, 2012: 281.

[319]KECHUT N I, JAMIOLAHMADY M, SOHRABI M. Numerical simulation of experimental carbonated water injection (CWI) for improved oil recovery and CO_2 storage[J]. Journal of Petroleum Science and Engineering, 2011, 77(1): 111 – 120.

[320]KECHUT N I, RIAZI M, SOHRABI M, et al. Tertiary oil recovery and CO_2 sequestration by carbonated water injection (CWI)[J]. SPE 139667, 2010.

[321]SOHRABI M, RIAZI M, JAMIOLAHMADY M, et al. Carbonated water injection (CWI) – A productive way of using CO_2 for oil recovery and CO_2 storage[J]. Energy Procedia, 2011, 4: 2192 – 2199.

[322]GUMERSKY K K, DZHAFAROV I S, SHAKHVERDIEV A K, et al. In – situ generation of carbon dioxide: New way to increase oil recovery[R]. SPE 65170, 2000.

[323]WANG Y, HOU J, TANG Y. In – situ CO_2 generation huff – n – puff for enhanced oil recovery: Laboratory experiments and numerical simulations[J]. Journal of Petroleum Science and Engineering, 2016, 145: 183 – 193.

[324]王建斐. 渤海油田层内生成 CO_2 技术适应性研究[D]. 北京: 中国石油大学(北京), 2017.

[325]ZHU D, HOU J, WANG J, et al. Acid – alternating – base (AAB) technology for blockage removal and enhanced oil recovery in sandstone reservoirs[J]. Fuel, 2018, 215: 619 – 630.

[326]黄瑞婕. 自生 CO_2 解堵增注技术在张店油田的应用[J]. 石油天然气学报, 2009, 31(5): 390 – 392.

[327]陈冠良, 刘恒录, 程艳会, 等. 层内自生弱酸降压增注技术在文南油田的应用[J]. 内蒙古石油化工, 2006, 32(5): 158 – 159.

[328]谭俊领, 解立春, 吕亿明, 等. 地层自生弱酸解堵技术在安塞低渗透油田的应用[J]. 油田化学, 2008(4): 328 – 331.

[329]李伟翰, 颜红侠, 孟祥振, 等. CO_2 增能解堵技术在延长油矿的应用[J]. 油田化学, 2005, 3(22): 220 – 222.

[330]何飞非. 渤海油田 CO_2 自生气复合调驱技术优化研究[D]. 北京: 中国石油大学(北京), 2015.

[331]刘偲宇. 层内生成气提高油层吸水能力技术研究[J]. 内蒙古石油化工, 2014(16): 90 – 92.

[332]姚凯, 王史文, 孙明磊, 等. 井下自生气复合泡沫技术在稠油热采中的研究与应用[J]. 特种油气藏, 2002, 9(1): 61 – 63.

[333]尹依娜, 唐祖友, 黄雪松, 等. 油井自生泡沫洗盐技术及其应用[J]. 油田化学, 2008, 25(2): 115 – 117.

[334]LI Y, MA K, LIU Y, et al. Enhance heavy oil recovery by in – situ carbon dioxide generation and application in China Offshore Oilfield[C]. SPE 165215, 2013.

[335]YONG T, ZHENGYUAN S, JIBO H, et al. Numerical simulation and optimization of enhanced oil recovery by the in situ generated CO_2 huff – n – puff process with compound surfactant[J]. Journal of Chemistry, 2016: 1 – 13.

[336]徐景亮, 郑玉飞, 李翔, 等. 新型层内生气泡沫体系优选与性能评价[J]. 化工科技, 2019, 27(6): 19 – 24.

[337] 杨付林，朱伟民，余晓玲，等. 层内生气吞吐工艺在江苏油田 W5 稠油油藏的应用[J]. 复杂油气藏，2013，6(3)：71-75.

[338] 王成胜，高建崇，翁大丽，等. 一种冻胶与层内生气组合调驱工艺方法[P]. 专利号：CN108729894A.

[339] 杨付林，崔永亮，李汉周，等. 一种层内生气与堵水相结合的增产方法[P]. 专利号：CN105804714A.

[340] 廖松林，夏阳，崔轶男，等. 超低渗油藏水平井注 CO₂ 多周期吞吐原油性质变化规律研究[J]. 油气藏评价与开发，2022(5)：784-793.

[341] 鲍云波. CO₂ 气窜主控因素研究[J]. 科学技术与工程，2013，13(9)：2348-2351.

[342] 王维波，余华贵，杨红，等. 低渗透裂缝性油藏 CO₂ 驱两级封窜驱油效果研究[J]. 油田化学，2017，34(1)：69-73.

[343] 王香增，杨红，王伟，等. 低渗透致密油藏 CO₂ 驱油与封存技术及实践[J]. 油气地质与采收率，2023，30(2)：27-35.

[344] 李朝霞，王健，刘伟，等. 西加盆地致密油开发特征分析[J]. 石油地质与工程，2014，28(4)：79-82.

[345] 李忠兴，李健，屈雪峰，等. 鄂尔多斯盆地长 7 致密油开发试验及认识[J]. 天然气地球科学，2015，26(10)：1932-1940.

[346] 王鹏志. 注水吞吐开发低渗透裂缝油藏探讨[J]. 特种油气藏，2006，13(2)：46-47.

[347] 李晓辉. 致密油注水吞吐采油技术在吐哈油田的探索[J]. 特种油气藏，2015，22(4)：144-146.

[348] 杜金虎，刘合，马德胜，等. 试论中国陆相致密油有效开发技术[J]. 石油勘探与开发，2014，41(2)：198-205.

[349] 彭东宇，唐洪明，王子逸，等. 致密砾岩储层与 CO₂ 作用机理及控制因素实验研究[J]. 油气地质与采收率，2023，30(2)：94-103.

[350] 吕利刚，张涛，李杰，等. 储层矿物类型对致密油藏 CO₂ 驱替效果的影响[J]. 大庆石油地质与开发，2023，42(1)：159-168.

[351] 郭永伟，闫方平，王晶，等. 致密砂岩油藏 CO₂ 驱固相沉积规律及其储层伤害特征[J]. 岩性油气藏，2021，33(3)：153-161.

[352] 李松岩，王麟，韩瑞，等. 裂缝性致密油藏超临界 CO₂ 泡沫驱规律实验研究[J]. 油气地质与采收率，2020，27(1)：29-35.

[353] 陈熙嘉，樊毅龙. 致密油藏注 CO₂ 吞吐技术研究[J]. 石油化工应用，2021，40(12)：8-12.

[354] 郭肖，刘瑞璇，高振东，等. 鄂尔多斯盆地长 7 储层致密油水平井 CO₂ 补充能量与吞吐参数优化[J]. 科学技术与工程，2023，23(3)：1033-1041.

[355] 刘廷峰. 边底水断块油藏水平井开发技术优化研究[D]. 青岛：中国石油大学(华东)，2011.

[356] 魏艳. 边底水油藏水侵模拟实验研究[D]. 青岛：中国石油大学(华东)，2014.

[357] RAJAN V S V，LUHNING R W. Water coning suppression[J]. Journal of Canadian Petroleum Technology，1993，32(4)：37-48.

[358] 郝宏达. 边底水断块油藏注气控水增油技术及相关机理研究[D]. 北京：中国石油大学(北京)，2018.

[359] 刘怀珠，郑家朋，石琼林，等. 复杂断块油藏水平井二氧化碳吞吐注采参数优化研究[J]. 油田化学，2017，34(1)：84-86.

[360] 孙丽丽, 李治平, 窦宏恩, 等. 超低渗油藏 CO_2 吞吐室内评价及参数优化[J]. 油田化学, 2018, 35(2): 268-272.

[361] 王志兴, 赵凤兰, 侯吉瑞, 等. 断块油藏水平井组 CO_2 协同吞吐效果评价及注气部位优化实验研究[J]. 石油科学通报, 2018, 3(2): 183-184.

[362] MOZAFFARI S, NIKOOKAR M, EHSANI M R, et al. Numerical modeling of steam injection in heavy oil reservoirs[J]. Fuel, 2013, 112(3): 185-192.

[363] 曹珣. 特稠油 CO_2 辅助蒸汽吞吐技术适应性研究[D]. 北京: 中国石油大学(北京), 2019.

[364] 吕建波. 稠油水平井二氧化碳吞吐控水规律数值模拟研究[D]. 北京: 中国石油大学(北京), 2016.

[365] 汪婷. 蒸汽驱后期 CO_2 复合蒸汽驱注采参数研究[D]. 北京: 中国石油大学(北京), 2018.

[366] 吴文炜. 新疆浅层稠油多元热流体开采研究[D]. 北京: 中国石油大学(北京), 2019.

[367] 王福顺, 牟珍宝, 刘鹏程, 等. 超稠油油藏 CO_2 辅助开采作用机理实验与数值模拟研究[J]. 油气地质与采收率, 2017, 24(6): 86-91.

[368] FASSIHI R, KOVSCEK T. Low-energy processes for unconventional oil recovery[J]. Society of Petroleum Engineers, 2017.

[369] 苑登御, 侯吉瑞, 宋兆杰, 等. 塔河油田缝洞型碳酸盐岩油藏注水方式优选及注气提高采收率实验[M]. 东北石油大学学报, 2015, 39(6): 102-110.

[370] HOU J, LUO M, ZHU D. Foam-EOR method in fractured-vuggy carbonate reservoirs: Mechanism analysis and injection parameter study[J]. Journal of Petroleum Science & Engineering, 2018: 546-558.

[371] 郑泽宇, 朱倘仟, 侯吉瑞, 等. 碳酸盐岩缝洞型油藏注氮气驱后剩余油可视化研究[J]. 油气地质与采收率, 2016, 23(2): 93-97.

[372] 刘学利, 郭平, 靳佩, 等. 塔河油田碳酸盐岩缝洞型油藏注 CO_2 可行性研究[J]. 钻采工艺, 2011, 34(4): 41-44.

[373] 苏伟, 侯吉瑞, 刘娟, 等. 缝洞型碳酸盐岩油藏注气吞吐 EOR 效果评价[J]. 西南石油大学学报(自然科学版), 2017, 39(1): 133-139.

[374] 赵凤兰, 席园园, 侯吉瑞, 等. 缝洞型碳酸盐岩油藏注气吞吐生产动态及注入介质优选[J]. 油田化学, 2017, 34(3): 469-474.

[375] 刘中春, 汪勇, 侯吉瑞, 等. 缝洞型油藏泡沫辅助气驱提高采收率技术可行性[J]. 中国石油大学学报(自然科学版), 2018, 42(1): 113-118.

[376] 李海波, 侯吉瑞, 李巍, 等. 碳酸盐岩缝洞型油藏氮气泡沫驱提高采收率机理可视化研究[J]. 油气地质与采收率, 2014, 21(4): 93-96.

[377] 李一波, 何天双, 胡志明, 等. 页岩油藏提高采收率技术及展望[J]. 西南石油大学学报(自然科学版), 2021, 43(3): 101-110.

[378] YAN Y, DONG Z, ZHANG Y, et al. CO_2 activating hydrocarbon transport across nanopore throat: insights from molecular dynamics simulation[J]. Physical Chemistry Chemical Physics, 2017, 19(45): 30439-30444.

[379] 刘合, 陶嘉平, 孟思炜, 等. 页岩油藏 CO_2 提高采收率技术现状及展望[J]. 中国石油勘探, 2022, 27(1): 127-134.

[380] 陈江, 高宇, 陈沥, 等. 页岩油 CO_2 非混相吞吐与埋存实验及影响因素[J]. 大庆石油地质与开发, 2023, 42(2): 143-151.

[381] HE L, JIAPING T, SIWEI M, et al. Application and prospects of CO_2 enhanced oil recovery technology in shale oil reservoir[J]. China Petroleum Exploration, 2022, 27(1): 127 – 134.

[382] 周晓梅, 李蕾, 苏玉亮, 等. 超临界 CO_2/H_2O 混合流体吞吐提高页岩油采收率实验研究[J]. 油气地质与采收率, 2023, 30(2): 77 – 85.

[383] 张冲, 萧汉敏, 肖朴夫, 等. 盐间页岩油 CO_2 – 纯水吞吐开发机理实验及开采特征[J]. 特种油气藏, 2022, 29(1): 121 – 127.

[384] 李凤霞, 王海波, 周彤, 等. 页岩油储层裂缝对 CO_2 吞吐效果的影响及孔隙动用特征[J], 石油钻探技术, 2022, 50(2): 38 – 44.

[385] 韦琦. 特低渗油藏 CO_2 驱气窜规律分析与工艺对策研究[D]. 北京: 中国石油大学(北京), 2018.

[386] 朱道义, 施辰扬, 赵岩龙, 等. 二氧化碳驱化学封窜材料与方法研究进展及应用[J]. 新疆石油天然气, 2023, 19(1): 65 – 72.

[387] 高云丛, 赵密福, 王建波, 等. 特低渗油藏 CO_2 非混相驱生产特征与气窜规律[J]. 石油勘探与开发, 2014, 41(1): 79 – 85.

[388] LIU Z, ZHANG J, LI X, et al. Conformance control by a microgel in a multi – layered heterogeneous reservoir during CO_2 enhanced oil recovery process[J]. Chinese Journal Chemical Engineering, 2022, 43: 324 – 334.

[389] LI D, REN B, ZHANG L, et al. CO_2 – sensitive foams for mobility control and channeling blocking in enhanced WAG process[J]. Chemical Engineering Research and Design, 2015, 102: 234 – 243.

[390] SAGIR M, TAN I M, MUSHTAQ M, et al. FAWAG using CO_2 philic surfactants for CO_2 mobility control for enhanced oil recovery applications[R]. SPE 172189, 2014.

[391] KIM G, JANG H, CHO M, et al. Optimizing the design parameters for performance evaluation of the CO_2 – WAG process in a heterogeneous reservoir [C]. ISOPE – 1 – 15 – 464, 2015.

[392] TEKLU T W, ALAMERI W, GRAVES R M, et al. Low – salinity water – alternating – CO_2 EOR[J]. Journal of Petroleum Science & Engineering, 2016: 101 – 118.

[393] ZHANG Y, CHU Z, DREISS C A, et al. Smart wormlike micelles switched by CO_2 and air[J]. Soft Matter, 2013, 9(27): 6217 – 6221.

[394] ZHANG Y, FENG Y, WANG Y, et al. CO_2 – switchable viscoelastic fluids based on a pseudogemini surfactant[J]. Langmuir, 2013, 29(13): 4187 – 4192.

[395] QUALE E, CRAPEZ B, STENSEN J, et al. SWAG Injection on the Siri Field – An Optimized Injection System for Less Cost[R]. SPE, 2000.

[396] 杨巍, 马雪良. 一种微纳二氧化碳气水混液驱油方法[P]. 专利号: CN202211004291.2.

[397] NANOGAS TECHNOLOGIES I. Treatment of subterranean formations: US 11585195 B2.

[398] AL – SHARGABI M, DAVOODI S, WOOD D A, et al. Carbon dioxide applications for enhanced oil recovery assisted by nanoparticles: Recent developments[J]. ACS Omega, 2022, 7(12): 9984 – 9994.

[399] BOUD D C, HOLBROOK O C. Gas drive oil recovery process[P]. US2866507A.

[400] 凌勇. 二氧化碳与胜利原油混相性质研究[D]. 北京: 中国石油大学(北京), 2014.

[401] PATIL P D, KNIGHT T, KATIYAR A, et al. CO_2 foam field pilot test in sandstone reservoir: complete analysis of foam pilot response[R]. SPE – 0718 – 0070 – JPT, 2018.

[402] 孙国龙, 巢昆, 张旭, 等. 多孔介质内超临界 CO_2 流体及泡沫驱油特性的比较实验研究[J]. 化工学报, 2018, 69(S1): 58 – 63.

[403] 王志永. 空气泡沫驱提高采收率技术 [D]. 青岛：中国石油大学，2009.

[404] 张攀锋. CO_2 敏感的耐温抗盐泡沫体系构建及流度调控方法研究 [D]. 青岛：中国石油大学（华东），2017.

[405] LI S, WANG Q, ZHANG K, et al. Monitoring of CO_2 and CO_2 oil – based foam flooding processes in fractured low – permeability cores using nuclear magnetic resonance（NMR）[J]. Fuel, 2020, 263：116641 – 116648.

[406] LI S, WANG Q, LI Z. Stability and Flow Properties of Oil – Based Foam Generated by CO_2[J]. SPE Journal, 2019, 25(1).

[407] CHRISTIAN, BLAZQUEZ, ELIANE, et al. Non – aqueous and crude oil foams[J]. Oil & Gas Science & Technology, 2014.

[408] 任韶然, 杜翔睿, 孙志雄, 等. 油田驱油用 CO_2 泡沫剂体系研究进展 [J]. 中国石油大学学报（自然科学版），2022, 46(4)：102 – 108.

[409] BHATT S, SARAF S, BERA A. Perspectives of foam generation techniques and future directions of nanoparticle – stabilized CO_2 foam for enhanced oil recovery[J]. Energy & Fuels, 2023, 37(3)：1472 – 1494.

[410] SUN X, BAI B, LONG Y, et al. A comprehensive review of hydrogel performance under CO_2 conditions for conformance control[J]. Journal of Petroleum Science and Engineering, 2020, 185：10662.

[411] WOODS P, SCHRAMKO K, TURNER D, et al. In – situ polymerization controls CO_2/Water channeling at lick creek[C]. SPE 14958, 1986.

[412] MARTIN F D, KOVARIK F S. Chemical Gels for Diverting CO_2：Baseline Experiments[C]. SPE 16728, 1987.

[413] SUN X, BAI B, ALHURAISHAWY A K, et al. Understanding the Plugging Performance of HPAM – Cr（Ⅲ）Polymer Gel for CO_2 Conformance Control[J]. SPE Journal, 2021, 26(5)：3109 – 3118.

[414] ZHAO Y, BAI B. Laboratory Evaluation of Placement Behavior of Microgels for Conformance Control in Reservoirs Containing Superpermeable Channels[J]. Energy & Fuels, 2022, 36(3)：1374 – 1387.

[415] WU Y, LIU Q, LIU D, et al. CO_2 responsive expansion hydrogels with programmable swelling for in – depth CO_2 conformance control in porous media[J]. Fuel, 2023, 332：126047.

[416] SONG T, ZHAI Z, LIU J, et al. Laboratory evaluation of a novel Self – healable polymer gel for CO_2 leakage remediation during CO_2 storage and CO_2 flooding [J]. Chemical Engineering Journal, 2022, 444：136635.

[417] KARAOGUZ O K, TOPGUDER N N, LANE R H, et al. Improved sweep in Bati Raman heavy – oil CO_2 flood：bullhead flowing gel treatments plug natural fractures[J]. SPE Reservoir Evaluation & Engineering, 2007, 10(2)：164 – 175.

[418] HUGHES T L, FRIEDMANN F, JOHNSON D, et al. Large – volume foam – gel treatments to improve conformance of the Rangely CO_2 flood[J]. SPE Reservoir Evaluation & Engineering, 1999, 2(1)：14 – 24.

[419] ASGHARI K, MIRJAFARI P, MAHINPEY N, et al. Reducing the permeability of sandstone porous media to water and CO_2：Application of bovine carbonic anhydrase enzyme[C]. SPE 99787, 2006.

[420] 郝宏达, 侯吉瑞, 赵凤兰, 等. 低渗透非均质油藏二氧化碳非混相驱窜逸控制实验 [J]. 油气地质与采收率，2016, 23(3)：95 – 100.

[421] 刘必心, 侯吉瑞, 李本高, 等. 二氧化碳驱特低渗油藏的封窜体系性能评价 [J]. 特种油气藏，2014, 21(3)：128 – 131.

[422]许兰兵，李奇. 注入二氧化碳提高天然气采收率技术研究进展[J]. 内蒙古石油化工，2011，(17)：107 - 110.

[423]LIU S，REN B，LI H，et al. CO$_2$ storage with enhanced gas recovery (CSEGR)：A review of experimental and numerical studies[J]. Petroleum Science，2022，19(2)：594 - 607.

[424]顾蒙. Z10 区块加密调整及注 CO$_2$ 提高采收率可行性研究[D]. 成都：西南石油大学，2017.

[425]OLDENBURG C M，PRUESS K，BENSON S M. Process modeling of CO$_2$ injection into natural gas reservoirs for carbon sequestration and enhanced gas recovery[J]. Energy & Fuels，2001，15(2)：293 - 298.

[426]KALRA S，WU X. CO$_2$ injection for enhanced gas recovery [C]. SPE Western North American and Rocky Mountain Joint Meeting Denver，Colorado：SPE，2014：169578.

[427]KOIDE H，TAZAKI Y，NOGUCHI Y，et al. Underground storage of carbon dioxide in depleted natural gas reservoirs and in useless aquifers[J]. Engineering Geology，1993，34(3 - 4)：175 - 179.

[428]邹才能，董大忠，王社教，等. 中国页岩气形成机理，地质特征及资源潜力[J]. 石油勘探与开发，2010，37(6)：641 - 653.

[429]LIU F，ELLETT K，XIAO Y，et al. Assessing the feasibility of CO$_2$ storage in the New Albany Shale (Devonian - Mississippian) with potential enhanced gas recovery using reservoir simulation[J]. International Journal of Greenhouse Gas Control，2013，17：111 - 126.

[430]NUTTAL B C. Reassessment of CO$_2$ sequestration capacity and enhanced gas recovery potential of middle and upper devonian black shales in the appalachian basin[J]. Mrcsp Phase Ⅱ Topical Report，2005.

[431]IEA. Prospects for CO$_2$ capture and storage[M]. Paris：IEA/OECD，2004.

[432]AMINU M D，NABAVI S A，ROCHELLE C A，et al. A review of developments in carbon dioxide storage[J]. Applied Energy，2017，208(dec. 15)：1389 - 1419.

[433]KANG S M，FATHI E，AMBROSE R J，et al. Carbon dioxide storage capacity of organic - rich shales[J]. Spe Journal，2011，16(4)：842 - 855.

[434]MOHAGHEGHIAN E，HASSANZADEH H，CHEN Z. CO$_2$ sequestration coupled with enhanced gas recovery in shale gas reservoirs[J]. Journal of CO$_2$ Utilization，2019，34：646 - 655.

[435]HELLER R，ZOBACK M. Adsorption of methane and carbon dioxide on gas shale and pure mineral samples[J]. Journal of Unconventional Oil and Gas Resources，2014，8：14 - 24.

[436]陈强，孙雷，潘毅，等. 页岩纳米孔内超临界 CO$_2$、CH$_4$ 传输行为实验研究[J]. 西南石油大学学报(自然科学版)，2018，40(5)：154 - 162.

[437]白昊. 基于吸附特性的天然气藏注富二氧化碳工业废气埋存置换可行性研究[D]. 北京：中国石油大学(北京)，2022.

[438]齐荣荣. 页岩气多组分竞争吸附机理研究[D]. 北京：中国石油大学(北京)，2019.

[439]赵政璋，杜金虎. 致密油气[M]. 北京：石油工业出版社，2012.

[440]邹才能，朱如凯，吴松涛 等. 常规与非常规油气聚集类型，特征，机理及展望——以中国致密油和致密气为例[C]. 北京：中国石油地质年会，2011.

[441]王凤娇. 致密气藏微尺度渗流机理研究[D]. 大庆：东北石油大学，2017.

[442]ROY S，RAJU R，CHUANG H F，et al. Modeling gas flow through microchannels and nanopores[J]. Journal of Applied Physics，2003，93(8)：4870 - 4879.

[443]张烈辉，刘香禺，赵玉龙，等. 孔喉结构对致密气微尺度渗流特征的影响[J]. 天然气工业，2019，39(8)：50 - 57.

[444]刘广春，夏玉磊，王祖文，等．鄂尔多斯盆地致密气二氧化碳干法加砂压裂新进展[C]．合肥：第31届全国天然气学术年会，2019．

[445]张烈辉，熊钰，赵玉龙，等．用于致密气提高采收率的储集层干化方法[J]．石油勘探与开发，2022，49(1)：125－135．

[446]CUI A，BUSTIN R M，DIPPLE G. Selective transport of CO_2，CH_4，and N_2 in coals：Insights from modeling of experimental gas adsorption data[J]. Fuel，2004，83(3)：293－303.

[447]梁冰，孙可明．低渗透煤层气开采理论及其应用[M]．北京：科学出版社，2006．

[448]SEO J G. Experimental and simulation studies of sequestration of supercritical carbon dioxide in depleted gas reservoirs[D]. Texas A&M University，2004.

[449]OLDENBURG C M，BENSON S M. CO_2 Injection for Enhanced Gas Production and Carbon Sequestration[C]. Mexico：SPE 74367，2002.

[450]CHUNG T H，AJLAN M，LEE L L，et al. Generalized multiparameter correlation for nonpolar and polar fluid transport properties[J]. Industrial & Engineering Chemistry Research，1988，27(4)：671－679.

[451]冯文光．煤层气藏工程[M]．北京：科学出版社，2009．

[452]周来．深部煤层处置 CO_2 多物理耦合过程的实验与模拟[D]．北京：中国矿业大学，2009．

[453]何丽萍．煤层气二氧化碳驱提高采收率及地质埋存潜力评价[D]．北京：中国石油大学(北京)，2015．

[454]柯虎庆．煤岩 CO_2 干法压裂实验研究[D]．北京：中国石油大学(北京)，2018．

[455]桑树勋．二氧化碳地质存储与煤层气强化开发有效性研究述评[J]．煤田地质与勘探，2018，5(46)：1－9．

[456]桑树勋，刘士奇，王文峰．二氧化碳地质存储与煤层气强化开发有效性研究述评[M]．北京：科学出版社，2020．

[457]CERVIK J. Behavior of Coal－Gas Reservoirs[J]. Journal of Petroleum Technology，1967.

[458]高宇，孙延安，王翠，等． CO_2 驱防气举升工艺在大庆油田的应用与效果分析[C]．西安：2018IFEDC油气田勘探与开发国际会议，2018．

[459]张宏录，谭均龙，易成高，等．草舍油田 CO_2 驱高气油比井举升新技术[J]．石油钻探技术，2017，45(2)：87－91．

[460]马冬梅，张德平，辛涛云，等．一种新型防气举升工艺在 CO_2 驱油井中的应用[J]．石油天然气学报，2012，34(5X)：252－253．

[461]钱卫明，曹力元，胡文东，等．我国 CO_2 驱油注采工艺技术现状及下步研究方向[J]．油气藏评价与开发，2019，9(3)：66－72．

[462]曹力元，钱卫明，宫平，等．苏北油田二氧化碳驱油注气工艺应用实践及评价[J]．新疆石油天然气，2022，18(2)：46－50．

[463]ROGERS J D，GRIGG R B. A literature analysis of the WAG injectivity abnormalities in the CO_2 process[J]. SPE Reservoir Evaluation & Engineering，2001，4(5)：375－386.

[464]张绍辉，王凯，王玲，等． CO_2 驱注采工艺的应用与发展[J]．石油钻采工艺，2016，38(6)：869－875．

[465]蒲育，马晓宇，师朋飞，等．国内 CO_2 驱规模应用油田防腐措施应用现状分析[J]．中国设备工程，2022(8)：5－7．

[466]李根生，王海柱，沈忠厚，等．超临界 CO_2 射流在石油工程中应用研究与前景展望[J]．中国石油

大学学报(自然科学版), 2013, 37(5): 76 - 80.

[467] 陈显. 液态 CO$_2$洗井施工中的应用[J]. 中国科技信息, 2007(5): 42.

[468] 师柱. 三元复合驱油井管道超声波除垢技术研究万方数据资源系统[D]. 哈尔滨工程大学, 2012.

[469] 周崇文, 李永辉, 刘通, 等. 水平井排水采气工艺技术新进展[J]. 国外油田工程, 2010, 26(9): 49 - 51.

[470] 张新庄. 靖边气田泡沫排水采气工艺及应用研究[D]. 西北大学, 2010.

[471] 曾妍. 我国首试成功绿色智能泡沫排水采气实现二氧化碳"零排放"[J]. 天然气与石油, 2022, 40 (4): 74.

[472] 牛保伦. 边底水气藏注二氧化碳泡沫控水技术研究[J]. 特种油气藏, 2018, 25(3): 126 - 129.

[473] PENG C P, YEH N. Reservoir engineering aspects of horizontal wells - application to oil reservoirs with gas or water coning problems[C]. SPE 29958, 1995.

[474] DING M, KANTZAS A. Residual gas saturation investigation of a carbonate reservoir from Western Canada [C]. SPE 75722, 2002.

[475] 孙庆宇, 李雪梅, 汪竹. 乐安油田草古 1 潜山油藏底水治理及研究[J]. 石油钻探技术, 2004, 32 (5): 57 - 58.

[476] 杨元亮, 沈国华, 宋文芳, 等. 注氮气控制稠油油藏底水水锥技术[J]. 油气地质与采收率, 2002, 9(3): 83 - 84, 88.

[477] 苏伟. 缝洞型碳酸盐岩油藏注气提高采收率方法及其适应性界限[D]. 北京: 中国石油大学(北京), 2018.

[478] 马天态. 底水油藏氮气泡沫流体压水锥技术研究[D]. 北京: 中国石油大学, 2007.

[479] 王兵. 高温高盐底水油藏氮气泡沫压锥实验研究[D]. 成都: 西南石油大学, 2015.

[480] 尚朝辉. 稠油油藏混气表面活性剂驱技术研究[D]. 北京: 中国石油大学, 2010.

[481] 宋渊娟, 许耀波, 曹晶, 等. 低渗透油藏空气泡沫复合驱油室内实验研究[J]. 特种油气藏, 2010, 16(5): 79 - 81.

[482] 杜姗. 低渗透油田 CO$_2$驱过程中泡沫扩大波及体积技术研究[D]. 大庆: 大庆石油学院, 2009.

[483] 张莉, 郭兰磊, 任韶然. 埕东油田强化泡沫驱矿场驱油效果[J]. 大庆石油学院学报, 2010, 34 (1): 47 - 50.

[484] 赵长久, 麻翠杰, 杨振宇, 等. 超低界面张力泡沫体系驱先导性矿场试验研究[J]. 石油勘探与开发, 2005, 32(1): 127 - 130.

[485] 宫俊峰, 曹嫣镔, 唐培忠, 等. 高温复合泡沫体系提高胜利油田稠油热采开发效果[J]. 石油勘探与开发, 2006, 33(2): 212 - 216.

[486] 姜瑞忠, 杨仁锋, 马江平, 等. 聚合物驱后复合热载体泡沫驱提高采收率实验研究[J]. 油气地质与采收率, 2009, 19(6): 63 - 66.

[487] 杨松. 复合泡沫技术在稠油热采中的研究与应用[J]. 内江科技, 2009, 30(1): 101.

[488] 袁新强, 王克亮, 陈金凤, 等. 复合热泡沫体系驱油效果研究[J]. 石油学报, 2010, 31(1): 87 - 90.

[489] 张守军, 郭东红. 超稠油自生二氧化碳泡沫吞吐技术的研究与应用[J]. 石油钻探技术, 2009, 37 (5): 101 - 104.

[490] 冯轩, 李翔, 郑玉飞, 等. 自生二氧化碳泡沫强化体系的研究与应用[J]. 精细石油化工, 2023, 40(2): 26 - 30.

［491］GARDESCU I I. Behavior of gas bubbles in capillary spaces［J］. Transactions of the AIME, 1930, 86
（1）: 351 – 370.

［492］王继刚. 氮气泡沫调剖剂的研究与评价［M］. 大庆: 大庆石油学院, 2008.

［493］王海涛, 伊向艺, 李相方, 等. 高温高矿化度油藏 CO_2 泡沫调堵实验［J］. 新疆石油地质, 2009,
30（5）: 641 – 643.

［494］鲍云波. CO_2 气窜主控因素研究［J］. 科学技术与工程, 2013, 13（9）: 2348 – 2351.

［495］李兆敏, 刘伟, 李松岩, 等. 多相泡沫体系深部调剖实验研究［J］. 油气地质与采收率, 2015, 19
（1）: 55 – 58.

［496］马天态, 杨景辉, 马素俊, 等. 泡沫冻胶封堵性能实验研究［J］. 化学工程与装备, 2011（6）: 107
– 109.

［497］张绍东. 乳化泡沫高压喷射冲砂解堵理论研究及应用［D］. 北京: 中国石油大学, 2007.

［498］万里平, 何保生, 唐洪明, 等. 冲砂泡沫流体室内携砂规律研究［J］. 石油机械, 2013, 41（6）:
90 – 93.

［499］林盛旺. 川东低压气井修井技术研究与应用［D］. 成都: 西南石油学院, 2005.

［500］石晓松. 泡沫压井液在中 39 井的应用［J］. 钻采工艺, 2003, 26（B06）: 106 – 111.

［501］杨焕文. 低渗砂岩气田低压储层保护技术研究及应用［J］. 断块油气田, 2011, 18（1）: 97 – 99.

［502］WANG Q, WANG D, WANG H, et al. Optimization and implementation of a foam system to suppress
dust in coal mine excavation face［J］. Process Safety and Environmental Protection, 2015, 96: 184 – 190.

［503］李八一, 席凤林, 雍富华, 等. 低密度微泡沫压井液的研究与应用［J］. 钻井液与完井液, 2006
（4）: 39 – 40.

［504］苏雪霞, 周亚贤, 钟灵, 等. 无固相微泡沫压井液研究及性能评价［J］. 精细石油化工进展, 2010
（2）: 4 – 6.

［505］杨欣雨, 贾虎, 陈昊, 等. 一种自生泡沫压井液及其制备方法以及自生泡沫组合物［P］. 专利
号: CN106928945A.

［506］蔡耀中, 仇秋飞, 林志坚, 等. 国内外二氧化碳运输专利技术分析［J］. 当代化工, 2023, 52（6）:
1423 – 1429.

［507］CODDINGTON K, MOWREY, MEEZAN, et al. A policy, legal, and regulatory evaluation of the feasi-
bility of a national pipeline infrastructure for the transport and storage of carbon dioxide［EB/OL］. https://
www. globalccsinstitute. com/resources/publications – reports – research/a – policy – legal – and – regulatory –
evaluation – of – the – feasibility – of – a – national – pipeline – infrastructure – for – the – transport – and –
storage – of – carbon – dioxide/

［508］曹万岩. 大庆油田 CO_2 百万吨级注入规模驱油埋存示范区地面工程规划技术路线［J］. 油气与新能
源, 2023, 35（3）: 54 – 59.

［509］潘继平. 基于管道运输的中国二氧化碳驱油提高采收率发展现状与前景展望［J］. 国际石油经济,
2023, 31（3）: 1 – 9.

［510］赵伟强, 陈文峰, 于成龙, 等. 二氧化碳管道输送技术研究现状［J］. 石油和化工设备, 2023, 26
（5）: 40 – 42.

［511］陆诗建, 张娟娟, 杨菲, 等. CO_2 管道输送技术进展与未来发展浅析［J］. 南京大学学报（自然科学
版）, 2022, 58（6）: 944 – 952.

［512］吴瑕, 李长俊, 贾文龙. 二氧化碳的管道输送工艺［J］. 油气田地面工程, 2010, 29（9）: 52 – 53.

[513]叶健，杨精伟．液态二氧化碳输送管道的设计要点[J]．油气田地面工程，2010，29(4)：37－38.

[514]刘英超．二氧化碳管道输送特性研究[D]．青岛：中国石油大学(华东)，2012.

[515]欧阳欣，李鹤，闫锋，等．输送工艺参数对密相/超临界CO_2管道止裂韧性的影响[J]．焊管，2023，46(6)：1－6.

[516]程浩力．国内外CO_2管道设计规范要点探讨[J]．油气储运：1－10.

[517]宁雯宇，陈磊，韩喜龙，等．CO_2管道输送技术现状研究[J]．当代化工，2014，000(7)：1280－1282.

[518]公岩岭．基于CCUS技术的含杂质CO_2物性变化规律及管输特性研究[J]．油气田地面工程，2023，42(6)：20－25.

[519]李昕．二氧化碳输送管道关键技术研究现状[J]．油气储运，2013，32(4)：343－348.

[520]陆诗建，曹伟，孙岳涛，等．油田CO_2驱采出气中CO_2循环回收技术进展[J]．天然气化工，2016，41(6)：105－109.

[521]廖清云，史博会，杨蒙，等．CO_2驱配套地面工艺技术研究现状[J]．油气田地面工程，2020，39(6)：1－9.

[522]马鹏飞，韩波，张亮，等．油田CO_2驱产出气处置方案及CO_2捕集回注工艺[J]．化工进展，2017，36(S1)：533－539.

[523]田巍．低渗油藏CO_2驱产出气回注可行性研究[J]．河南科学，2020，38(5)：797－802.

[524]陆诗建，曹伟，孙岳涛，等．油田CO_2驱采出气中CO_2循环回收技术进展[J]．天然气化工(C1化学与化工)，2016，41(6)：105－109.

[525]李庆领，李太星，刘炳成，等．化学吸收法回收低浓度CO_2工艺流程改进与模拟[J]．化学工业与工程，2010，27(3)：247－252.

[526]马鹏飞．CO_2驱产出气体处置及回注方案优化研究[D]．青岛：中国石油大学(华东)，2018.

[527]吴莎．中原油田CO_2驱产出气分离和回注新方法[J]．石油化工应用，2017，36(1)：84－88.

[528]张磊．超临界CO_2条件下温度对5种典型钢腐蚀行为的影响[J]．油气储运，2020，39(9)：1031－1036.

[529]田文升，昝树尧，贺扬，等．Cr含量对油气管道37Mn5钢在模拟CO_2溶液中腐蚀行为的影响[J]．材料保护，2020，53(7)：74－77.

[530]JASON, D, LAUMB, et al. Corrosion and failure assessment for CO_2 EOR and associated storage in the Weyburn Field[J]. Energy Procedia, 2017, 114：5173－5181.

[531]ISLAM A W, SUN A Y. Corrosion model of CO_2 injection based on non－isothermal wellbore hydraulics[J]. International Journal of Greenhouse Gas Control, 2016, 54：219－227.

[532]向勇，原玉，周佩，等．碳捕集利用与封存中的金属腐蚀问题研究：进展与挑战[J]．中国工程科学，2023，25(3)：197－208.

[533]刘丽双．超临界二氧化碳管道腐蚀特性研究[J]．化学工程师，2023，37(05)：85－88.

[534]SUN C, SUN J, WANG Y, et al. Effect of impurity interaction on the corrosion film characteristics and corrosion morphology evolution of X65 steel in water－saturated supercritical CO_2 system[J]. International Journal of Greenhouse Gas Control, 2017, 65：117－127.

[535]WANG W, SHEN K, TANG S, et al. Synergistic effect of O_2 and SO_2 gas impurities on X70 steel corrosion in water－saturated supercritical CO_2[J]. Process Safety & Environmental Protection, 2019, 130：57－66.

［536］XIANG Y，WANG Z，XU C，et al. Impact of SO_2 concentration on the corrosion rate of X70 steel and iron in water – saturated supercritical CO_2 mixed with SO_2［J］. Journal of Supercritical Fluids，2011，58（2）：286 – 294.

［537］DUGSTAD A，HALSEID M，MORLAND B R. Testing of CO_2 Specifications With Respect to Corrosion and Bulk Phase Reactions［J］. Energy Procedia，2014，63：2547 – 2556.

［538］赵雪会，何治武，刘进文，等. CCUS 腐蚀控制技术研究现状［J］. 石油管材与仪器，2017，3（3）：1 – 6.

［539］袁青，刘音，毕研霞，等. 油气田开发中 CO_2 腐蚀机理及防腐方法研究进展［J］. 天然气与石油，2015，33（2）：78 – 81.

［540］黄雪松. 高含硫气田井筒管材优选研究［D］. 北京：中国地质大学（北京），2008.

［541］朱晓龙. 含 CO_2 原油采集液中 GFRP 输油管道点腐蚀研究［D］. 哈尔滨：哈尔滨工业大学，2017.

［542］赵军艳，蔡共先. 柔性复合高压输送管在单井集输系统中的应用［J］. 油气田地面工程，2012，31（8）：53 – 54.

［543］张勇. LS 油田 CO_2 驱地面集输系统腐蚀与控制方案研究［D］. 成都：西南石油大学，2018.

［544］周道川. 天然气管道腐蚀穿孔失效分析与防腐研究［J］. 当代化工，2022，51（07）：1547 – 1550.

［545］ZEEBE R E，WOLF – GLADROW D. CO_2 in Seawater：Equilibrium，kinetics，isotopes［M］. Elsevier，2001.

［546］DAVIES D H，BURSTEIN G T. The effects of bicarbonate on the corrosion and passivation of Iron［J］. Corrosion，1980，36（8）：416 – 422.

［547］KAHYARIAN A，BROWN B，NESIC S. Mechanism of CO_2 corrosion of mild steel：a New Narrative［C］. NACE – 2018 – 11232，2018.

［548］NORDSVEEN M，NE I S，NYBORG R，et al. A mechanistic model for carbon dioxide corrosion of mild steel in the presence of protective iron carbonate films part 1：Theory and Verification［J］. Corrosion，2003，59（5）：443 – 456.

［549］LINTER B R，BURSTEIN G T. Reactions of pipeline steels in carbon dioxide solutions［J］. Corrosion Science，1999，41（1）：117 – 139.

［550］REMITA E，TRIBOLLET B，SUTTER E，et al. Hydrogen evolution in aqueous solutions containing dissolved CO_2：Quantitative contribution of the buffering effect［J］. Corrosion Science，2008，50（5）：1433 – 1440.

［551］NESIC S，KAHYARIAN A，CHOI Y S. Implementation of a comprehensive mechanistic prediction model of mild steel corrosion in multiphase oil and gas pipelines［J］. Corrosion，2019，75（3）：274 – 291.

［552］谢飞，李佳航，王新强，等. 天然气管道 CO_2 腐蚀机理及预测模型研究进展［J］. 天然气工业，2021，41（10）：109 – 118.

［553］杨毅，周志斌，李长俊，等. 天然气管输调节控制仿真模型［J］. 天然气工业，2008，28（10）：98 – 100.

［554］陈永清. 天然气管道 CO_2 腐蚀机理及预测模型研究［J］. 环境技术，2022，40（6）：143 – 146.

［555］奚飞，梁志武，陈光莹，等. 醇胺吸收法烟气脱碳工艺流程的改进与优化模拟［J］. 化工进展，2012，31（S1）：236 – 239.

［556］刘露，段振红，贺高红. 天然气脱除 CO_2 方法的比较与进展［J］. 化工进展，2009（S1）：290 – 292.

［557］汪玉同. 天然气中 CO_2 脱除技术［J］. 油气田地面工程，2008，27（3）：51 – 52.

[558] 曹映玉，杨恩翠，王文举. 二氧化碳膜分离技术[J]. 精细石油化工，2015，32(1)：53 – 60.

[559] 葛臣，王传浩，李诗媛. 循环流化床富氧燃烧技术研究进展[J]. 工程热物理学报，2023，44(3)：840 – 849.

[560] 李晓明，郭春刚，刘国昌，等. 膜法海水吸收烟气中二氧化碳的试验研究[J]. 膜科学与技术，2012，32(1)：92 – 96.

[561] 牟俊锟，毕金鹏，李福昭，等. 燃煤电厂二氧化碳燃烧后捕集技术研究进展[J]. 齐鲁工业大学学报，2023，37(3)：8 – 17.

[562] 解怀亮. 灌溉过程中灰漠土的碳淋溶研究[D]. 北京：中国科学院大学，2014.

[563] 何之龙，曾凡锁，詹亚光. 大庆盐碱地绿化树种的引进及适应性分析[J]. 安徽农业科学，2013，41(23)：9642 – 9645.

[564] KARIMI A, ABDI M A. Selective dehydration of high – pressure natural gas using supersonic nozzles[J]. Chemical Engineering & Processing Process Intensification, 2009, 48(1)：560 – 568.

[565] LIU H, LIU Z, FENG Y, et al. Characteristics of a Supersonic Swirling Dehydration System of Natural Gas[J]. Chinese Journal of Chemical Engineering, 2005(1)：9 – 12.

[566] AKHTAR S, KHAN T S, ILYAS S, et al. Feasibility and Basic Design of Solar Integrated Absorption Refrigeration for an Industry[J]. Energy Procedia, 2015, 75：508 – 513.

[567] JIN S, WU M, GORDON R G, et al. pH swing cycle for CO_2 capture electrochemically driven through proton – coupled electron transfer[J]. Energy & Environmental Science, 2020, 13：3706 – 3722.

[568] SONG C, LIU Q, QI Y, et al. Absorption – microalgae hybrid CO_2 capture and biotransformation strategy—A review[J]. International Journal of Greenhouse Gas Control, 2019, 88：109 – 117.

[569] MAVAR K N, GAURINA – MEIMUREC N, HRNEVI L. Significance of enhanced oil recovery in carbon dioxide emission reduction[J]. Sustainability, 2021, 13(4)：1800.

[570] XIONG Y, HOU Z, XIE H, et al. Microbial – mediated CO_2 methanation and renewable natural gas storage in depleted petroleum reservoirs：A review of biogeochemical mechanism and perspective[J]. Gondwana Research, 2023, 122：184 – 198.

[571] RASOOL M H, AHMAD M, AYOUB M. Selecting Geological Formations for CO_2 Storage：A Comparative Rating System[J]. Sustainability, 2023, 15(8)：6599.

[572] HEFNY M, QIN C, SAAR M O, et al. Synchrotron – based pore – network modeling of two – phase flow in Nubian Sandstone and implications for capillary trapping of carbon dioxide[J]. International Journal of Greenhouse Gas Control, 2020, 103：103164.

[573] 王晓桥，马登龙，夏锋社，等. 封储二氧化碳泄漏监测技术的研究进展[J]. 安全与环境工程，2020，27(2)：23 – 34.